普通高等教育"十一五"国家规划教材

高职高专计算机精品课程系列规划教材

# 单片微型计算机原理及应用

## （第二版）

鲍小南　主编

丁桂芝
　　　　　主审
张　跃

ZHEJIANG UNIVERSITY PRESS
浙江大学出版社

**图书在版编目（CIP）数据**

单片微型计算机原理及应用 / 鲍小南主编. —2 版. —杭州：
浙江大学出版社，2012.11（2020.7 重印）
ISBN 978-7-308-10764-8

Ⅰ. ①单… Ⅱ. ①鲍… Ⅲ. ①单片微型计算机－高等
职业教育－教材 Ⅳ. ①TP368.1

中国版本图书馆 CIP 数据核字（2012）第 255289 号

## 内 容 简 介

本书作为普通高等教育国家"十一五"规划教材，是针对高职高专院校电类、机电类、计算机等专业教学而编写的。书中选用 MCS-51 系列单片微型计算机为主线，介绍了单片机的基本工作原理及应用示例。

全书共 11 章：第一、二章，介绍单片机技术应用现状及基本组成；第三章，介绍指令系统，其中对指令的书写规范、指令的基本功能及应用示例；第四章，讲述算法及结构化程序设计的基本方法，对算法概念的引入及应用深入浅出；第五章，介绍中断系统的工作原理及应用示例，对中断技术工作原理及应用作了较多创新，采用图文并茂；第六章，介绍定时器/计数器的基本组成及应用示例；第七章，介绍单片机系统扩展及接口技术及非总线扩展的应用举例；第八章，介绍单片机异步通信技术；第九章为单片机应用举例，包括现场数据采集与处理、电机转速测量及控制、机器人应用等内容；第十章，介绍单片机与字符式液晶显示模块的连接及应用技术；第十一章，介绍单片机应用系统可靠性技术的基本概念，单片机应用系统可靠性指标的重要意义及实际应用的基本方法。附录Ⅰ为计算机数的运算基础；附录Ⅱ为四套单片机模拟试题及参考答案，便于学生自测及了解课程基本要求，同时也供任课教师作为命题参考；附录Ⅲ为 C51 使用简介，附录Ⅳ为 MCS-51 指令表。

**单片微型计算机原理及应用**（第二版）

鲍小南　主编

---

| | | |
|---|---|---|
| **责任编辑** | 李桂云 | |
| **出版发行** | 浙江大学出版社 | |
| | （杭州市天目山路 148 号　邮政编码 310007） | |
| | （网址：http://www.zjupress.com） | |
| **排　　版** | 杭州中大图文设计有限公司 | |
| **印　　刷** | 杭州良诸印刷有限公司 | |
| **开　　本** | 787mm×1092mm　1/16 | |
| **印　　张** | 17.25 | |
| **字　　数** | 442 千 | |
| **版 印 次** | 2012 年 11 月第 2 版　2020 年 7 月第 12 次印刷 | |
| **书　　号** | ISBN 978-7-308-10764-8 | |
| **定　　价** | 35.00 元 | |

---

# 再版说明

　　本书于 2007 年问世 5 年来，被国内多所相关院校所选用，在认真听取广大读者建议的基础上，并根据单片机技术发展现状，作者在再版此书之际，对原书中存在的一些不足之处作了修订或完善，同时适当增加 C8051 等新型单片机芯片介绍等内容。

　　再次感谢相关院校广大教师、学生对本书的支持和关怀，感谢浙江大学出版社的编辑为本书出版所付出的辛勤劳动！

**作　者**

2012 年 7 月于杭州

# 教育部高职高专计算机精品课程系列规划教材

# 专家指导委员会

# 序

高等职业教育作为高等教育发展中的一个类型，肩负着培养面向生产、建设、服务和管理第一线需要的高级职业技术型人才的使命，在我国加快推进社会主义现代化建设进程中具有不可替代的作用。经过数年的探索和实践，我国的高等职业教育已为现代化建设培养了一批高素质的技能型专门人才，对高等教育大众化作出了重要贡献；也丰富了高等教育体系结构，形成了高等职业教育的体系框架，顺应了国民经济各部门、企事业单位对应用型和技能型人才的不同需求。

精品课程是高等职业教育课程建设的重要组成部分，也是高等职业教育教学质量与教学改革的示范。浙江大学出版社在省级精品课程和国家"十一五"规划教材课程基础上组织出版的"高职高专计算机精品课程系列规划教材"，是由在高职高专教学第一线有丰富教学经验的教师编写的。整套教材从选题到内容的组织，都着力贯彻了实用性的原则；明确提出了与行业接轨，以就业为导向的编写要求；强调从计算机应用需求出发，构造适应技能型人才培养的教学内容体系，强调理论教学与实验实训密切结合，尤其突出实践体系与技术应用能力的实训环节。教材编写力求内容新颖、结构合理、概念清楚、实用性强，语言通俗易懂、前后相关课程有较好的衔接。据悉，浙江大学出版社还将在此基础上，陆续征集出版后续教材，力争在3到5年内完成一套完整的高职高专计算机专业教材，以满足高职院校计算机教育发展的需求。

本系列教材主要面向高职高专院校，同时也适用于职业教育和继续教育。我们希望，通过本系列教材的编写和推广应用，对交流和提高高职院校计算机专业教学的整体水平，促进高等职业技术教育课程体系和教学培训方法的改革，完善高职高专精品课程建设带来新的活力。

温　涛

2007 年 8 月

---

温涛：大连东软信息技术职业学院院长，教授、博士生导师，教育部高等学校高职高专计算机类专业教学指导委员会主任

# 前　言

《单片机基础》自从 2002 年出版以来，已被省内外若干高职、高专兄弟院校所选用，在 4 年多时间内销售数万册以上。现作者根据教学要求以及广大读者的建议和使用效果，尤其在聆听多家兄弟院校相关教师的意见以后，重新组织编著了此书。

作者在多年的单片微型计算机的教学实践中，深感单片微型计算机技术对高职高专相关专业学生而言是至关重要但又是很难逾越的课程之一。尤其在当前大众化教育的新形势下，编写一部通俗易懂、深入浅出，符合高职高专院校教学规律和初学者认识规律的单片微型计算机教材已成为当务之急。

本书主要用于高职高专院校的电类、机电类、计算机类等专业的教学。作者力求以"可读性强、通俗易懂、循序渐进、面向应用"，适合大众化教育新形势下高职高专学生学习用书作为编写主线，为初学者架设一座学习单片机的"桥梁"。同时，此书也适时反映了单片机技术领域中新技术的应用成果。

本教材被教育部批准列为"高等教育'十一五'国家级规划教材"，作者在欣喜之余，也深感责任重大。本教材在内容选择上力求推陈出新，将单片机应用领域的现状作为依据。

（1）作者首次将计算机软件开发的规范化程序设计的初步方法编写入教材。

（2）作者根据多年的教学体会，将单片微型计算机指令书写及功能表达等方面的研究成果编写入教材。

（3）作者根据多年从事单片微型计算机应用开发的心得体会，在教材编写时加了机器人应用、非线性处理、多机通信等新颖的应用示例。

（4）本书对中断技术的内容讲解作了若干创新，其中对中断技术应用举例方面用图文并茂的方法作了较为详尽的叙述，力求帮助初学者理解和掌握中断技术的基本应用方法。

（5）本书安排了单片机模拟试题及参考答案共四套，为学生自测学习程度、了解课程学习基本要求带来便利，同时也供任课教师作为命题参考。

（6）根据单片机技术的现状及发展趋势，本书还在附录中增加了 C51 使用简介，以满足不同层次读者的需要。

（7）本书在扩展技术中适当增加了非总线扩展的应用举例，以适应当前单片机技术应用发展的需要。

（8）本书安排了单片机应用系统可靠性技术概论一章，目的是让读者初步认识提高单片机应用系统可靠性指标的重要意义和基本方法。该章节分析了干扰信号侵入单片机应用系统的主要途径，以及单片机系统常用硬件、软件抗干扰技术的基本方法与应用举例。

（9）单片机组成及工作原理一章中，除传统内容之外，还增加了伟福仿真器使用简介；指令系统一章中，作者对例题、指令描述、图文并茂等方面都做了精心的设计与选择。

在本书的编写过程中，参考了一些目前国内外比较优秀的相应书籍及资料，在此谨向有关作者表示感谢！

者表示感谢!

　　本书由浙江机电职业技术学院鲍小南担任主编并编写了第四章、第九章、第十章以及附录二部分内容和附录四;杭州职业技术学院楼晓春担任副主编并编写第三章和附录一;浙江省水利水电专科学校徐伟杰担任副主编并编写第一章、第二章和第十一章;浙江机电职业技术学院肖隽编写第六章和第八章;杭州商业职业技术学院吴宁胜编写第七章和附录三;浙江机电职业技术学院田志勇编写第五章和附录二部分内容。天津职业大学丁桂芝教授,浙江机电职业技术学院张跃教授详细审阅了书稿并提出了许多宝贵的意见和建议,在此深表感谢!

　　由于作者水平所限,本书中难免存在缺点错误,恳请读者批评指正!

**编　者**

2007 年 5 月于杭州

# 目　录

# 第一章

# 51系列单片机概述

## 第一节 概 述

单片机自20世纪70年代诞生至今,经历了单片微型计算机SCM(Single Chip Microcomputer)、微控制器MCU(Micro Controller Unit)、系统级芯片或片上SoC(System on Chip)系统三大阶段。单片机,即集成在一块芯片上的计算机,集成了中央处理器CPU(Central Processing Unit)、随机存储器RAM(Random Access Memory)、只读存储器ROM(Read Only Memory)、定时器/计数器以及I/O接口电路等主要计算机部件。

单片机具有功能强、体积小、成本低、功耗小、配置灵活等特点,因此,它在工业控制、智能仪表、技术改造、通信系统、信号处理等领域以及家用电器、高级玩具、办公自动化设备等方面均得到应用。

从1976年9月Intel公司推出MCS-48系列单片机以来,世界上的一些著名的器件公司都纷纷推出各自系列的单片机产品。主要有Intel公司的MCS-48、51、96系列单片机,Motorola公司的MC6801、6805系列单片机,Zilog公司的Z8系列单片机,Atmel公司的AT89系列单片机和Microchip公司的PIC系列单片机等。各种系列的单片机由于其内部功能、单元组成及指令系统的不尽相同,形成了各具特色的系列产品。

单片机作为微型计算机的一个分支,与一般的微型计算机相比,并没有本质上的区别,单片机同样具有快速、精确、记忆功能和逻辑判断能力等特点。但单片机是集成在一块芯片上的微型计算机,它与一般的微型计算机相比,在硬件结构和指令设置上均有独到之处,主要特点有:

①体积小、重量轻;价格低、功能强;电源单一、功耗低;可靠性高、抗干扰能力强。这是单片机得到迅速普及和发展的主要原因。同时,由于它的功耗低,后期投入成本也大大降低。

②使用方便灵活、通用性强。由于单片机本身就构成一个最小系统,只要根据不同的控制对象做相应的改变即可,因而它具有很强的通用性。

③目前大多数单片机采用哈佛(Harvard)结构体系。单片机的数据存储器空间和程序存储器空间相互独立。单片机主要面向测控对象,通常有大量的控制程序和较少的随机数据,将程序和数据分开,使用较大容量的程序存储器来固化程序代码,使用少量的数据存储器来存取随机数据。程序在只读存储器ROM中运行,不易受外界侵害,可靠性高。

④突出控制功能的指令系统。单片机的指令系统中有大量的单字节指令,以提高指令运行速度和操作效率;有丰富的位操作指令,满足了对开关量控制的要求;有丰富的转移指令,其中包括无条件转移指令和条件转移指令。

⑤较低的处理速度和较小的存储容量。因为单片机是一种小而全的微型机系统,它以牺牲运算速度和存储容量来换取其体积小、功耗低等特色的。

# 第二节  51 系列单片机分类

单片机可分为通用型单片机和专用型单片机两大类。通用型单片机是把可开发资源全部提供给使用者的微控制器。专用型单片机则是为满足过程控制、参数检测、信号处理等方面的特殊需要而设计的单片机。通常所说的单片机即指通用型单片机。

51 系列单片机源于 Intel 公司的 MCS-51 系列,在 Intel 公司对 MCS-51 系列单片机实行技术开放政策之后,许多公司,如 Philips、Dallas、Siemens、Atmel、华邦、LG、Silicon Labs 等,都以 8051 为基核推出了许多各具特色、性能优异的单片机。这样,这些以 8051 为基核的各种型号的兼容型单片机就被统称为 51 系列单片机。Intel 公司 MCS-51 系列单片机中的 8051 是其中最基础的单片机型号。

## 一、MCS-51 系列单片机分类

尽管单片机类别很多,但目前在我国使用最为广泛的单片机系列是 Intel 公司生产的 MCS-51 系列单片机。同时,该系列还在不断地完善和发展中,随着各种新型号系列产品的推出,它越来越被广大用户所接受。

MCS-51 系列单片机共有 20 余种芯片,表 1.1 列出了 MCS-51 系列单片机的产品分类及特点。

表 1.1  MCS-51 系列单片机分类

| 型 号 | 程序存储器 R/E | 数据存储器 | 寻址范围 (RAM) | 寻址范围 (ROM) | 并行口 | 串行口 | 中断源 | 定时器计数器 | 晶振 (MHz) | 典型指令运行时间 ($\mu$s) | 其 他 |
|---|---|---|---|---|---|---|---|---|---|---|---|
| 8051AH | 4KR | 128 | 64K | 64K | 4×8 | UART | 5 | 2×16 | 2～12 | 1 | HMOS-Ⅱ工艺 |
| 8751H | 4KE | 128 | 64K | 64K | 4×8 | UART | 5 | 2×16 | 2～12 | 1 | HMOS-Ⅰ工艺 |
| 8031AH | — | 128 | 64K | 64K | 4×8 | UART | 5 | 2×16 | 2～12 | 1 | HMOS-Ⅱ工艺 |
| 8052AH | 8KR | 256 | 64K | 64K | 4×8 | UART | 6 | 3×16 | 2～12 | 1 | HMOS-Ⅱ工艺 |
| 8752H | 8KE | 256 | 64K | 64K | 4×8 | UART | 6 | 3×16 | 2～12 | 1 | HMOS-Ⅰ工艺 |
| 8032AH | — | 256 | 64K | 64K | 4×8 | UART | 6 | 3×16 | 2～12 | 1 | HMOS-Ⅱ工艺 |
| 80C51BH | 4KR | 128 | 64K | 64K | 4×8 | UART | 5 | 2×16 | 2～12 | 1 | CHMOS工艺 |
| 87C51H | 4KE | 128 | 64K | 64K | 4×8 | UART | 5 | 2×16 | 2～12 | 1 | |
| 80C31BH | — | 128 | 64K | 64K | 4×8 | UART | 5 | 2×16 | 2～12 | 1 | |
| 83C451 | 4KR | 128 | 64K | 64K | 7×8 | UART | 5 | 2×16 | 2～12 | 1 | CHMOS工艺 |
| 87C451 | 4KE | 128 | 64K | 64K | 7×8 | UART | 5 | 2×16 | 2～12 | 1 | 有选通方式 |
| 80C451 | — | 128 | 64K | 64K | 7×8 | UART | 5 | 2×16 | 2～12 | 1 | 双向口 |

续表

| 型　号 | 程序存储器 R/E | 数据存储器 | 寻址范围 (RAM) | 寻址范围 (ROM) | 并行口 | 串行口 | 中断源 | 定时器计数器 | 晶振 (MHz) | 典型指令运行时间 ($\mu s$) | 其　他 |
|---|---|---|---|---|---|---|---|---|---|---|---|
| 83C51GA | 4KR | 128 | 64K | 64K | 4×8 | UART | 7 | 2×16 | 2～12 | 1 | CHMOS 工艺 |
| 87C51GA | 4KE | 128 | 64K | 64K | 4×8 | UART | 7 | 2×16 | 2～12 | 1 | 8×8 位 A/D |
| 80C51GA | — | 128 | 64K | 64K | 4×8 | UART | 7 | 2×16 | 2～12 | 1 | 有 16 位监视定时器 |
| 83C152 | 8KR | 256 | 64K | 64K | 5×8 | GSC | 6 | 2×16 | 2～17 | 0.73 | CHMOS 工艺 |
| 80C152 | — | 256 | 64K | 64K | 5×8 | GSC | 11 | 2×16 | 2～17 | | 有 DMA 方式 |
| 83C251 | 8KR | 256 | 64K | 64K | 4×8 | UART | 7 | 3×16 | 2～12 | 1 | CHMOS 工艺 |
| 87C251 | 8KE | 256 | 64K | 64K | 4×8 | UART | 7 | 3×16 | 2～12 | 1 | 有高速输出、脉冲调 |
| 80C251 | — | 256 | 64K | 64K | 4×8 | UART | 7 | 3×16 | 2～12 | 1 | 制、16 位监视定时器 |
| 80C52 | 8KR | 256 | 64K | 64K | 4×8 | UART | 6 | 3×16 | 2～12 | 1 | CHMOS 工艺 |
| 8052AH BASIC | 8KR | 256 | 64K | 64K | 4×8 | UART | 6 | 3×16 | 2～12 | 1 | HMOS-Ⅱ工艺 片内固化 BASIC |

注：UART：通用异步接收发送器；R/E：MaskROM/EPROM；GSC：全局串行通道。

下面，在表 1.1 的基础上对 MCS-51 系列单片机的分类作进一步的说明。

**1. 按片内不同程序存储器的配置分类**

MCS-51 系列单片机按片内不同程序存储器的配置来分类，可分为三种类型。

(1)片内带 MaskROM(掩膜 ROM)型：如 8051、80C51、8052、80C52 等芯片

此类芯片是由半导体厂家在芯片生产过程中，将用户的应用程序代码通过掩膜工艺制做到 ROM 中。其应用程序只能委托半导体厂家"写入"，一旦写入后不能修改。此类单片机，适合大批量使用。

(2)片内带 EPROM 型：如 8751、87C51、8752 等芯片

此类芯片带有透明窗口，可通过紫外线擦除存储器中的程序代码，应用程序可通过专门的编程器写入到单片机中，需要更改时可擦除并重新写入。此类单片机价格较贵，不宜大批量使用。

(3)片内无 ROM(ROMLess)型：如 8031、80C31、8032 等芯片

此类芯片的片内没有程序存储器，使用时必须在外部并行扩展程序存储器存储芯片。此类单片机由于必须在外部并行扩展程序存储器存储芯片，造成系统电路复杂，目前较少使用。

**2. 按片内不同容量的存储器配置分类**

按片内不同容量的存储器配置来分，可以分为如下两种类型。

(1)51 子系列型

此类配置芯片型号的最后位数字以 1 作为标志，51 子系列是基本型产品。片内带有 4KBROM/EPROM(8031、80C31 除外)、128BRAM、两个 16 位定时器/计数器、5 个中断源等。

(2)52 子系列型

此类配置芯片型号的最后位数字以 2 作为标志，52 子系列则是增强型产品。片内带有 8KBROM/EPROM(8032、80C32 除外)、256BRAM、3 个 16 位定时器/计数器、6 个中断源等。

**3. 按芯片的半导体制造工艺上的不同来分类**

按芯片的半导体制造工艺上的不同来分，可以分为以下两种类型。

(1)HMOS 工艺型

如 8051、8751、8052、8032 等芯片。HMOS 工艺，即高密度短沟道 MOS 工艺。

（2）CHMOS 工艺型

如 80C51、83C51、87C51、80C31、80C32、80C52 等芯片。此类芯片型号中都用字母"C"来标识。

此两类器件在功能上是完全兼容的，但采用 CHMOS 工艺的芯片具有低功耗的特点，它所消耗的电流要比 HMOS 器件小得多。CHMOS 器件比 HMOS 器件多了两种节电的工作方式（掉电方式和待机方式），常用于构成低功耗的应用系统。

此外，关于单片机的温度特性，与其他芯片一样按所能适应的环境温度范围，可划分为三个等级。

①民用级：0～70℃。

②工业级：−40～＋85℃。

③军用级：−65～＋125℃。

因此，在使用时应注意根据单片机工作现场温度选择芯片。

## 二、AT89 系列单片机分类

在 MCS-51 系列单片机 8051 的基础上，Atmel 公司开发了 AT89 系列单片机。它自问世以来，以其较低廉的价格和独特的程序存储器——快闪存储器（Flash Memory）为用户所青睐。

采用了快闪存储器（Flash Memory）的 AT89 系列单片机，不但具有一般 MCS-51 系列单片机的基本特性（如指令系统兼容，芯片引脚分布相同等），而且还具有以下一些独特的优点：

①片内程序存储器为电擦写型 ROM（可重复编程的快闪存储器）。整体擦除时间仅为 10ms 左右，可写入/擦除 1000 次以上，数据保存 10 年以上。

②两种可选编程模式，即可以用 12V 电压编程，也可以用 VCC 电压编程。

③宽工作电压范围，VCC＝2.7～6V。

④全静态工作，工作频率范围：0Hz～24MHz，频率范围宽，便于系统功耗控制。

⑤三层可编程的程序存储器上锁加密，使程序和系统更加难以仿制。

总之，AT89 系列单片机与 MCS-51 系列单片机相互兼容，但前者的性能价格比等指标更为优越。

## 三、其他公司的 51 系列单片机

**1. Philips 公司推出的含存储器的 80C51 系列和 80C52 系列单片机**

此产品都为 CMOS 型工艺的单片机。Philips 公司推出的 51 系列单片机与 MCS-51 系列单片机相兼容，还增加了程序存储器 FlashROM、数据存储器 EEPROM、可编程计数器阵列 PCA、I/O 接口的高速输入输出、串行扩展总线 $I^2C$ BUS、ADC、PWM I/O 口驱动器、程序监视定时器 WDT（Watch Dog Timer）等功能的扩展。

**2. 华邦公司推出的 W78C×× 和 W78E×× 系列单片机**

此产品与 MCS-51 系列单片机相兼容，还增加了程序存储器 FlashROM、数据存储器 EE-PROM、可编程计数器阵列 PCA、I/O 接口的高速输入输出、串行扩展总线 $I^2C$ BUS、ADC、PWM、I/O 口驱动器、程序监视定时器 WDT（Watch Dog Timer）等功能的扩展。华邦公司生产的单片机还具有价格低廉、工作频率高(40MHz)等特点。

**3. Dallas 公司推出的 DallasHSM 系列单片机**

该产品主要有 DS80C×××、DS83C××× 和 DS87C××× 等。此产品除了与 MCS-51 系列单片机相兼容外,还具有高速结构(1 个机器周期只有 4 个 clock,工作频率范围为 0～33MHz)、更大容量的内部存储器(内部 ROM 有 16KB)、两个 UART、13 个中断源、程序监视器 WDT 等功能。

**4. LG 公司推出的 GMS90C××、GMS97C×× 和 GMS90L××、GMS97L×× 系列单片机**

此类产品与 MCS-51 系列单片机兼容。

**5. Cygnal 公司推出 C8051F 系列单片机**

在 MCU 向 SOC 的过渡的技术潮流中,美国 Cygnal 公司的 C8051F 单片机采用了该公司的专利技术 CIP－51 内核。由于 CIP－51 采用流水线结构,机器周期由标准 8051 的 12 个系统时钟周期降为 1 个系统时钟周期,因此,在采用相同振荡器频率的情况下,C8051F 单片机的峰值执行速度是标准 8051 的 12 倍。大部分 C8051F 单片机的峰值性能达到 25MIPS,而 C8051F12X 系列的峰值性能可达到 100MIPS(即每秒最多可运行 1 亿条指令)。CIP－51 的指令集与 MCS－51 的指令集完全兼容。CIP－51 还扩展了标准 8051 的中断系统,可以提供 22 个中断源。内部集成了大量的模拟和数字资源。提供多达 8 个复位源的多源复位方式和双重系统时钟 ,工作电压 2.7～3.6V,工作温度－45～＋85℃(工业级)。

上述 Philips、Dallas、Atmel、华邦、LG、Cygnal 等公司生产的系列单片机与 Intel 公司的 MCS-51 系列单片机具有良好的兼容性,包括指令兼容、总线兼容和引脚兼容。但各个厂家发展了许多功能不同、类型不一的单片机,给用户提供了广阔的选择空间。同时,各类型之间良好的兼容性保证了选择的灵活性。

# 第三节　单片机开发系统简介

当我们拥有单片机芯片(裸机)后,虽然它的资源对用户是开放的,但是我们还不能很好地使用它。只有在单片机开发系统的帮助下,才能实现单片机应用系统的硬件、软件开发。常用的单片机开发系统有:单片机实验、开发机、仿真器、编程器,等等(如图 1.1 所示)。

单片机开发系统的产品很多,下面以南京伟福公司的 WAVE 系列仿真器为例,介绍单片机开发系统的硬件和软件。

## 一、WAVE 系列仿真器的硬件

仿真器的硬件由仿真头和仿真器组成。

**1. 仿真头**

不同的仿真头可仿真不同的单片机产品。例如 POD8X5XP 仿真头(见图 1.2),可用于仿真 MCS-51 系列及兼容单片机等。

**2. 仿真器**

仿真器一般是通用的,可配合各种仿真头仿真不同厂家的单片机,如 E6000/L 型仿真器

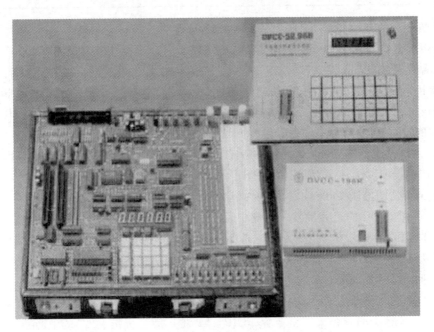

图 1.1　常用的单片机开发系统

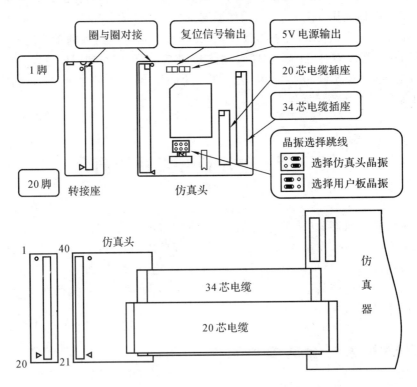

图 1.2　POD8X5XP 仿真头及与仿真器连接示意图

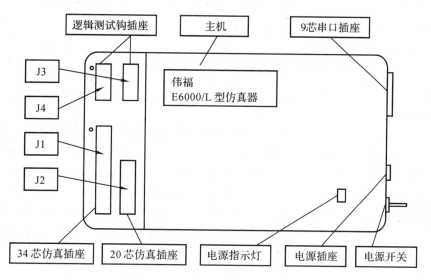

图 1.3 E6000/L 型仿真器示意图

# 二、WAVE 系列仿真器的软件开发界面

WAVE 系列仿真器的软件开发界面如图 1.4 所示。

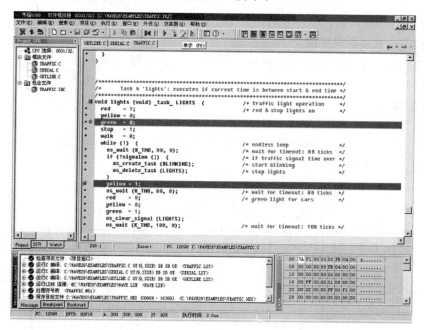

图 1.4 WAVE 系列仿真器的软件开发界面

WAVE 系列仿真器软件方面的主要特点如下:

**1. WAVE6000 及 Keil uVision 双平台**

WAVE6000 IDE 环境,中/英文界面可任选,用户源程序的大小不再受任何限制。有丰富的窗口显示方式,多层次、动态地展示仿真的各种过程,使用极为便利。仿真器同时还可以直

接工作于 KeiluVision 调试环境下,适应不同用户的操作习惯。

**2. 双工作模式**

①软件模拟仿真 (不用仿真器也能模拟运行用户程序);

②硬件仿真。

**3. 真正集成调试环境**

集成了编辑器、编译器、调试器,源程序编辑、编译、下载、调试全部可以在一个环境下完成。并且,伟福的多种仿真器及所支持的各种 CPU 仿真全部集成在一个环境下,可仿真 MCS-51 系列、MCS-196 系列、Microchip PIC 系列 CPU。随着单片机技术的发展,现在很多工程师需要面对和掌握不同的项目管理器、编辑器、编译器。它们由不同的厂家开发,相互不兼容,使用不同的界面,导致学习使用它们都很吃力。伟福 WINDOWS 调试软件为使用者提供了一个全集成环境,统一的界面,包含一个项目管理器,一个功能强大的编辑器,汇编 Make、Build 和调试工具,并提供一个与第三方编译器的接口。由于其风格统一,大大节省了开发的精力和时间。

**4. 项目管理功能**

现在单片机软件越来越大,也越来越复杂,维护成本也很高,通过项目管理可化大为小,化繁为简,便于管理。项目管理功能也使得多模块、多语言混合编程成为可能。

**5. 多语言多模块混合调试**

WAVE 系列仿真软件系统支持 ASM (汇编)、PLM、C 语言多模块混合源程序调试,可在线直接修改、编译、调试源程序。如果源程序有错,可直接定位错误所在行。

**6. 直接点击屏幕观察变量**

在源程序窗口,点击变量就可以观察此变量的内容,方便快捷。

## 三、编程器

编程器主要用于把用户调试好的应用程序固化到单片机程序存储器中,例如伟福中的 LPC76X 编程器(见图 1.5)。

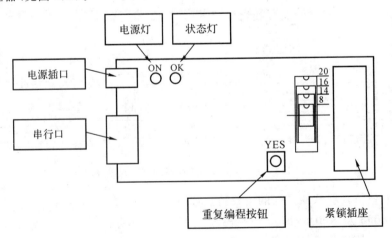

图 1.5　LPC76X 编程器示意图

# 思考与练习

**1-1**　什么是单片机？单片机有哪些优点？

**1-2**　请叙述 MCS-51 系列单片机的主要特点。

**1-3**　请叙述 8031、8051、8751 芯片的异同之处。

**1-4**　与 MCS-51 系列单片机相比，AT89 系列单片机有哪些特点？

**1-5**　51 系列单片机主要有哪些厂家的产品？

**1-6**　请通过市场调查了解 8051、AT89C51、Philips 公司的 80C51、W78C51、DS87C520、GMS97C51 等芯片的市场价格，并说明上述芯片的主要特点。

**1-7**　请叙述具有低功耗特性的 CHMOS 型工艺类单片机芯片的优越之处。

**1-8**　请从南京伟福公司的网站上，下载并安装 WAVE 系列仿真器软件 Wave6000。

# 第二章

# MCS-51 系列单片机组成及工作原理

## 第一节　MCS-51 系列单片机的内部组成

MCS-51 系列单片机的典型芯片是 8051,所以以 8051 为例介绍 MCS-51 系列单片机。

### 一、8051 单片机的内部组成

图 2.1(a)、(b)分别给出了 8051 单片机的内部系统组成的基本框图和内部框图。

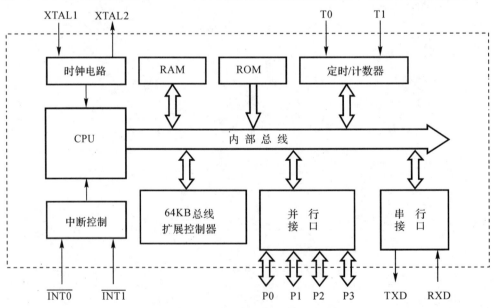

图 2.1(a)　8051 单片机系统组成基本框图

由图 2.1(a)可以看出:8051 单片机是由中央处理器(CPU)、随机存储器(RAM)、只读存储器(ROM)、输入/输出(I/O)口电路、定时器/计数器等若干部件组成,再配置一定的外围电路,如时钟电路、复位电路等构成。

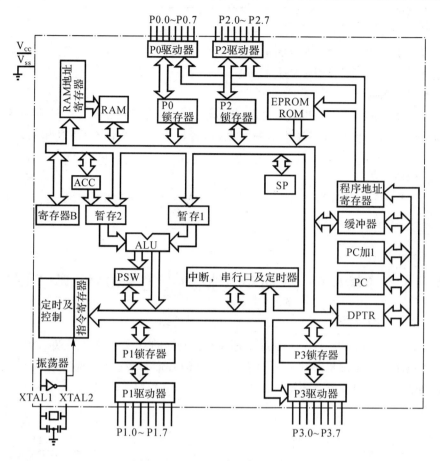

图 2.1(b)  8051 单片机内部框图

# 二、8051 单片机各组成部件功能简介

### 1. 中央处理器(CPU)

中央处理器(CPU)是单片机的核心,完成运算和控制功能。MCS-51 单片机的 CPU 能处理 8 位二进制数或代码,故称为 8 位机。

### 2. 内部数据存储器(内部 RAM)

8051 芯片中共有 256 个内部 RAM 单元,但其中后 128 个单元被专用寄存器占用,能作为存储器供用户使用的只有前 128 个单元,用于存储可读写的数据。因此,通常所说的内部数据存储器就是指前 128 个单元,简称内部 RAM。

### 3. 内部程序存储器(内部 ROM)

8051 内共有 4KB 掩膜 ROM。由于 ROM 通常用于存放程序、原始数据、表格等,所以称之为程序存储器,简称内部 ROM。

### 4. 并行 I/O 口

8051 中共有 4 个 8 位 I/O 口(P0、P1、P2、P3),以实现数据的并行输出、输入等。

### 5. 串行 I/O 口

8051 单片机有一个全双工的串行口,以实现单片机与其他设备之间的串行数据通信。该串行口功能较强,既可作为全双工异步通信收发器使用,也可作为同步移位器使用。

**6. 定时器/计数器**

8051 单片机内共有两个 16 位的定时器/计数器,以实现硬件定时或计数功能,并可根据需要用定时或计数结果对计算机进行控制。

**7. 中断控制系统**

MCS-51 系列单片机的中断功能较强,用以满足控制应用的需要。8051 共有 5 个中断源,外部中断两个,定时器/计数器溢出中断两个,串行口中断 1 个,分为高级和低级两个中断优先级。

**8. 时钟电路**

MCS-51 系列单片机的内部有时钟电路,但晶振和微调电容需外接。系统允许最高频率为 12MHz。

# 第二节　MCS-51 系列单片机典型芯片的外部引脚功能

MCS-51 系列单片机的芯片一般都采用 40 个引脚的双列直插式封装(DIP)方式。有些 CHMOS 制造工艺的单片机芯片还采用 44 个引脚的方形封装(LCC 或 QFP)方式,44 个引脚中标识有 NC 的 4 个引脚为空引脚。图 2.2 为 MCS-51 系列单片机的 LCC 及 QFP 封装引脚示意图。

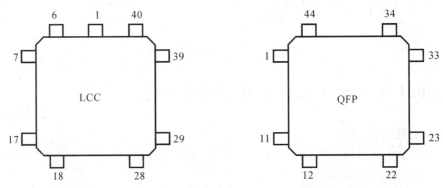

图 2.2　MCS-51 系列单片机的 LCC 及 QFP 封装引脚示意图

MCS-51 系列单片机的典型芯片有 8051、8031、8751,采用 40 引脚的双列直插式封装(DIP)方式,芯片的引脚图如图 2.3 所示。

## 一、引脚功能描述

### 1. 主电源及地引脚

①VCC(40 脚):电源,正常操作时接+5V 电源。

②VSS(20 脚):地线。

### 2. 外接晶振引脚

①XTAL1(19 脚):接外部晶振的一个引脚(内部反相放大器的输入端)。

②XTAL2(18 脚):接外部晶振的一个引脚(内部反相放大器的输出端)。

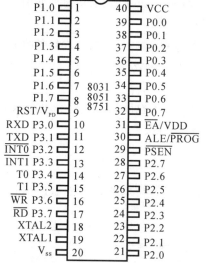
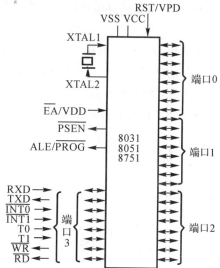

图 2.3　MCS-51 系列单片机芯片的引脚图及逻辑图

### 3. 并行输入/输出引脚

①P0.0~P0.7(39~32 脚):8 位漏极开路的三态双向输入/输出口。

②P1.0~P1.7(1~8 脚):8 位带有内部上拉电阻的准双向输入/输出口。

③P2.0~P2.7(21~28 脚):8 位带有内部上拉电阻的准双向输入/输出口。

④P3.0~P3.7(10~17 脚):8 位带有内部上拉电阻的准双向输入/输出口。

### 4. 控制类引脚

RST/VPD(RESET,9 脚):复位信号输入引脚,高电平有效。在该引脚上输入持续两个机器周期以上的高电平时,单片机系统被强制复位。

复位是单片机系统的初始化操作,系统复位后会对专用寄存器和单片机的个别引脚信号产生影响,复位后对一些专用寄存器的影响情况如表 2.1 所示。

表 2.1

| | | | |
|---|---|---|---|
| PC | 0000H | TCON | 00H |
| ACC | 00H | TL0 | 00H |
| PSW | 00H | TH0 | 00H |
| SP | 07H | TL1 | 00H |
| DPTR | 0000H | TH1 | 00H |
| P0~P3 | FFH | SCON | 00H |
| IP | ××000000B | SBUF | 不定 |
| IE | 0×000000B | PCON | 0×××0000B |
| TMOD | 00H | | |

其中：(PC)＝0000H 在系统复位后,使单片机从 0000H 单元开始执行程序。当由于程序运行出错或操作错误使系统处于死循环状态时,可使系统强制复位重新启动单片机并退出死循环状态。

(SP)＝07H,单片机自动把堆栈的栈底设置在内部 RAM 07H 单元,从 08H 单元开始存储数据。

(P0～P3)＝0FFH,系统复位后,对 P0～P3 的内部锁存器置"1",其余专用寄存器在复位后都全部清"0"。

此外,复位操作还对单片机的个别引脚信号有影响,如把 ALE 和 PSEN 信号变为无效状态,即 ALE＝1,PSEN＝1。复位操作对内部 RAM 不产生影响。

对于使用 6MHz 的晶振的单片机,复位信号持续时间应超过 $4\mu s$ 才能完成复位操作。产生复位信号的电路有上电自动复位电路和按键手动复位电路两种方式。

(1) 上电自动复位电路

上电自动复位是通过外部复位电路的电容充电来实现的,该电路通过电容充电在 RST 引脚上加了一个高电平,高电平的持续时间取决于 RC 电路的参数。

上电自动复位电路如图 2.4(a)所示。

(2) 按键手动复位电路

按键手动复位是通过按键实现人为的复位操作,按键手动复位电路如图 2.4(b)所示。

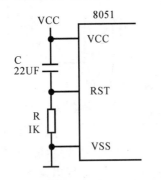　　　　　　　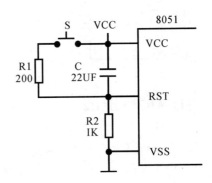

　　图 2.4(a)　上电自动复位电路　　　　　　图 2.4(b)　按键手动复位电路

①$\overline{EA}$/VPP(31 脚)：访问程序存储器选择信号输入线。当 $\overline{EA}$ 为低电平时,CPU 只能访问外部程序存储器。当 $\overline{EA}$ 为高电平时,CPU 可访问内部程序存储器(当 8051 单片机的 PC 值小于等于 0FFFH 时),也可访问外部程序存储器(当 PC 值大于 0FFFH 时)。

②$\overline{PSEN}$(29 脚)：外部程序存储器的读选通输出信号,低电平有效。在读外部程序存储器时 CPU 会送出有效的低电平信号。

③ALE/$\overline{PROG}$(30 脚)：地址锁存允许信号输出端,高电平有效。在访问外部存储器时,该信号将 P0 口送出的低 8 位地址锁存到外部地址锁存器中。

## 二、引脚的第二功能

### 1. 引脚的双重功能配置现象

由于工艺及标准化问题,芯片引脚为 40 条,这些引脚数量往往不能满足单片机所配置的功能需要,这就出现了一些引脚的双重功能配置现象。MCS-51 系列单片机有些外部引脚有双重功能,详细情况见第五节介绍。

### 2. EPROM 存储器程序固化所需的信号

对内部有 EPROM 的单片机芯片(如 8751、8752),为了固化程序需要提供专门的编程脉冲和编程电源,这些信号由引脚的第二功能提供。

编程脉冲:30 脚(ALE/$\overline{\text{PROG}}$)。

编程电源(+25V):31 脚($\overline{\text{EA}}$/VPP)。

### 3. 备用电源引入

备用电源由 9 脚(RST/VPD)引入。当电源发生故障,电压下降到下限值时,备用电源经此引脚向内部 RAM 提供电压,以保护内部 RAM 中的信息不丢失。

注意:对于 9、30、31 引脚,由于第一功能和第二功能是单片机在不同工作方式下的信号,因此不会产生冲突。而对于 P3 口,实际上,都是先按需要选取第二功能,多余的脚再作为输入输出口使用,两种功能由单片机的内部自动选择。

# 第三节　CPU 的时钟电路和时序定时单位

MCS-51 系列单片机的时钟电路是产生单片机工作所需要的时钟信号,而时序是指令执行中各信号之间在时间上的相互关系。单片机就像是一个复杂的同步时序电路,应在时钟信号控制下严格地按时序进行工作。

## 一、时钟电路

### 1. 内部时钟信号的产生

8051 芯片内部有一个高增益反相放大器,输入端为 XTAL1,输出端为 XTAL2,一般在 XTAL1 与 XTAL2 之间接石英晶体振荡器和微调电容,从而构成一个稳定的自激振荡器,即单片机的内部时钟电路,如图 2.5 所示。

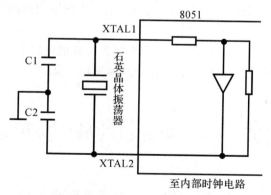

图 2.5　时钟振荡电路

时钟电路产生的振荡脉冲经过二分频以后,才成为单片机的时钟信号。

电容 C1 和 C2 为微调电容,可起频率稳定、微调作用,一般取值在 5~30pF,常取 30pF。

晶振的频率范围是 1.2～12MHz，对 8051 芯片，典型值取 6MHz。

**2. 外部时钟信号的引入**

由多个单片机组成的系统中，为了保持同步，往往需要统一的时钟信号，可采用外部时钟信号引入的方法。外接信号应是高电平持续时间大于 20ns 的方波，且脉冲频率应低于 12 MHz。如图 2.6 和 2.7 所示。

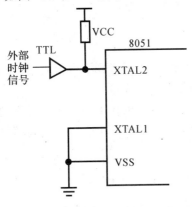
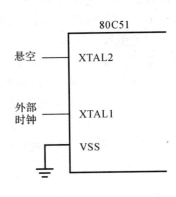

图 2.6　8051 外部时钟源接法　　　　图 2.7　80C51 外部时钟源接法

## 二、时序定时单位

时序是用定时单位来说明的。MCS-51 系列单片机的时序定时单位共有 4 个，从小到大依次是拍节、状态、机器周期、指令周期。下面分别对其加以说明：

**1. 拍节、状态**

把振荡器发出的振荡脉冲的周期定义为拍节（用 P 表示），振荡脉冲经过二分频以后，就是单片机的时钟信号，把时钟信号的周期定义为状态（用 S 表示）。

**2. 机器周期**

MCS-51 系列单片机采用定时控制方式，它有固定的机器周期，一个机器周期宽度为 6 个状态，依次表示为 S1～S6，由于一个状态有两个节拍，一个机器周期总共有 12 个节拍，记作：S1P1，S1P2，…，S6P2。因此，机器周期是振荡脉冲的十二分频。

当振荡脉冲频率为 12MHz，一个机器周期为 $1\mu s$。机器周期如图 2.8 所示。

**3. 指令周期**

指令周期是最大的时序定时单位，执行一条指令所需的时间称之为指令周期。MCS-51 的指令周期根据指令的不同，可分为一、二、四个机器周期三类。

# 第四节　8051 单片机的最小应用系统

当我们拿到一块单片机芯片，想要使用它，首先必须要知道系统工作的基本配置及连接，如图 2.9 所示。

**1. 电源**

电源是必不可少的。8051 芯片使用＋5V 电源，其中正极接 40 引脚，负极（地）接 20

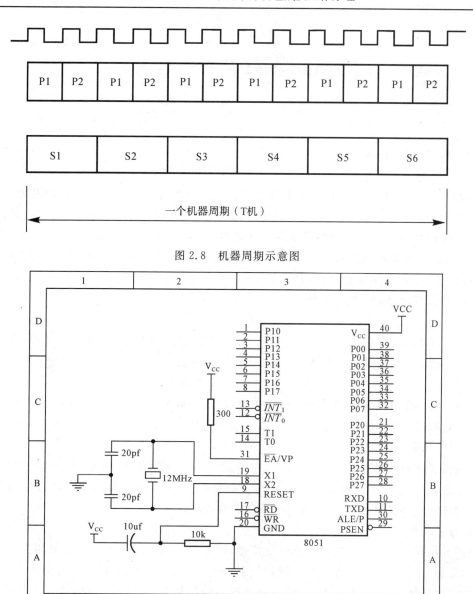

图 2.8　机器周期示意图

图 2.9　8051单片机最小系统电路图

引脚。

### 2. 时钟振荡电路

单片机是一种时序电路,必须提供脉冲信号才能正常工作,在单片机内部已集成了振荡器,使用石英晶体振荡器,接 18、19 脚。只要配置相应的晶振、电容,连上就可以了。

### 3. 复位引脚

按图连接好复位电路,至于复位是何含义及为何需要复位,在上面的章节中已作介绍。

### 4. EA 引脚

EA 引脚接到正电源端,使用片内程序存储器。

至此,一个单片机最小应用系统就连接完毕,通上电,单片机就可以工作了。

# 第五节　8051 的存储器结构

## 一、存储器概述

存储器是储存二进制信息的数字电路器件。微型机的存储器包括主存储器和外存储器。外存储器(外存)主要指各种大容量的磁盘存储器、光盘存储器等。主存储器(内存)是指能与CPU 直接进行数据交换的半导体存储器。存储器是计算机中不可缺少的重要部件。半导体存储器具有存取速度快、集成度高、体积小、可靠性高、成本低等优点。单片机是微型机的一种,它的主存储器也采用半导体存储器。

### 1. 半导体存储器的一些基本概念

(1)位

信息的基本单位是位(Bit 或 b),表示一个二进制信息"1"或"0"。在存储器中,位信息是由具有记忆功能的半导体电路实现的,例如用触发器记忆一位信息。

(2)字节

在微型机中信息大多是以字节(Byte 或 B)形式存放的,一个字节由 8 个位信息组成(1 Byte＝8 Bit),通常称作一个存储单元。

(3)存储容量

存储器芯片的存储容量是指一块芯片中所能存储的信息位数,例如 $8K\times8$ 位的芯片,其存储容量为 $8\times1024\times8$ 位＝65536 位信息。存储体的存储容量则是指由多块存储器芯片组成的存储体所能存储的信息量,一般以字节的数量表示。

(4)地址

地址表示存储单元所处的物理空间的位置,用一组二进制代码表示。地址相当于存储单元的"单元编号",CPU 可以通过地址码访问某一存储单元,一个存储单元对应一个地址码。例如 8051 单片机有 16 位地址线,能访问的外部存储器最大地址空间为 64K(65536)字节,对应的 16 位地址码为 0000H～FFFFH,第 0 个字节的地址为 0000H,第 1 个字节的地址为0001H,…,第 65535 个字节的地址为 FFFFH。

(5)存取周期

存取周期是指存储器存放或取出一次数据所需的时间。存储容量和存取周期是存储器的两项重要性能指标。

### 2. 半导体存储器的分类

半导体存储器按读、写功能可以分为随机读/写存储器 RAM(Random Access Memory)和只读存储器 ROM(Read Only Memory)。

随机读/写存储器 RAM 可以进行多次信息写入和读出,每次写入后,原来的信息将被新写入的信息所取代。另外,RAM 在断电后再通电时,原存的信息全部丢失。它主要用来存放临时的数据和程序。

RAM 按生产工艺分,又可以分为双极型 RAM 和 MOS RAM,而 MOS RAM 又分为静态

RAM(SRAM)和动态 RAM(DRAM)。

(1)双极型 RAM

双极型以晶体管触发器作为基本存储电路,存取速度快,但结构复杂、集成度较低,比较适合用于小容量的高速暂存器。

(2)MOS RAM

MOS 型以 MOS 管作为基本集成元件,具有集成度高、功耗低、位价格便宜等优点,现在微型计算机机一般都采用 MOS RAM。

只读存储器 ROM 的信息一旦写入后,便不能随机修改。在使用时,只能读出信息,而不能写入,且在掉电后 ROM 中的信息仍然保留。它主要用来存放固定不变的程序和数据。

ROM 按生产工艺分,还可以分为以下几种:

(1)掩膜 ROM

掩膜 ROM 其存储的信息在制造过程中采用一道掩膜工艺生成,一旦出厂,信息就不可改变。

(2)可编程只读存储器 PROM

可编程只读存储器存储的信息可由用户通过特殊手段一次性写入,但只能写入一次。

(3)可擦除只读存储器

可擦除只读存储器存储的信息用户可以多次擦除,并可用专用的编程器重新写入新的信息。可擦除只读存储器又可分为紫外线擦除的 EPROM、电擦除的 EEPROM 和 Flash ROM。

## 二、8051单片机存储器的组织结构

### 1. 微型机存储器的结构形式

(1)普林斯顿结构

一般的微型机(如个人电脑 PC 机),它的存储器采用普林斯顿结构,程序和数据共用一个存储器逻辑空间,统一编址,如图 2.10 所示。

图 2.10　普林斯顿结构　　　　　　　　图 2.11　哈佛结构

(2)哈佛结构

8051 单片机的存储器则采用哈佛结构,程序与数据分为两个独立存储器逻辑空间,分开编址,如图 2.11 所示。8051 单片机的数据存储器空间和程序存储器空间相互独立。因为单片机主要面向测控对象,通常有大量的控制程序和较少的随机数据,将程序和数据分开,使用

较大容量的程序存储器来固化程序代码,使用少量的数据存储器来存取随机数据。程序在只读存储器 ROM 中运行,不易受外界侵害,可靠性高。

### 2. 8051 存储器的组织结构

8051 单片机存储器,从物理结构上可分为 4 个存储器地址空间:

①片内程序存储器空间;

②片外程序存储器空间;

③片内数据存储器空间;

④片外数据存储器空间。

8051 单片机存储器,从逻辑结构上可分为 3 个存储器地址空间:

①64KB 程序存储器;

②256B 片内数据存储器;

③64KB 片外数据存储器。

(1)8051 程序存储器(ROM)的组织结构

8051 单片机有 64KB 程序存储器空间,空间地址为 0000H～0FFFFH,根据 EA 引脚的不同输入电平,来选择片内或片外低位存储单元。EA(31 脚):访问程序存储器选择信号输入线。当 EA 为低电平时,CPU 只能访问外部程序存储器;当 EA 为高电平时,CPU 可访问内部程序存储器(当 8051 单片机的 PC 值小于等于 0FFFH 时),也可访问外部程序存储器(当 PC 值大于 0FFFH 时)。如图 2.12 所示。

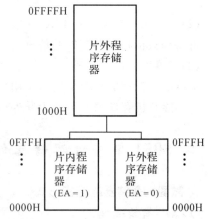

图 2.12　8051 程序存储器结构示意图

(2)8051 数据存储器(RAM)的组织结构

①64KB 片外数据存储器空间(与扩展 I/O 接口共用)。8051 单片机外部可扩展 64KB 的片外数据存储器空间(与扩展的外部 I/O 接口共用),空间地址为 0000H～FFFFH。注意:8051 单片机扩展的外部数据存储器和外部 I/O 接口共用一个地址空间,统一编址。

②256B 片内数据存储器。8051 内部 RAM 有 256 个单元,空间地址为 00H～0FFH,包括片内 RAM 和特殊功能寄存器 SFR。8051 单片机的片内 RAM 和特殊功能寄存器 SFR 共用一个地址空间,统一编址。

## 三、8051 内部数据存储器

8051 内部 RAM 有 256 个单元,通常在空间上分为两个区域:低 128 个单元(00H～7FH)的内部数据 RAM 块和高 128 个单元(80H～0FFH)的专用寄存器 SFR 块。

### 1. 内部 RAM 低 128 个单元

8051 低 128 个单元是真正的内部数据 RAM 区,是一个多功能复用性数据存储器,其按用途可分为 3 个区域。如图 2.13 所示。

(1)工作寄存器区(00H～1FH)

工作寄存器也称为通用寄存器,该区域共有 4 组寄存器,每组由 8 个寄存单元组成,每个单元 8 位,各组均以 R0～R7 作寄存器编号,共 32 个单元,单元地址为 00H～1FH。

在任一时刻,CPU 只能使用其中一组通用寄存器,称为当前通用寄存器组,具体可由程序状态寄存器 PSW 中 RS1、RS0 位的状态组合来确定。通用寄存器为 CPU 提供了就近存取数据的便利,提高了工作速度,也为编程提供了方便。

（2）位寻址区（20H～2FH）

位寻址区是指 CPU 可以对其中的每一个二进制位单独进行读、写操作的区域。

位寻址区的地址为内部 RAM 的 20H～2FH,共 16 个单元,计 $16 \times 8$ 位$=128$ 位,而位地址为 00H～7FH。位寻址区既可作为一般的 RAM 区进行字节操作,也可对单元的每一位进行位操作,因此称为位寻址区,是存储空间的一部分。例如,可以在位地址为"00H"的位存储单元中写入"1"。表 2.2 列出了内部 RAM 位寻址区中每一位可访问二进制位的位地址。

| 7FH |
| --- |
| 用户RAM区<br>堆栈、数据缓冲<br>字节地址30H～7FH |
| 30H |
| 2FH |
| 位寻址区<br>位地址 00H～2FH |
| 20H |
| 1FH 第3组通用寄存器区 18H |
| 17H 第2组通用寄存器区 10H |
| 0FH 第1组通用寄存器区 08H |
| 07H 第0组通用寄存器区 00H |

图 2.13　8051 内部 RAM
低 128 个单元配置

**表 2.2　位寻址区的位地址**

| 单元地址 | MSB | | 位 | 地 | | 址 | | LSB |
| --- | --- | --- | --- | --- | --- | --- | --- | --- |
| 2FH | 7FH | 7EH | 7DH | 7CH | 7BH | 7AH | 79H | 78H |
| 2EH | 77H | 76H | 75H | 74H | 73H | 72H | 71H | 70H |
| 2DH | 6FH | 6EH | 6DH | 6CH | 6BH | 6AH | 69H | 68H |
| 2CH | 67H | 66H | 65H | 64H | 63H | 62H | 61H | 60H |
| 2BH | 5FH | 5EH | 5DH | 5CH | 5BH | 5AH | 59H | 58H |
| 2AH | 57H | 56H | 55H | 54H | 53H | 52H | 51H | 50H |
| 29H | 4FH | 4EH | 4DH | 4CH | 4BH | 4AH | 49H | 48H |
| 28H | 47H | 46H | 45H | 44H | 43H | 42H | 41H | 40H |
| 27H | 3FH | 3EH | 3DH | 3CH | 3BH | 3AH | 39H | 38H |
| 26H | 37H | 36H | 35H | 34H | 33H | 32H | 31H | 30H |
| 25H | 2FH | 2EH | 2DH | 2CH | 2BH | 2AH | 29H | 28H |
| 24H | 27H | 26H | 25H | 24H | 23H | 22H | 21H | 20H |
| 23H | 1FH | 1EH | 1DH | 1CH | 1BH | 1AH | 19H | 18H |
| 22H | 17H | 16H | 15H | 14H | 13H | 12H | 11H | 10H |
| 21H | 0FH | 0EH | 0DH | 0CH | 0BH | 0AH | 09H | 08H |
| 20H | 07H | 06H | 05H | 04H | 03H | 02H | 01H | 00H |

其中:MSB——最高有效位;LSB——最低有效位。

（3）用户 RAM 区（30H～7FH）

所剩的 80 个单元即为用户 RAM 区,单元地址为 30H～7FH,在一般应用中把堆栈设置在该区域中。

对内部 RAM 低 128 个单元的使用有几点说明：

①8051 的内部 RAM 00H～7FH 单元可采用直接寻址或间接寻址方式实现数据传送。

②内部 RAM 20H～2FH 单元的位地址空间可实现位操作。当前工作寄存器组可通过软件对 PSW 中的 RS1、RS0 位的状态设置来选择。

③8051 的堆栈是自由堆栈，单片机复位后，堆栈底为 07H，在程序运行中可任意设置堆栈。堆栈设置通过对 SP 的操作实现，例如用指令 MOV SP，#30H 将堆栈设置在内部 RAM 30H 以上单元。

### 2. 内部 RAM 高 128 个单元

内部 RAM 高 128 个单元是供给专用寄存器使用的，因此称之为专用寄存器区（也称为特殊功能寄存器区（SFR）区），单元地址为 80H～0FFH。8051 共有 22 个专用寄存器。其中程序计数器 PC 在物理上是独立的，没有地址，故不可寻址，它不属于内部 RAM 的 SFR 区。其余的 21 个专用寄存器都属于内部 RAM 的 SFR 区，是可寻址的，它们的单元地址离散地分布于 80H～0FFH。表 2.3 为 21 个专用寄存器一览表。

表 2.3    8051 专用寄存器一览表

| 寄存器符号 | 地址 | 寄存器名称 |
|---|---|---|
| · ACC | E0H | 累加器 |
| · B | F0H | B 寄存器 |
| · PSW | D0H | 程序状态字 |
| SP | 81H | 堆栈指示器 |
| DPL | 82H | 数据指针低 8 位 |
| DPH | 83H | 数据指针高 8 位 |
| · IE | A8H | 中断允许控制寄存器 |
| · IP | B8H | 中断优先控制寄存器 |
| · P0 | 80H | I/O 口 0 |
| · P1 | 90H | I/O 口 1 |
| · P2 | A0H | I/O 口 2 |
| · P3 | B0H | I/O 口 3 |
| PCON | 87H | 电源控制及波特率选择寄存器 |
| · SCON | 98H | 串行口控制寄存器 |
| SBUF | 99H | 串行口数据缓冲寄存器 |
| · TCON | 88H | 定时器控制寄存器 |
| TMOD | 89H | 定时器方式选择寄存器 |
| TL0 | 8AH | 定时器 0 低 8 位 |
| TL1 | 8BH | 定时器 1 低 8 位 |
| TH0 | 8CH | 定时器 0 高 8 位 |
| TH1 | 8DH | 定时器 1 高 8 位 |

注：带"·"的专用寄存器表示可以进行位操作。

下面,介绍有关专用寄存器的功能。

(1)程序计数器 PC(Program Counter)

PC 是一个 16 位计数器,其存放的内容为单片机将要执行的指令机器码所在存储单元的地址。PC 具有自动加 1 的功能,从而实现程序的顺序执行。由于 PC 不可寻址,因此用户无法对它直接进行读、写操作,但可以通过转移、调用、返回等指令改变其内容,以实现程序的转移。PC 的寻址范围为 64KB,即地址空间为 0000~FFFFH。

以上关于程序计数器 PC 的叙述表明:

①PC 中存放的内容恒为 16 位地址信息;

②PC 中存放的 16 位地址信息是单片机即将执行的指令机器码所在存储区域的地址;

③PC 中的内容在单片机指令执行过程中自动加一(转移类指令除外),以便使单片机连续执行指令;

④当需要改变指令的执行顺序时,只要改变 PC 中的内容即可。

(2)累加器 ACC 或 A

累加器 ACC 是 8 位寄存器,是最常用的专用寄存器,功能强、地位重要。它既可存放操作数,又可存放运算的中间结果。MCS-51 系列单片机中许多指令的操作数来自累加器 ACC。累加器非常繁忙,是单片机执行程序的瓶颈,制约了单片机工作效率的提高,现在已有单片机用寄存器阵列来代替累加器 ACC。

(3)寄存器 B

寄存器 B 是 8 位寄存器,主要用于乘、除运算。乘法运算时,B 中存放乘数;乘法操作后,高 8 位结果存于 B 寄存器中。除法运算时,B 中存放除数;除法操作后,余数存于寄存器 B 中。寄存器 B 也可作为一般的寄存器用。

(4)程序状态字 PSW

程序状态字是 8 位寄存器,用于指示程序运行状态信息。其中有些位是根据程序执行结果由硬件自动设置的,而有些位可用用户通过指令方法设定。PSW 中各标志位名称及定义如表 2.4 所示。

表 2.4

| 位序 | D7 | D6 | D5 | D4 | D3 | D2 | D1 | D0 |
|------|-----|-----|-----|-----|-----|-----|-----|-----|
| 位标志 | CY | AC | F0 | RS1 | RS0 | OV | — | P |

①CY:进(借)位标志位,也是位处理器的位累加器 C。在加、减运算中,若操作结果的最高位有进位或借位,CY 由硬件自动置 1,否则清 0。在位操作中,CY 作为位累加器 C 使用,参与位传送、位与、位或等位操作。另外,某些控制转移类指令也会影响 CY 位状态(第三章讨论)。

②AC:辅助进(借)位标志位。在加、减运算中,当操作结果的低四位向高四位进位或借位时,此标志位由硬件自动置 1,否则清 0。

③F0:用户标志位。由用户通过软件设定,用以控制程序转向。

④RS1、RS0:寄存器组选择位。用于设定当前通用寄存器组的组号。通用寄存器组共有 4 组,其对应关系如表 2.5 所示。

**表 2.5**

| RS1 | RS0 | 寄存器组 | R0～R7 地址 |
|---|---|---|---|
| 0 | 0 | 组 0 | 00～07H |
| 0 | 1 | 组 1 | 08～0FH |
| 1 | 0 | 组 2 | 10～17H |
| 1 | 1 | 组 3 | 18～1FH |

RS1、RS0 的状态由软件设置,被选中寄存器组即为当前通用寄存器组。

⑤OV:溢出标志位。在带符号数(补码数)的加减运算中,OV＝1,表示加减运算的结果超出了累加器 A 的 8 位符号数表示范围(－128～＋127),产生溢出,因此运算结果是错误的;OV＝0,表示结果未超出 A 的符号数表示范围,运算结果正确。

乘法运算时,OV＝1,表示运算结果大于 255,结果分别存在 A、B 寄存器中;OV＝0,表示结果未超出 255,结果只存在 A 中。

除法运算时,OV＝1,表示除数为 0;OV＝0,表示除数不为 0。

⑥P:奇偶标志位,表示累加器 A 中数的奇偶性,在每个指令周期由硬件根据 A 的内容的奇偶性对 P 自动置位或复位。P＝1,表示 A 中内容有奇数个 1。

(5)数据指针 DPTR

数据指针 DPTR 为 16 位寄存器,它是 MCS-51 中唯一的一个 16 位寄存器。编程时,既可按 16 位寄存器使用,也可作为两个 8 位寄存器分开使用。DPH 为 DPTR 的高 8 位寄存器,DPL 为 DPTR 的低 8 位寄存器。DPTR 通常在访问外部数据存储器时作为地址指针使用,寻址范围为 64KB。

(6)堆栈指针 SP

SP 为 8 位寄存器,用于指示栈顶单元地址。

所谓堆栈是一种数据结构,它是只允许在其一端进行数据删除和数据插入操作的线性表。数据写入堆栈叫入栈(PUSH),数据读出堆栈叫出栈(POP)。堆栈的最大特点是遵循"后进先出"的数据操作原则。

①堆栈的功用。堆栈的主要功用是保护断点和保护现场。因为计算机无论是执行中断程序还是子程序,最终要返回主程序,在转去执行中断或子程序时,要把主程序的断点地址保护起来,以便计算机能正确地返回主程序。同时,在执行中断或子程序时,可能还要用到一些寄存器,须把这些寄存器的内容保护起来,即保护现场。

②堆栈的设置。MCS-51 系列单片机的堆栈通常设置在内部 RAM 的 30H～7FH 之间。

③堆栈指示器 SP。由于 SP 的内容就是堆栈"栈顶"的存储单元地址,因此可以用改变 SP 内容的方法来设置堆栈的初始位置。当系统复位后,SP 的内容为 07H,但为防止数据冲突现象发生,堆栈最好设置在内部 RAM 的 30H～7FH 单元之间,例如在系统初始化阶段使(SP)＝30H。

④堆栈类型。堆栈类型有向上生长型和向下生长型。MCS-51 系列单片机的堆栈是向上生长型的,如图 2.14 所示。操作规程是:

进栈操作,先 SP 加 1,后写入数据;

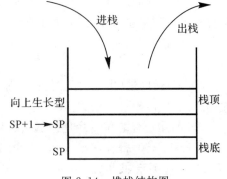

图 2.14 堆栈结构图

出栈操作,先读出数据,后 SP 减 1。

⑤堆栈使用方式。堆栈使用方式有两种:一种是自动方式,在调用子程序或中断时,返回地址自动进栈,程序返回时,断点再自动弹回 PC,这种方式无须用户操作。另一种是指令方式,进栈指令是 PUSH,出栈指令是 POP,例如现场保护是进栈操作,现场恢复是出栈操作。

(7)电源控制及波特率选择控制寄存器 PCON

PCON 为 8 位寄存器,主要用以控制单片机工作于低功耗方式。MCS-51 系列单片机的低功耗方式有待机方式和掉电保护方式两种。待机方式和掉电保护方式都由专用寄存器 PCON 的有关位来控制。PCON 寄存器不可位寻址,只能字节寻址。其各位名称及功能如表 2.6 所示。

表 2.6 PCON 中的位序和符号

| 位 序 | D7 | D6 | D5 | D4 | D3 | D2 | D1 | D0 |
|---|---|---|---|---|---|---|---|---|
| 位符号 | SMOD | — | — | — | GF1 | GF0 | PD | IDL |

表 2.6 中:

· SMOD:波特率倍增位,在串行通信中使用;

· GF0、GF1:通用标志位,供用户使用;

· PD:掉电保护位,当(PD)=1 时,进入掉电保护方式;

· IDL:待机方式位,当(IDL)=1 时,进入待机方式。

①掉电保护方式

当单片机一切工作停止时,只有内部 RAM 单元的内容被保存。

②待机方式

用指令使 PCON 寄存器的 IDL 位置为"1",则 80C51 进入待机方式。时钟电路仍然运行,并向中断系统、I/O 接口和定时/计数器提供时钟,但不向 CPU 提供时钟,所以 CPU 不能工作。在待机方式下,中断仍有效,可采取中断方法退出待机方式。在单片机响应中断时,IDL 位被硬件自动清"0"。

(8)并行 I/O 端口 P0~P3

专用寄存器 P0、P1、P2、P3 分别是单片机的并行输入/输出(I/O)口 P0~P3 中的数据锁存器。在 MCS-51 系列单片机中,没有专门的 I/O 口操作指令,而采用统一的 MOV 操作指令,把 I/O 口当作一般的专用寄存器使用。

(9)串行数据缓冲器 SBUF

串行数据缓冲器(SBUF)是串行口的一个 8 位专用寄存器,其内部实际上由一个发送缓冲器和一个接收缓冲器组成。两个缓冲器在物理上独立,但共用一个地址(99H)。SBUF 是用来存放要发送的或已接收的数据。

(10)定时器/计数器专用寄存器

MCS-51 系列单片机中有两个 16 位的定时器/计数器 T0 和 T1,它们各由两个独立的 8 位计数器组成,T0 由专用寄存器 TH0、TL0 组成,T1 由专用寄存器 TH1、TL1 组成。

(11)控制类专用寄存器

IE、IP、TMOD、TCON、SCON 寄存器是中断系统、定时器/计数器、串行口的控制寄存器,包含控制位和状态位。控制位是编程写入的控制操作位,如 TCON 中的 TR1、TR0 位为定时器/计数器 T1、T0 的启、停控制位。状态位是单片机运行时自动形成的标志位,如 TCON 中的 TF1、TF0 位为定时器/计数器 T1、T0 的计数溢出标志位。

对专用寄存器的字节寻址作如下几点说明:

①21 个可字节寻址的专用寄存器分散在内部 RAM 高 128 单元。其余的空闲单元为保留区,无定义,用户不能使用。

②程序计数器 PC 是唯一不能寻址的专用寄存器。PC 不占用内部 RAM 单元,它在物理上是独立的。

③访问专用寄存器只能使用直接寻址方式,在指令中可写成寄存器符号或单元地址形式。

**3. 专用寄存器的位寻址**

在 21 个可寻址的专用寄存器中,有 11 个专用寄存器(字节地址能被 8 整除的)可以进行位寻址,即可对这些专用寄存器单元的每一位进行位操作,每一位有固定的位地址。表 2.7 列出了可位寻址的专用寄存器的每一位的位地址,表中的字节地址带括号的专用寄存器不可位寻址。

表 2.7 可位寻址的专用寄存器的每一位的位地址

| 寄存器符号 | D7 | D6 | D5 | D4 | D3 | D2 | D1 | D0 | 字节地址 |
|---|---|---|---|---|---|---|---|---|---|
| ACC | E7 | E6 | E5 | E4 | E3 | E2 | E1 | E0 | E0H |
| B | F7 | F6 | F5 | F4 | F3 | F2 | F1 | F0 | F0H |
| PSW | D7 | D6 | D5 | D4 | D3 | D2 | D1 | D0 | D0H |
|  | CY | AC | F0 | RS1 | RS0 | OV |  | P |  |
| SP |  |  |  |  |  |  |  |  | (81H) |
| DPL |  |  |  |  |  |  |  |  | (82H) |
| DPH |  |  |  |  |  |  |  |  | (83H) |
| IE | AF | AE | AD | AC | AB | AA | A9 | A8 | A8H |
|  | EA |  |  | ES | ET1 | EX1 | ET0 | EX0 |  |
| IP | BF | BE | BD | BC | BB | BA | B9 | B8 | B8H |
|  |  |  |  | PS | PT1 | PX1 | PT0 | PX0 |  |
| P0 | 87 | 86 | 85 | 84 | 83 | 82 | 81 | 80 | B0H |
|  | P0.7 | P0.6 | P0.5 | P0.4 | P0.3 | P0.2 | P0.1 | P0.0 |  |
| P1 | 97 | 96 | 95 | 94 | 93 | 92 | 91 | 90 | 90H |
|  | P1.7 | P1.6 | P1.5 | P1.4 | P1.3 | P1.2 | P1.1 | P1.0 |  |
| P2 | A7 | A6 | A5 | A4 | A3 | A2 | A1 | A0 | A0H |
|  | P2.7 | P2.6 | P2.5 | P2.4 | P2.3 | P2.2 | P2.1 | P2.0 |  |
| P3 | B7 | B6 | B5 | B4 | B3 | B2 | B1 | B0 | B0H |
|  | P3.7 | P3.6 | P3.5 | P3.4 | P3.3 | P3.2 | P3.1 | P3.0 |  |
| PCON | SMOD |  |  |  | GF1 | GF0 | PD | IDL | (87H) |
| SCON | 9F | 9E | 9D | 9C | 9B | 9A | 99 | 98 | 98H |
|  | SM0 | SM1 | SM2 | REN | TB8 | RB8 | TI | RI |  |
| SBUF |  |  |  |  |  |  |  |  | (99H) |
| TCON | 8F | 8E | 8D | 8C | 8B | 8A | 89 | 88 | 88H |
|  | TF1 | TR1 | TF0 | TR0 | IE1 | IT1 | IE0 | IT0 |  |
| TMOD | GATE | C/$\overline{T}$ | M1 | M0 | GATE | C/$\overline{T}$ | M1 | M0 | (89H) |
| TL0 |  |  |  |  |  |  |  |  | (8AH) |
| TL1 |  |  |  |  |  |  |  |  | (8BH) |
| TH0 |  |  |  |  |  |  |  |  | (8CH) |
| TH1 |  |  |  |  |  |  |  |  | (8DH) |

### 四、8051 内部程序存储器

大多数 51 系列单片机内部都配置一定数量的程序存储器 ROM,如 8051 芯片内有 4KB 掩膜 ROM 存储单元,AT89C51 芯片内部配置了 4KB FlashROM,它们的地址范围均为 0000H～0FFFH。

内部程序存储器有一些特殊单元,使用时要注意。

其中,一组特殊单元是 0000H～0002H。单片机通电或复位后,(PC)=0000H,这样单片机就从 0000H 单元开始执行指令。如果此时单片机的应用程序存放在其他区域,就要在这三个单元中存放一条无条件转移指令,以便转去执行指定区域的应用程序。

另外,在程序存储器中专门开辟了各个中断源的入口向量地址区域,以便为中断技术服务(中断的概念以后讲述)分配如下:

0003H～000AH:外部中断 0 中断地址区;

000BH～0012H:定时器/计数器 0 中断地址区;

0013H～001AH:外部中断 1 中断地址区;

001BH～0022H:定时器/计数器 1 中断地址区;

0023H～002AH:串行中断地址区。

中断地址区首地址为各个中断源的入口向量地址,每个中断地址区有 8 个地址单元。在中断地址区中应存放中断服务程序,但 8 个单元通常难以存下一个完整的中断服务程序,因此往往需要在中断地址区首地址中存放一条无条件转移指令,转去中断服务程序真正的入口地址。

从 002BH 开始的单元才是用户可以随意使用的程序存储器。

对程序存储器的操作作以下说明:

①程序指令的自主操作。CPU 按照 PC 指针自动地从程序存储器中取出指令。

②用户使用指令对程序存储器中的常数表格进行读操作,可用 MOVC 指令实现。

## 第六节　并行输入/输出口

单片机芯片内还有一项重要的资源是并行 I/O 口。MCS-51 共有 4 个 8 位的并行 I/O 口,分别是:P0、P1、P2、P3。所谓"口"是集数据输入缓冲,数据输出驱动及锁存等多项内容为一体的 I/O 电路。P0、P1、P2、P3 的内部结构分别由如图 2.15(a)、(b)、(c)、(d) 所示。

### 一、P0 口

P0 口是功能最强的口,可作为一般的 I/O 口使用,也可作为数据线、地址线使用。当 P0 口作为一般的 I/O 口输出时,由于端口各端线输出电路是漏极开路电路,必须外接上拉电阻才能有高电平输出。当 P0 口作为一般的 I/O 口输入时,必须使电路中的锁存器写入高电平"1",使场效应管 FET 截止,以避免锁存器为"0"状态时对引脚输入的干扰,使 P0.× 状态始终为"0"。

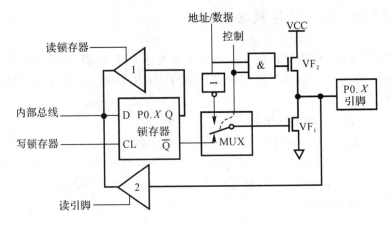

图 2.15(a)　P0 的内部结构

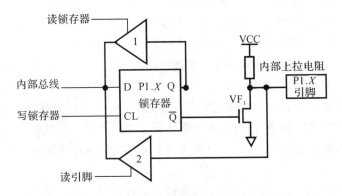

图 2.15(b)　P1 的内部结构

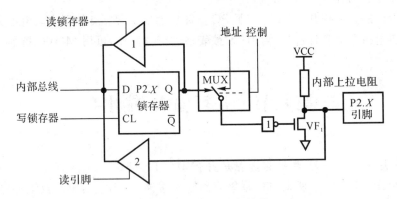

图 2.15(c)　P2 的内部结构

## 二、P1 口

P1 口通常作为通用 I/O 口使用。作为输出口时,由于电路内部已经带上拉电阻,因此无须外接上拉电阻;作为输入口时,也须先向锁存器写入"1"。它是一个标准的 I/O 口。

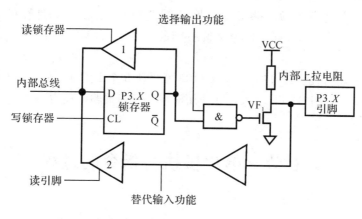

图 2.15(d)　P3 的内部结构

## 三、P2 口

P2 口既可作为通用 I/O 口使用,也可作为高位地址线使用。

## 四、P3 口

P3 口可作为通用 I/O 口使用,也可作为第二功能使用。

P3 口引脚的第二功能参见表 2.8。

表 2.8　P3 口引脚的第二功能

| 口线 | 第二功能 | 信号名称 |
|---|---|---|
| P3.0 | RXD | 串行数据接收 |
| P3.1 | TXD | 串行数据发送 |
| P3.2 | $\overline{INT0}$ | 外部中断 0 请求信号输入 |
| P3.3 | $\overline{INT1}$ | 外部中断 1 请求信号输入 |
| P3.4 | T0 | 定时器/计数器 0 计数输入 |
| P3.5 | T1 | 定时器/计数器 1 计数输入 |
| P3.6 | $\overline{WR}$ | 外部 RAM 写选通 |
| P3.7 | $\overline{RD}$ | 外部 RAM 读选通 |

MCS-51 系列单片机的并行 I/O 接口有以下应用特性:

①P0、P1、P2、P3 作为通用双向 I/O 口使用时,输入操作是读引脚状态;输出操作是对口的锁存器的写入操作,锁存器的状态立即反映到引脚上。

②P1、P2、P3 口作为输出口时,由于电路内部带上拉电阻,因此无须外接上拉电阻。

③P0、P1、P2、P3 作为通用的输入口时,必须使电路中的锁存器写入高电平"1",使场效应管(FET)VF1 截止,以避免锁存器输出为"0"时场效应管 VF1 导通使引脚状态始终被钳位在"0"状态。

④I/O 口功能的自动识别。无论是 P0、P2 口的总线复用功能,还是 P3 口的第二功能复用,单片机会自动选择,不需要用户通过指令选择。

⑤两种读端口的方式。包括端口锁存器的读、改、写操作和读引脚的操作。在单片机中,

有些指令是读端口锁存器的,如一些逻辑运算指令、置位/复位指令、条件转移指令以及将 I/O 口作为目的地址的操作指令;有些指令是读引脚的,如以 I/O 口作为源操作数的指令 MOV A,P1。

⑥I/O 口的驱动特性。P0 口每一个 I/O 口可驱动 8 个 LSTTL 输入,而 P1、P2、P3 口每一个 I/O 口可驱动 4 个 LSTTL 输入。在使用时应注意口的驱动能力。

# 第七节　单片机执行指令的过程

单片机的工作过程就是运行程序的过程,而程序是指令的有序集合,因此运行程序就是按顺序,一条一条地执行指令的过程。指令的机器码一般由操作码和操作数地址两部分组成,操作码在前,操作数地址在后。操作码决定指令的操作类型,如加、减、乘、除等算术操作,操作数地址指示参加运算的操作数来自何处。操作数一般有两个(如加、减法),操作数地址简称地址码。指令的执行又可分为取出指令和执行指令两项步骤。例如,要使单片机进行下列运算:

$$08H+5BH=63H$$

并将结果 63H 送单片机内部 RAM 35H 单元。

具体操作步骤如下:

(1)编写汇编语言程序

MOV　A,#08H　　;将立即数 08H 送累加器 A,(A)=08H。
ADD　A,#5BH　　;A 中的内容与立即数 5BH 相加,结果 63H 送 A,即 A←(A)+5BH。
MOV　35H,A　　　;结果送内部 RAM 35H 单元。

(2)通过查指令表得出各指令的机器码如表 2.9 所示。

表 2.9

| 机器码 | 汇编语言源程序 | 指令功能 |
|---|---|---|
| 74H　08H | MOV　A,#08H | 立即数传送 |
| 24H　5BH | ADD　A,#5BH | 加法运算 |
| F5H　35H | MOV　35H,A | 数据传送 |

(3)将机器码存入程序存储器中

例如从 1000H 程序存储器单元开始存放程序的机器码,如表 2.10 所示。

表 2.10

| 存储地址 | ROM 存储单元内容 | 机器码 |
|---|---|---|
| 1000H | 01110100 | 74H |
| 1001H | 00001000 | 08H |
| 1002H | 00100100 | 24H |
| 1003H | 01011011 | 5BH |
| 1004H | 11110101 | F5H |
| 1005H | 00110101 | 35H |

(4)程序执行过程

先赋值(PC)=1000H,以下为指令执行的步骤:

①PC 送出当前地址 1000H,选中程序存储器 1000H 单元。

②CPU 发出访问程序存储器信号,从 1000H 单元中取出第一条指令的操作码 74H。

③PC 内容自动加一,指向下一存储单元。

④CPU 将操作码 74H 送内部指令译码器译码后已知是一条立即数送 A 的指令。

⑤PC 送出当前地址 1001H,选中程序存储器 1001H 单元。

⑥CPU 再发出访问程序存储器信号,从 1001H 单元中取出第一条指令的立即数 08H 并送 A。

⑦PC 内容自动加一,指向下一存储单元。

以上即为第一条指令的取指和执行指令过程。接下去 CPU 取出第二条指令码,并完成加法运算后将结果送 A,最后完成 A 中的内容送 35H 单元指令。每条指令的执行步骤与前面所述基本相同,不再细述。

最后说明一下,单片机的程序运行一般有两种方式:

(1)连续执行方式

连续执行方式是程序最基本的方式,即从 PC 指针开始,连续执行程序,直到遇到结束或暂停标志。在系统复位时,PC 总是指向 0000H 地址单元,而实际的程序应允许从程序存储器的任意位置开始,可通过执行若干种指令使 PC 指向程序的实际起始地址。单片机系统一旦接通电源后即处于这种连续工作方式。

(2)单步执行方式

单步执行方式是从程序的某地址开始,启动一次只执行一条指令的运行方式。它主要用于调试程序。单步运行方式是利用单片机的中断结构实现的。将 8051 的外部中断编程为外部电平触发方式,并设置一个单步操作脉冲产生电路,接入某个外部中断引脚,单步操作键动作一次,产生一个脉冲,启动一次内部中断处理过程,CPU 就执行一条指令,这样就可以一步一步地进行单步操作。

# 思考与练习

**2-1**　8051 单片机芯片包含哪些主要逻辑部件?

**2-2**　如何使 8051 单片机复位? 单片机复位后初始状态如何?

**2-3**　8051 内部 RAM 的 256 单元主要划分为哪些部分? 各部分主要功能是什么?

**2-4**　简述 8051 单片机的位处理存储器空间分布。内部 RAM 中包含哪些位寻址单元?

**2-5**　什么是堆栈? 堆栈有什么功能? 8051 的堆栈可以设在什么区域? 在程序初始化设计时,为什么要对 SP 重新赋值?

**2-6**　简述程序状态字 PSW 中各位的意义。

**2-7**　请叙述程序计数器 PC 的作用。单片机复位后 PC 的值为多少? 单片机运行出错或进入死循环时,应如何摆脱困境?

**2-8**　MCS-51 系列单片机的四个并行 I/O 口在使用上有哪些分工和特点? 试比较各口的特点。

**2-9**　叙述 8051 单片机的引脚 EA 的作用。在使用 8031 单片机时该引脚应如何处理?

**2-10**　什么是 MCS-51 系列单片机的时钟周期、机器周期和指令周期? 当晶振频率为 12MHz 时,一个机器周期为几个微秒? 执行一条最长的指令需几个微秒?

# 第三章

# 指令系统

## 第一节　指令系统简介

### 一、指令系统概述

我们知道,计算机如果只有硬件而没有软件(程序)是不能工作的,单片机也不例外。单片机之所以能够按照人们的意愿工作,是因为单片机运行了相应的程序,而程序是由单片机所能识别的指令组成的。

指令是 CPU 用于控制功能部件完成某一指定动作的指示和命令。指令是与计算机内部结构、硬件资源密切联系的,一条指令对应着一种基本操作。

某种计算机所有指令的集合称为指令系统。指令系统全面描述了 CPU 的功能。指令系统是由生产厂家确定的。不同的 CPU 具有不同的指令系统。指令系统越丰富,说明 CPU 的功能越强。例如,在 Z80 单板机中,没有乘法和除法指令,乘法和除法运算必须用软件来实现,因此执行速度相对较慢;而 MCS-51 单片机提供了乘法和除法指令,实现乘法和除法运算时就要快很多。

MCS-51 单片机指令系统共有 33 种功能,42 种助记符,111 条指令。单片机与一般通用微处理器指令系统的区别在于突出了控制功能,具体表现为有大量的转移指令和位操作指令。

### 二、指令系统分类

MCS-51 单片机的指令系统内容丰富、完整、功能较强。MCS-51 单片机共有 111 条指令,可以实现 51 种基本操作。

**1. 按指令功能分类**

按指令的功能可以分为四大类:

①数据传送指令(29 条);

②算术运算指令(24 条);

③逻辑运算指令(24 条);

④控制转移指令(22 条)。

**2. 按指令长度分类**

单片机中的指令并不是固定的长度,对于不同的指令,在程序存储器 ROM 中占用的字节数是不同的。按指令长度可分为:

①单字节指令(49 条);

②双字节指令(45 条);

③三字节指令(17 条)。

**3. 按指令执行时间分类**

每条指令在执行时要消耗一定的时间,以机器周期为单位。按指令执行时间可分为:

①单周期指令(64 条);

②双周期指令(45 条);

③四周期指令(2 条)。

# 第二节　指令格式及指令符号

计算机能直接识别和执行的指令是二进制代码编码指令,称之为机器指令。机器指令不便于记忆和阅读。

为了编写程序的方便,人们采用有一定含义的符号(助记符)来表示机器指令,称之为汇编指令。汇编指令是符号化的机器指令,与机器指令是一一对应的。汇编指令通过编译程序转换成机器指令之后,单片机才能识别和执行。

## 一、指令格式

指令格式就是指令的表示方法,下面介绍机器指令和汇编指令两种书写格式。

**1. 汇编指令格式**

汇编指令是构成汇编语言程序的基本单元。汇编指令通常由标号、操作码助记符、操作数和注释几部分组成。一般格式为:

[标号:]操作码助记符 [操作数 1][,操作数 2][,操作数 3][;注释]

例如:LOOP:CJNE A,＃36H,LOOP　 ;比较不等转移

(1)标号

标号表示该指令所在的地址,是用户根据程序需要(子程序入口或转移指令目标地址)而设定的符号地址,[ ]表示为可选项。汇编时,以该指令所在的首地址来代替标号。

标号是由 1～8 个英文字母或数字组成的字符串,但第一个字符必须是英文字母,不能是数字或其他符号。标号必须用冒号与操作码分隔开。

(2)操作码

操作码助记符是表示指令操作功能的英文缩写,如 MOV 表示数据传送操作,ADD 表示加法操作等。操作码是指令的核心部分,每条指令都必须有操作码,不能缺省。

(3)操作数

操作数字段表示指令的操作对象,其表示形式与寻址方式有关。指令中的操作数一般有

以下几种形式：

①没有操作数项,操作数隐含在操作码中,如 RET 指令；

②只有一个操作数,如指令 CPL A；

③有两个操作数,操作数之间以逗号相隔,如指令 MOV A,♯00H；

④有三个操作数,操作数之间也以逗号相隔,如指令 CJNE A,♯00H,NEXT。

操作数和操作码之间以空格分隔,操作数之间以逗号分隔。双操作数时,逗号右边的操作数称为源操作数,逗号左边的操作数称为目的操作数。

(4)注释

注释是编程者为该指令在程序中的作用或该程序段功能进行的说明,便于程序的阅读。注释必须以";"开始,注释的长度不限,一行不够时,可以换行书写,但换行时注意在开头仍应加";"号。

### 2. 机器指令格式

机器指令是一种二进制代码,由操作码和操作数两部分组成。

操作码用以规定指令执行的操作功能,如数据传送、数据相加等。操作数是指令执行时参与操作的对象。

MCS-51 系列单片机的机器指令,按指令长度可分为单字节指令、双字节指令和三字节指令。机器指令的格式为：

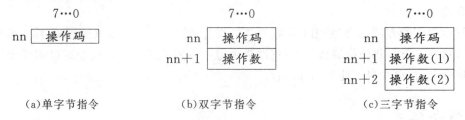

(a)单字节指令　　　　(b)双字节指令　　　　(c)三字节指令

(1)单字节指令

单字节指令只占用一个字节,操作码和操作数信息同在一个字节中。单字节指令有两种编码方式：

①指令代码中只有操作码信息。指令无操作数或指令的操作功能明确不需要在指令中具体指出操作数,8 位编码只表示操作码。

例如:汇编指令 NOP

指令机器码为：

$$\boxed{0000\ 0000}$$

操作码

②操作码和操作数信息同在一个字节中。例如：

汇编指令　MOV　A,　Rn　;A←(Rn)

指令机器码为：

操作码　　　Rn(N=0~7)

操作数

MCS-51 单片机指令系统中有 49 条单字节指令。

（2）双字节指令

双字节指令编码有两个字节,首字节为操作码,第二个字节为操作数或操作数地址。

例如:汇编指令 MOV Rn, direct ;Rn←(direct)

指令机器码为:

| | |
|---|---|
| 10101 | 操作码 |
| direct | 操作数 |

MCS-51 单片机指令系统中有 45 条双字节指令。

（3）三字节指令

三字节指令编码有三个字节,首字节为操作码,后两个字节为操作数或操作数地址。

例如:汇编指令 MOV DPTR, #DATA16

指令机器码为:

| | |
|---|---|
| 10010000 | 操作码 |
| data15～8 | 操作数 1 |
| data7～0 | 操作数 2 |

又如:汇编指令: MOV direct,#DATA,

指令机器码为:

| | |
|---|---|
| 01110101 | 操作码 |
| direct | 操作数 1 |
| data | 操作数 2 |

MCS-51 单片机指令系统中有 17 条三字节指令。

# 二、指令中符号的约定

在介绍汇编指令系统时,指令中的符号约定如下:

①Rn(n=0～7):当前选中的工作寄存器组的工作寄存器 R0～R7。

②@Ri(i=0、1):以 R0 或 R1 作寄存器间接寻址,"@"为间接寻址符。

③direct:8 位直接地址。可以是内部 RAM 单元地址(00H～7FH),或特殊功能寄存器(SFR)地址(80H～FFH)。

④@DPTR:以数据指针 DPTR 的内容(16 位)为地址的寄存器间接寻址,对外部 RAM64K 地址空间寻址。

⑤#data:8 位立即数"#"表示 DATA 是立即数。

⑥#data16:16 位立即数。

⑦addr11:11 位目标地址。短转移(AJMP)及短调用(ACALL)指令中为转移目标地址,2K 范围内转移,指令中用标号代替。

⑧addr16:16 位目标地址。长转移(LJMP)及长调用(LCALL)指令中为转移目标地址,转移范围 64K,指令中用标号代替。

⑨rel:相对转移地址,8 位补码地址,偏移量为−128～+127,指令中可用标号代替。

⑩DPTR:16 位数据指针。

⑪bit:位地址。内部 RAM20H−2FH 中可寻址位和 SFR 中的可寻址位。

⑫A：累加器。

⑬B：B 寄存器。

⑭C：即 Cy 位，进位标志、进位位，或位操作指令中的位累加器。

⑮/：位操作数的取反操作前缀，如/bit。

⑯(X)：X 中的内容。

⑰((X))：由 X 间接寻址的单元中的内容。

⑱←：箭头右边内容送箭头所指的单元。

说明：由于历史原因，为了与大多数书籍、资料目前书写习惯一致，在表示符号位(Cy、OV、EA 等)的内容时，在不会引起误解的前提下，采取 BIT＝X 而非(BIT)＝X 的形式，请读者在阅读以下章节时留意。

# 第三节　寻址方式

从指令格式知道，操作数是指令的重要组成部分，指出了参与操作的对象。寻找操作数或操作数地址的方式称为寻址方式，一条指令采用什么样的寻址方式，是由指令的功能决定的，寻址方式越多，指令功能就越强。寻址方式不仅影响指令的长度，还影响指令的执行速度。

MCS-51 指令系统共使用了 7 种寻址方式：立即寻址、寄存器寻址、直接寻址、寄存器间接寻址、变址寻址、相对寻址和位寻址。这 7 种寻址方式所对应的寻址空间如表 3.1 所示。

表 3.1　寻址方式对应的寻址空间

| 序号 | 寻址方式 | | 寻址空间(操作数存放空间) |
|---|---|---|---|
| 1 | 基本方式 | 立即寻址 | 立即数 |
| 2 | | 寄存器寻址 | 寄存器 R0～R7、A、B、DPTR 和 C |
| 3 | | 直接寻址 | 片内 RAM 低 128 字节、SFR |
| 4 | | 寄存器间接寻址 | 片内 RAM(@R0、@R1、SP)<br>片外 RAM(@R0、@R1、@DPTR) |
| 5 | 扩展方式 | 变址寻址 | 程序存储器 ROM(@A＋DPTR、@A＋PC) |
| 6 | | 相对寻址 | 程序存储器 ROM256 字节范围内(PC 当前值的＋127～—128 字节)：PC＋偏移量 |
| 7 | | 位寻址 | 内部 RAM 的位寻址区(20H～2FH 单元的位)<br>部分 SFR 的位(字节地址能被 8 整除单元的位) |

## 一、立即寻址(Immediate Addressing)

立即寻址是指操作数在指令中直接给出，该操作数据称为立即数。立即数可以是一个字节，也可以是两个字节。汇编后，立即数存放在程序存储器中。立即数前应加"♯"标记，以便和直接寻址方式相区分。

立即寻址一般用于为寄存器或存储器赋常数初值。

例如:指令:MOV A,♯40H ;A←40H

指令的 40H 为立即数,该指令的功能是将立即数 40H 送累加器 A。

指令执行后,(A)=40H,指令中用"♯"表示立即数。

立即寻址示意图如图 3.1 所示。

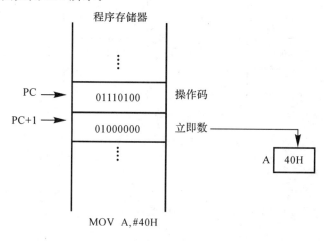

图 3.1 立即寻址示意图

# 二、直接寻址(Direct Addressing)

直接寻址方式是在指令代码中直接给出操作数的地址,操作数存放在该地址的存储单元中,这种寻址方式是对内部数据存储器进行访问。

直接寻址方式的寻址空间为:

①片内 RAM 的低 128 字节;

②特殊功能寄存器 SFR。

注意:对片内 RAM 的低 128 字节进行直接寻址时,以直接地址形式表示;对 SFR 进行直接寻址时,通常以寄存器符号(符号地址)来表示,也可以用直接地址来表示。

例如:指令: MOV A, 50H ;A←(50H)

指令中的 50H 为直接地址,该指令是把内部 RAM 中 50H 单元(直接寻址)的内容送入累加器 A 中。假设指令执行前,A 的内容为 8BH(表示为(A)=8BH),50H 单元的内容为 36H(表示为(50H)=36H),则指令执行后,(A)=36H,(50H)=36H(不变)。

直接寻址示意如图 3.2 所示。

例如,指令: MOV A,P1 ;A←(P1)

指令中的 P1 为 I/O 口 P1 的符号地址,该指令也可以写为:

    MOV A, 90H ;A←(90H)

# 三、寄存器寻址(Register Addressing)

寄存器寻址方式是在指令中给出寄存器名称,寄存器的内容作为操作数。寄存器寻址方

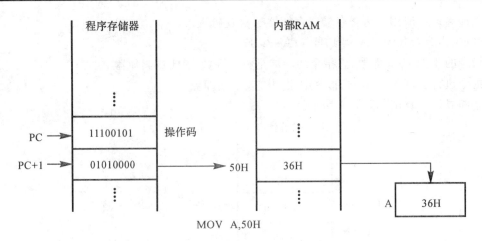

图 3.2　直接寻址示意图

式指令代码短,执行速度快。

寄存器寻址方式的可寻址空间:

①当前工作寄存器 R0～R7(当前工作寄存器区由 RS1、RS2 来选定);

②累加器 A;

③寄存器 B;

④数据寄存器 DPTR。

寄存器寻址方式的操作码中隐含了寄存器的编码,当对当前工作寄存器 R0～R7 进行访问时,指令操作码的低三位指明了所用的寄存器。

例如:指令:MOV　A,　R2　　;　A←(R2)

该指令是将工作寄存器 R2 的内容送给累加器 A。假设指令执行前,A 的内容为 08H(表示为(A)=08H),R2 的内容为 4EH(表示为(R2)=4EH),则指令执行后,(A)=4EH,(R2)=4EH(不变)。

寻址示意图如图 3.3 所示。

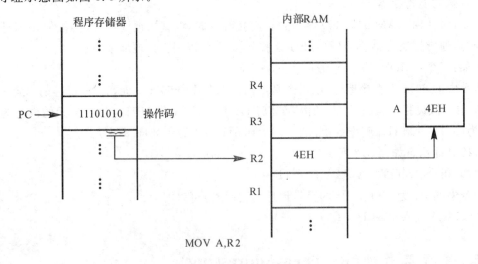

图 3.3　寄存器寻址示意图

我们知道,工作寄存器就是内存单元的一部分,如果选择工作寄存器组 0,则 R0 就是

RAM 的 00H 单元,那么这样一来,MOV A,00H 和 MOV A,R0 不就没什么区别了吗?

的确,这两条指令执行的结果是完全相同的,都是将 00H 单元中的内容送到 A 中去,但是执行的过程不同,执行第一条指令需要两个机器周期,而第二条则只需要一个机器周期,第一条指令变成最终的目标码要两个字节(E5H、00H),而第二条则只要一个字节(E8H)就可以了。

在 SFR 中,除了 A、B、R0~R7 和 DPTR 以外,其余的特殊功能寄存器只能采用直接寻址方式。

## 四、寄存器间接寻址方式(Register Indirect Addressing)

指令中给出寄存器,以寄存器的内容作为操作数的地址,把该地址对应单元的内容作为操作数。可用于寄存器间接寻址的寄存器有 R0、R1、DPTR。为了与寄存器寻址相混淆,寄存器间接寻址方式中寄存器前必须加"@"("@"读成"at")。

寄存器间接寻址的可寻址空间有:

①内部 RAM 00H~7FH(@R0、@R1);

②外部 RAM 0000H~FFFFH(@DPTR、@R0、@R1)。

在访问外部 RAM 的页内 256 个单元××00H~××FFH 时,用 R0、R1 工作寄存器间接寻址。

在访问外部 RAM 整个 64KB(0000H~FFFFH)地址空间时,用数据指针 DPTR 来间接寻址。

例如,指令:MOV    A,   @R0     ;   A←((R0))

指令中的"@R0"表示以 R0 间接寻址单元的内容。该指令的操作为将寄存器 R0 的内容(设(R0)=50H)作为地址,把片内 RAM50H 单元的内容(设(50H)=48H)送入累加器 A,指令执行后,(A)=48H。指令中"@"表示寄存器间接寻址,称之为间址符。

寄存间接寻址示意如图 3.4 所示:

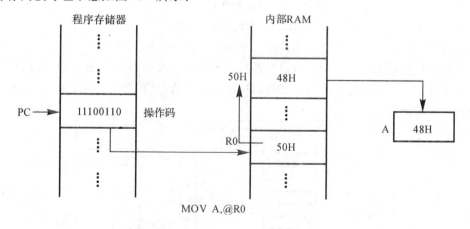

图 3.4　寄存器间接寻址示意图

## 五、变址寻址（Base-Register-Plus-Index-Register-Indirect Addressing）

变址寻址以程序计数器 PC 或数据指针 DPTR 作为基址寄存器，以累加器 A 作为变址寄存器（存放 8 位无符号的偏移量），两者内容相加形成 16 位程序存储器地址作为指令操作数的地址。变址寻址用于读取程序存储器中的常数表或原始的数据。

变址寻址的寻址空间：程序存储器 ROM（@A＋DPTR，@A＋PC）

例如，指令：MOVC　A,　@A＋DPTR　；A←((A)＋(DPTR))

指令中"@A＋DPTR"表示变址寻址的程序存储单元的内容。该指令是把 DPTR 的内容作为基地址，把 A 的内容作为偏移量，两量相加形成 16 位地址，将该地址的程序存储器 ROM 单元的内容送给 A。

假设指令执行前为：(DPTR)＝2100H,(A)＝56H,(2156H)＝36H。

则该指令执行后：(A)＝36H。

寻址过程如图 3.5 所示。

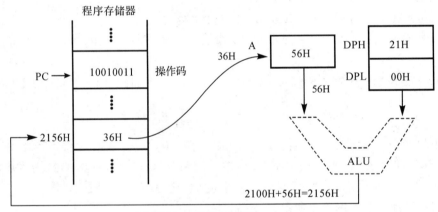

图 3.5　变址寻址示意图

例如，指令 2040H：　MOVC　A,@A＋PC　　；A←((A)＋(PC))

假设指令执行前为：(A)＝0E0H,(2121H)＝45H,该指令为单字节指令，所以执行此指令时程序指针 PC 的当前值为：(PC)＝2041H,则该指令执行后：(A)＝45H。

寻址过程如图 3.6 所示。

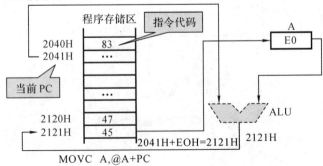

图 3.6　变址寻址示意图

## 六、相对寻址(Relative Addressing)

相对寻址方式只用于相对转移指令中。相对转移指令是以本指令的下一条指令的首地址 PC 为基地址,与指令中给定的相对偏移量 rel 相加之和作为程序的转移目标地址。偏移量 rel 是 8 位二进制补码(与 PC 相加时,rel 需将符号扩展成 16 位)。转移范围为当前 PC 值的 $-128 \sim +127$ 个字节单元之间。相对寻址一般为双字节或三字节指令。

相对寻址寻址空间:程序存储器 ROM。

例如,指令 1000H:JZ　23H　;当(A)=0 时,PC←(PC)+2+REL,程序转移。

　　　　　　　　　　　　;当(A)≠0 时,PC←(PC)+2,程序按原顺序执行。

该指令为双字节指令,其执行过程如图 3.7 所示。

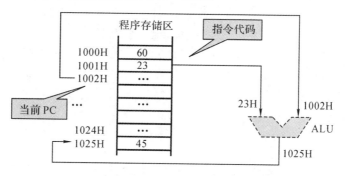

图 3.7　相对寻址示意图

## 七、位寻址(Bit Addressing)

所谓"位",是指存储单元(8 位)中的某 1 位,MCS-51 单片机具有位操作的功能。

位寻址的寻址空间:

①片内 RAM 20H~2FH 单元中的 128 位,其位地址编码位 00H~7FH。

②SFR 的可寻址位(字节地址能被 8 整除的 SFR(11 个),共有 83 位)。习惯上,SFR 的可寻址位常用符号位地址来表示。

对这些寻址位,可以有以下 4 种表示方法:

①直接位地址方式,如:0D5H。

②位名称方式,如:F0。

③点操作符方式,如:PSW.5 或 0D0H.5。

④用户定义名方式,如:用伪指令 bit 定义 USR_FLG bit F0,经定义后,允许用指令 USR_FLG 代替 F0。

以上 4 种方式指的都是 PSW 中的第 5 位。

MCS-51 单片机中设有独立的位处理器。位操作命令能对位寻址的空间进行位操作。

例如,指令:MOV　C,07H　;Cy ←(07H)

该指令属于位操作指令,是将位地址为 07H(内部 RAM20H 单元的 D7 位)的内容送给位累加器 Cy。指令的操作过程如图 3.8 所示。

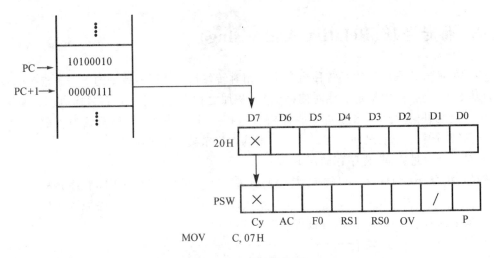

图 3.8 位寻址示意图

以上,介绍了 MCS-51 指令系统的 7 种寻址方式。实际上,指令中有 2～3 个操作数时,往往就具有几种类型的寻址方式。

例如,指令:MOV      B,        #4FH

             寄存器寻址   立即寻址

# 第四节 数据传送指令

数据传送指令系统与第二章介绍的单片机基本硬件结构(即编程结构)是 MCS-51 单片机进行汇编语言程序设计的基础。

数据传送指令共有 29 条,分为:片内寄存器及数据存储器传送(MOV)指令;片外数据存储器传送(MOVX)指令;程序存储器访问(MOVC)指令;数据交换(XCH、XCHD、SWAP)指令和堆栈操作(PUSH、POP)指令。源操作数可以采用寄存器、寄存器间接、直接、立即、变址等 5 种寻址方式。目的操作数可以采用前 3 种寻址方式。数据传送指令是编程时使用最频繁的一类指令。

数据传送指令一般的操作是把源操作数传送到目的操作数,指令执行后,源操作数不改变,目的操作数修改为源操作数。如果要求在数据传送时,不丢失目的操作数,则可以用交换指令。

数据传送指令不影响标志。这里所说的标志是指 C、AC 和 OV,不包括检验累加器奇偶的标志 P。对于 P 一般不加说明。

## 一、片内数据 RAM 及寄存器间的数据传送指令(16 条)

### 1. 以累加器 A 为目的操作数的指令(4 条)

参见表 3.2。

表 3.2　以累加器 A 为目的操作数的指令

| 汇编指令 | 操作说明 | 指令代码 | 代码长度(字节) | 指令周期(TM) |
|---|---|---|---|---|
| MOV A,Rn | A←(Rn) | E8+n | 1 | 1 |
| MOV A,direct | A←(direct) | E5 direct | 2 | 1 |
| MOV A,♯data | A←data | 74 data | 2 | 1 |
| MOV A,@Ri | A←((Ri)) | E6+i | 1 | 1 |

说明:

① 指令的功能是把源操作数的内容送入累加器 A 中。源操作数可以采用寄存器寻址、直接寻址、寄存器间接寻址和立即寻址方式。

② 源操作数是 Rn 时,属寄存器寻址。MCS-51 内部 RAM 区中有 4 组工作寄存器,每组由 8 个寄存器组成。可通过改变 PSW 中的 RS0、RS1 来切换当前工作寄存器组。

**例 3-1**　解释下列指令的执行结果。

```
MOV  A,  R4        ;A←(R4)
MOV  A,  70H       ;A←(70H)
MOV  A,  @R1       ;A←((R1))
MOV  A,  ♯88H      ;A←88H
```

**例 3-2**　已知(A)=40H,(R0)=50H,内部 RAM(40H)=30H,内部 RAM(50H)=10H,解释下列指令的执行结果。

```
① MOV A,♯20H
② MOV A,40H
③ MOV A,R0
④ MOV A,@R0
```

**解**　① MOV  A,♯20H　执行后(A)=20H。
　　② MOV  A,40H　　执行后(A)=30H。
　　③ MOV  A,R0　　执行后(A)=50H。
　　④ MOV  A,@R0　　执行后(A)=10H。

**2. 以 Rn 为目的操作数的指令(3 条)**

参见表 3.3。

表 3.3　以 Rn 为目的操作数的指令

| 汇编指令 | 操作说明 | 指令代码 | 代码长度(字节) | 指令周期(TM) |
|---|---|---|---|---|
| MOV Rn,direct | Rn←(direct) | A8+n direct | 2 | 2 |
| MOV Rn,♯data | Rn←data | 78+n data | 2 | 1 |
| MOV Rn,A | Rn←(A) | F8+n | 1 | 1 |

该组指令的功能是把源操作数的内部送到当前工作寄存器区中的 R7～R0 中的某一个寄存器。源操作数可以采用寄存器寻址、直接寻址和立即寻址方式。

**例 3-3**　将 A 的内容传送至 R1,30H 单元的内容传送至 R3,立即数 80H 传送至 R7,用如下指令完成。

```
MOV  R1,A          ;R1←(A)
MOV  R3,30H        ;R3←(30H)
MOV  R7,♯80H       ;R7←80H
```

表 3.4　A→R₁,30H→R;指令的完成

| 汇编指令 | 操作说明 | 指令代码 | 代码长度(字节) | 指令周期(TM) |
|---|---|---|---|---|
| MOV direct,Rn | direct←(Rn) | 88+ n direct | 2 | 2 |
| MOV direct,A | direct←(A) | F5 direct | 2 | 1 |
| MOV direct,@Ri | direct←((Ri)) | 86+i direct | 2 | 2 |
| MOV direct,♯data | direct←data | 75 direct data | 3 | 2 |
| MOVdirect1,direct2 | direct1←(direct2) | 85 direct2 direct1 | 3 | 2 |

**3. 以直接地址为目的操作数的指令(5 条)**

该组指令的功能是把源操作数的内容送入直接地址所指的存储单元。源操作数可采用寄存器寻址、直接寻址、寄存器间接寻址和立即寻址方式。

**例 3-4**　将 A 的内容传送至 30H 单元,R7 的内容传送 20H 单元,立即数 0FH 传送至 27H 单元,40H 单元内容传送至 50H 单元,用以下指令完成。

$$\begin{array}{ll} \text{MOV}\quad 30\text{H,A} & ;30\text{H}←(\text{A}) \\ \text{MOV}\quad 20\text{H,R7} & ;20\text{H}←(\text{R7}) \\ \text{MOV}\quad 27\text{H,♯0FH} & ;27\text{H}←0\text{FH} \\ \text{MOV}\quad 50\text{H,40H} & ;50\text{H}←(40\text{H}) \end{array}$$

**例 3-5**　若(R1)=50H,(50H)=18H,

执行指令:　MOV　40H,@R1 之后:(40H)=18H

**4. 以寄存器间接地址为目的操作数的指令(3 条)**

参见表 3.5。

表 3.5　以寄存器间接地址为目的操作数的指令

| 汇编指令 | 操作说明 | 指令代码 | 代码长度(字节) | 指令周期(TM) |
|---|---|---|---|---|
| MOV @Ri,A | (Ri)←(A) | F6+i | 1 | 1 |
| MOV @Ri,direct | (Ri)←(direct) | F6+i direct | 2 | 2 |
| MOV @Ri,♯data | (Ri)←data | F6+i data | 2 | 1 |

该组指令的功能是把源操作数的内容送入 R0 或 R1 寄存器间接寻址所确定的内部 RAM 单元中。源操作数也可以采用寄存器寻址、直接寻址和立即寻址方式。

**例 3-6**　已知(R0)=40H;(30H)=12H;(A)=78H,求分别执行下列指令后的结果。

　　　　① MOV @R0,A
　　　　② MOV @R0,30H
　　　　③ MOV @R0,♯56H

**解**　①MOV　@R0,A　　　　执行后(40H)=78H
　　②MOV　@R0,30H　　　执行后(40H)=12H
　　③MOV　@R0,♯56H　　执行后(40H)=56H

**5. 16 位数据传送指令(1 条)**

参见表 3.6。

表 3.6　16 位数据传送指令

| 汇编指令 | 操作说明 | 指令代码 | 代码长度(字节) | 指令周期(TM) |
|---|---|---|---|---|
| MOV DPTR,♯DATA16 | DPTR←DATA16 | 90 dataH dataL | 3 | 2 |

该指令是指令系统中唯一的一条 16 位数据传送指令,通常用来设置地址指针,DPTR 由 DPH 和 DPL 组成。该指令传送时,把高 8 位立即数送入 DPH,低 8 位立即数送入 DPL 中。

**例 3-7** MOV DPTR,#1234H

执行完了之后 DPH 中的值为 12H,DPL 中的值为 34H。如果我们分别向 DPH,DPL 送数,则结果也一样。

如下面两条指令: MOV DPH,#12H

　　　　　　　　　　MOV DPL,#34H

相当于指令: MOV DPTR,#1234H

**例 3-8** 写出下列程序段运行时的每一步执行结果。

指令: MOV A,#30H 　　; (A)= 30H

　　　MOV 4FH,A 　　　; (4FH)= 30H

　　　MOV R0,#20H 　　; (R0)= 20H

　　　MOV @R0,4FH 　　; (20H)= 30H

　　　MOV 21H,20H 　　; (21H)= 30H

MOV 指令用于寻址内部 RAM 和 SFR,MOV 指令对内部 RAM 和 SFR 的操作功能可用图 3.9 描述。

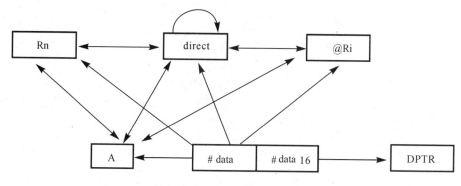

图 3.9　MOV 数据传送指令

## 二、片外 RAM 数据传送指令(4 条)

片外 RAM 的数据传送指令的助记符为 MOVX,是为 CPU 与片外数据存储器之间的数据传送指令。片外数据存储器 RAM 为读写存储器,只能与累加器 A 实现读、写双向操作。

片外数据存储器(RAM)采用寄存器间接寻址方式。指令中若以 DPTR 为片外 RAM 的 16 位地址指针,由 P0 口送出低 8 位地址,由 P2 口送出高 8 位地址,寻址范围为 64KB;若以 R0 或 R1 为片外 RAM 的低 8 位地址指针(由 P0 口送出低 8 位地址),高 8 位地址由 P2 口提供(高 8 位地址不是由指令来提供,而是取决于执行这条指令时 P2 口的内容),寻址范围为 256 个单元(即一页)。

注意:MCS-51 扩展的 I/O 接口的端口地址占用的是片外 RAM 的地址空间,因此对扩展的 I/O 接口而言,这 4 条指令为输入/输出操作指令,参见表 3.7。MCS-51 只能用这种方式与连接在扩展的 I/O 口外部设备进行数据传送。

表 3.7　片外 RAM 数据传送指令

| 汇编指令 | 操作说明 | 指令代码 | 代码长度(字节) | 指令周期(TM) |
|---|---|---|---|---|
| MOVX A,@DPTR | A←((DPTR)) | E0 | 1 | 2 |
| MOVX @DPTR,A | (DPTR)←(A) | F0 | 1 | 2 |
| MOVX A,@Ri | A←((Ri)) | E2+i | 1 | 2 |
| MOVX @Ri,A | (Ri)←(A) | F2+i | 1 | 2 |

**例 3-8**　将累加器(A)＝24H 数据写到外部 RAM 的 2000H 的单元中去。

**解**　　MOV　DPTR,　♯2000H

　　　　MOVX　@DPTR，　A

　　指令执行后,外部 RAM 的 2000H 单元内容为 24H,即(2000H)＝24H。

**例 3-9**　若(P2)＝20H,(R0)＝40H,内部 RAM(40H)＝26H,外部 RAM(2040H)＝64H,写出下列指令的执行结果。

**解**　①　MOV　A,　　　@R0　　;(A)＝26H

　　　②　MOVX　A,　　　@R0　　;将 2040H 单元内容送 A,其中高 8 位地址由 P2 口提供,

　　　　　　　　　　　　　　　即(A)＝64H

**例 3-10**　将外部 RAM 0100H 单元中的数据送入外部 RAM 0200H 单元。

**解**　　MOV　DPTR,♯0100H

　　　MOVX　A,@DPTR

　　　MOV　DPTR,♯0200H

　　　MOVX　@DPTR,A

**例 3-11**　设某输出设备口地址为 A000H,将内部 RAM 40H 单元中的数据输出至该端口。

**解**　　MOV　　DPTR,♯0A000H　　;DPTR ←A000H

　　　MOV　　A,40H　　　　　　;A ← (40H)

　　　MOVX　@DPTR,A　　　　　;(A000H) ← A

## 三、程序存储器读数指令(2 条)

程序存储器读数指令的助记符为 MOVC。程序存储器为只读存储器,程序存储器除了存放程序代码以外,还可以存放一些原始数据、固定表格。程序运行中所需的这些常数、表格数据,通常是由用户先将其写在程序存储器中。程序需从程序存储器中读出数据时,只能采用变址寻址方式将数据读入到累加器 A 中。

程序存储器(ROM)使用基址变址寻址,指令中以 DPTR 为 ROM 的 16 位地址指针,由P0 口送出低 8 位地址,由 P2 口送出高 8 位地址,寻址范围为 64KB,参见表 3.8。

表 3.8　程序存储器读数指令

| 汇编指令 | 操作说明 | 指令代码 | 代码长度(字节) | 指令周期(TM) |
|---|---|---|---|---|
| MOVC A,@A+DPTR | PC←(PC)+1<br>A←((A)+(DPTR)) | 83 | 1 | 2 |
| MOVC A,@A+PC | PC←(PC)+1<br>A←((A)+(PC)) | 93 | 1 | 2 |

**例3-12** 已知(A)＝38H,程序存储器 ROM(1039H)＝78H,写出指令:1000H:MOVC A,@A+PC 的执行结果。

**解** 该指令以 PC 内容加1后的当前值作为基址寄存器,累加器 A 为变址寄存器(8位无符号整数),两者内容相加得到一个16位地址,将该地址对应的程序存储器单元的内容送给累加器 A。所以,上面指令的操作是将程序存储器1039H单元的内容送给累加器 A,即:

$$(A)＝78H$$

**说明:** 累加器 A 为8位无符号整数,表格位置(查表指令后255字节内)和表格长度(小于255字节)受限制。

**例3-13** 已知(A)＝50H,(DPTR)＝5000H,程序存储器 ROM(5050H)＝52H,写出指令:MOVC A, @A+DPTR 的执行结果。

**解** 该指令以 DPTR 为基址寄存器,累加器 A 为变址寄存器,因此该指令执行的操作是将程序存储器中5050H单元的内容送入 A 中,即:

$$(A)＝52H$$

MOVC A,@A+PC 与 MOVC A,@A+DPTR,两条指令的区别:前者访问 ROM 的范围是相对 PC 当前值以后的256字节地址空间,而后者范围可达整个程序存储器64K 字节的地址空间。累加器 A 的内容是一个8位无符号数。这两条指令的使用方法如下:

MOVC A,@A+PC 查表的使用方法:

查表时分为三个步骤:首先将表中的第 n 项作为变址值送累加器 A 中;然后再将查表指令的下条指令地址与表首地址之差和 A 中的内容相加作为偏移量;最后执行该指令即可获得所需的内容。

MOVC A,@A+DPTR 查表的使用方法:

查表时也分为三个步骤:首先将要查表的数据字作为偏移量送累加器 A 中;然后将表首地址送 DPTR 中;最后执行该指令即可获得所需的内容。

## 四、堆栈操作指令(2条)

由第二章已知,堆栈是在内部 RAM 中开辟的一个特定的存储区,栈顶地址由堆栈指针 SP 指示,SP 总是指向栈顶。堆栈区按"先进后出"或"后进先出"原则存取数据。堆栈操作有两种,数据存入称"入栈"或"压入(数据)",数据取出称"出栈"或"弹出(数据)"。堆栈在子程序调用及中断服务时用于现场和返回保护,还可以用于参数传递等,参见表3.9。

表3.9　堆栈操作指令

| 汇编指令 | 操作说明 | 指令代码 | 代码长度(字节) | 指令周期(TM) |
|---|---|---|---|---|
| PUSH direct | sp←(sp)+1<br>(sp)←(direct) | C0 direct | 2 | 2 |
| POP direct | direct←((sp))<br>sp←(sp)-1 | D0 direct | 2 | 2 |

进栈指令先进行指针调整,即堆栈指针 SP 加1,再把 direct 值入栈。出栈指令是先将栈顶内容弹出给 direct,再进行指针调整,即堆栈指针 SP 减"1"。

**例3-14** 已知(SP)＝38H,(10H)＝70H,执行指令 PUSH 10H 后:(SP)＝39H,(39H)＝

70H,(10H)＝70H。

该指令的执行过程如图 3.10 所示。

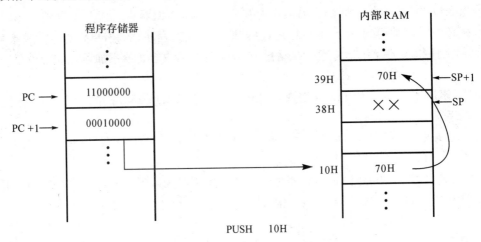

PUSH　　10H

图 3.10　入栈操作示意图

**例 3-15**　已知(SP)＝40H,(40H)＝68H,(A)＝20H,执行指令　POP ACC　后：(SP)＝3FH,(A)＝68H,(40H)＝68H。

指令的执行过程如图 3.11 所示。

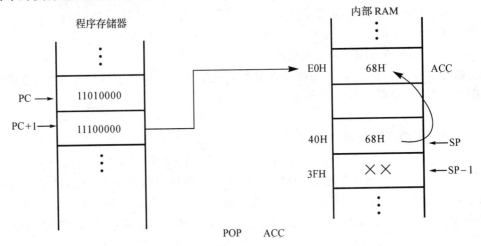

POP　　ACC

图 3.11　出栈操作示意图

**例 3-16**　设(A)＝7BH,(35H)＝11H,并且(SP)＝60H,写出下列指令的执行结果。

```
PUSH ACC      ;(61H) ← 7BH
PUSH 35H      ;(62H) ← (35H),   即(62H) ← 11H
POP  ACC      ;(A) ← (62H),      即(A) ← 11H
POP  35H      ;(5AH) ← (61H),   即(35H) ← 7BH
```

程序段执行后结果为：(A)＝<u>11H</u>,(35H)＝<u>7BH</u>,(SP)＝<u>60H</u>

使用堆栈时,一般需重新设定 SP 的初始值。系统复位或上电时 SP 的值为 07H,而 08H～1FH 正好也是 CPU 的工作寄存器区,故为了不占用寄存器区,程序中需使用堆栈时,先应给 SP 设置初值。但应注意不超出堆栈的深度。一般 SP 的值可以设置在 30H 或更大一些的片内 RAM 单元。

**注意**：通常 PUSH 与 POP 两条指令成对使用。

## 五、数据交换指令（5 条）

数据交换指令有字节交换指令和半字节交换指令两种。字节交换指令可以将累加器 A 的内容与内部 RAM 中任一个单元以字节为单位进行交换；半字节交换指令可以将累加器 A 的高半字节和低半字节进行交换，或将累加器 A 的低半字节与 @Ri 寻址单元的低半字节相互交换，参见表 3.10。

表 3.10 数据交换指令

| 汇编指令 | 操作说明 | 指令代码 | 代码长度（字节） | 指令周期（TM） |
|---|---|---|---|---|
| XCH A,Rn | $(A)\leftrightarrow(Rn)$ | C8+n | 1 | 1 |
| XCH A,direct | $(A)\leftrightarrow(direct)$ | C5 direct | 2 | 1 |
| XCH A,@Ri | $(A)\leftrightarrow((Ri))$ | C6+i | 1 | 1 |
| XCHD A,@Ri | $(A)_{3\sim0}\leftrightarrow((Ri))_{3\sim0}$ | D6+i | 1 | 1 |
| SWAP A | $(A)_{7\sim4}\leftrightarrow(A)_{3\sim0}$ | C4 | 1 | 1 |

**例 3-17** 已知 $(A)=56H,(R0)=20H,(20H)=78H,(10H)=18H,(R4)=8AH$；

　　单独执行指令： ① XCH A, 10H

　　　　　　　　　② XCH A, R4

　　　　　　　　　③ XCH A, @R0

　　指令执行后： ①$(A)=18H$, $(10H)=56H$；

　　　　　　　　②$(A)=8AH$, $(R4)=56H$；

　　　　　　　　③$(A)=78H$, $(R0)=20H,((R0))=(20H)=56H$。

**例 3-18** 已知 $(A)=7AH,(R1)=48H,(48H)=0DH$；

　　执行指令： XCHD A, @R1 后：$(A)=7DH,(R1)=48H,((R1))=(48H)=0AH$。

以上介绍的数据传送指令是用得最多、最频繁的一类指令，读者应熟记其助记符的功能以及能采用的操作数寻址方式。

从上述数据传送类指令可知，累加器 A 是一个特别重要的寄存器，无论 A 用作目的寄存器还是源寄存器，CPU 对 A 都有专用指令。A 的字节地址为 E0H，也可以采用直接地址来寻址。例如 MOV A,Rn 的指令也可以用 MOV E0H,Rn，执行结果都是将 Rn 的内容传送至 A 中。但后一指令要多一个字节，执行周期需两个机器周期。对工作寄存器 Rn 也有类似特点。

# 第五节　算术运算指令

MSC-51 的算术运算指令共有 24 条。分为：加法指令（ADD、ADDC、INC）、减法指令（SUBB、DEC）、乘除指令（MUL、DIV）和十进制调整指令（DA）等。

MSC-51 运算指令能直接执行 8 位数的运算，借助程序状态字 PSW 中的标志可以实现多精度数的加、减运算，同时可以对压缩的 BCD（一个字节表示两位十进制数）数进行加法运算。

算术运算指令对程序状态字(PSW)中标志的影响如表 3.11 所示。

**表 3.11　算术运算指令对 PSW 中标志位的影响**

| 指令 | PSW 中的标志位 | | |
|:---:|:---:|:---:|:---:|
| | Cy | OV | AC |
| ADD | × | × | × |
| ADC | × | × | × |
| INC | — | — | — |
| SUBB | × | × | × |
| DEC | — | — | — |
| MUL | 0 | × | — |
| DIV | 0 | × | — |

"×"表示影响该标志位,"—"表示不影响该标志位,"0"表示该标志位清 0。

# 一、加法指令

这组指令的特点是:被加数总是累加器 A 值,相加结果保存在累加器 A 中。加法指令影响 PSW 中的标志位。两个字节数相加时:

① 如果第 7 位有进位,则 Cy=1,否则 Cy=0。

② 如果第 3 位有进位,则 AC=1,否则 AC=0。

③ 如果将两个加数看成有符号数,则当相加结果超过 8 位二进制有符号数的表示范围时,OV=1,表示相加结果"溢出",否则 OV=0,表示相加结果无"溢出"。相加结果"溢出"时表现为第 6 位有进位,而第 7 位无进位或第 6 位有无进位而第 7 位有进位(读者可自行验证),若以 J7,J6 表示第 7,6 位的进位,则 OV=J7⊕J6。

④相加的和存放在 A 中,如果结果中"1"的个数为奇数则 P=1,否则 P=0。

**1.不带进位的加法指令(4 条)**

参见表 3.12。

**表 3.12　不带进位的加法指令**

| 汇编指令 | 操作说明 | 指令代码 | 代码长度(字节) | 指令周期(TM) |
|:---:|:---:|:---:|:---:|:---:|
| ADD A,♯data | A←(A)+data | 24 data | 2 | 1 |
| ADD A,Rn | A←(A)+(Rn) | 28+n | 1 | 1 |
| ADD A,direct | A←(A)+(direct) | 25 direct | 2 | 1 |
| ADD A,@Ri | A←(A)+((Ri)) | 26+i | 1 | 1 |

**例 3-19**　试分析以下指令,写出执行结果,标出各标志位。

①　已知(A)=04H,(R1)=0BH;

　　ADD　A,R1　;A←(A)+(R1)

**解**　执行结果如下:

$$
\begin{array}{r}
(A) = 0\ 0\ 0\ 0\ 0\ 1\ 0\ 0 \\
+\quad (R1) = 0\ 0\ 0\ 0\ 1\ 0\ 1\ 1 \\
\hline
0\ 0\ 0\ 0\ 1\ 1\ 1\ 1
\end{array}
$$

　　　　　　　　　0　0　　0

0⊕0⊕0⊕0⊕0⊕1⊕1⊕1⊕1=0,结果为偶数个 1,P=0;

第 3 位无进位,AC=0;

J7⊕J6=0, OV=0;

第 7 位无进位,Cy=0。

所以指令执行后,(A)=0FH,(R1)=0BH,AC=0,P=0,OV=0,Cy=0。

分析:由 Cy,OV 可知:两个加数看作无符号数时,和没有超出 8 位二进制数表示范围;看作有符号数时,和同样未溢出。

$$
\begin{array}{cc}
看作无符号数 & 看作有符号数 \\
4 & (+4) \\
\underline{+1\ 1} & \underline{+(+1\ 1)} \\
1\ 5 & +1\ 5 \\
Cy=0 & OV=0
\end{array}
$$

② 已知(A)=07H,(R1)=0FBH;

ADD A,R1;A←(A)+(R1)

**解** 执行结果如下:

$$
\begin{array}{r}
(A)=0\ 0\ 0\ 0\ 0\ 1\ 1\ 1 \\
+\quad (R1)=1\ 1\ 1\ 1\ 1\ 0\ 1\ 1 \\
\hline
0\ 0\ 0\ 0\ 0\ 0\ 1\ 0 \\
\end{array}
$$

$$1\quad 1\quad 1$$

0⊕0⊕0⊕0⊕0⊕0⊕1⊕0=1,结果为奇数个 1,P=1;

第 3 位有进位,AC=1;

J7⊕J6=0, OV=0;

第 7 位有进位,Cy=1。

所以指令执行后,(A)=02H,(R1)=0FBH,AC=1,P=0,OV=0,Cy=1。

分析:由 Cy,OV 可知:两个数看作无符号数时,和超出 8 位二进制数表示范围;看作有符号数时,和未溢出。

$$
\begin{array}{cc}
看作无符号数 & 看作有符号数 \\
7 & (+7) \\
\underline{+2\ 5\ 1} & \underline{+(-5)} \\
2\ 5\ 8(大于255,超出表示范围) & +2 \\
Cy=1 & OV=0
\end{array}
$$

③ 已知 (A)=09H,(R1)=7CH;

ADD A,R1 ;A←(A)+(R1)

**解** 执行结果如下:

$$
\begin{array}{r}
(A)=0\ 0\ 0\ 0\ 1\ 0\ 0\ 1 \\
+\quad (R1)=0\ 1\ 1\ 1\ 1\ 1\ 0\ 0 \\
\hline
1\ 0\ 0\ 0\ 0\ 1\ 0\ 1 \\
\end{array}
$$

$$0\quad 1\quad 1$$

1⊕0⊕0⊕0⊕0⊕1⊕0⊕1=1,结果为奇数个 1,P=1;

第 3 位有进位,AC=1;

J7⊕J6=1, OV=1;

第 7 位无进位,Cy=0。

所以,指令执行结果为:(A)=85H,(R1)=7CH,AC=1,OV=1,Cy=0,P=1。

分析:由 Cy,OV 可知:两个加数看作无符号数时,和未超出表示范围;看作有符号数时,和溢出。

$$
\begin{array}{cc}
\text{看作无符号数} & \text{看作有符号数} \\
9 & (+9) \\
\underline{+124} & \underline{+(+124)} \\
133 & +133\,(\text{大于}+127,\text{超出表示范围}) \\
Cy=0 & OV=1
\end{array}
$$

④ 已知(A)=87H,(R1)=0F5H;

　　　ADD A,R1　　;A←(A)+(R1)

**解**　执行结果如下:

$$
\begin{array}{r}
(A) = 1\,0\,0\,0\,0\,1\,1\,1 \\
+\ (R1) = 1\,1\,1\,1\,0\,1\,0\,1 \\
\hline
0\,1\,1\,1\,1\,1\,0\,0
\end{array}
$$

$$
\begin{array}{c}
\downarrow\ \downarrow\ \downarrow \\
1\quad 0\quad 0
\end{array}
$$

$0\oplus1\oplus1\oplus1\oplus1\oplus1\oplus0\oplus0=1$,结果为奇数个 1,P=1;

第 3 位无进位,AC=0;

$J_7\oplus J_6=1$,　OV=1;

第 7 位有进位,Cy=1。

所以指令执行结果为:(A)=7CH,(R1)=0F5H,AC=0,Cy=1,OV=1,P=1。

分析:由 Cy,OV 可知:两个加数看作为无符号数时,和超出范围;看作为有符号数时,和溢出。

$$
\begin{array}{cc}
\text{看作无符号数} & \text{看作有符号数} \\
135 & (-121) \\
\underline{+245} & \underline{+(-11)} \\
380\,(\text{大于}255,\text{超出表示范围}) & -132\,(\text{小于}-128,\text{超出表示范围}) \\
Cy=1 & OV=1
\end{array}
$$

事实上,两数相加后判断 OV 位状态,只需将两数看成有符号数(补码数),即

若　　　正数+正数=负数

或　　　负数+负数=正数

则　　　相加结果一定超出 8 位有符号数(补码数)表示范围,即 OV=1。

**2. 带进位加法指令(4 条)**

参见表 3.13。

表 3.13　带进位加法指令

| 汇编指令 | 操作说明 | 指令代码 | 代码长度(字节) | 指令周期(TM) |
|---|---|---|---|---|
| ADDC A,#data | A←(A)+data+Cy | 34 data | 2 | 1 |
| ADDC A,Rn | A←(A)+(Rn)+Cy | 38+n | 1 | 1 |
| ADDC A,direct | A←(A)+(direct)+Cy | 05 direct | 2 | 1 |
| ADDC A,@Ri | A←(A)+((Ri))+Cy | 36+i | 1 | 1 |

**注意:**

①ADD 与 ADDC 的区别为是否加进位 Cy,带进位的加法指令可用于多精度数的加法

法运算。

②指令执行结果均在累加器 A 中。

③以上指令结果均影响程序状态字寄存器 PSW 的 Cy、OV、AC 和 P 标志。

**例 3-20**　设(A)=78H,(30H)=0A4H,Cy=1;

试分析指令:ADDC A,30H;A←(A)+(30H)+Cy 的执行情况。

**解**　执行结果如下:

$$
\begin{array}{r}
(A)=0\ 1\ 1\ 1\ 1\ 0\ 0\ 0\\
(30H)=1\ 0\ 1\ 0\ 0\ 1\ 0\ 0\\
+(Cy)=\qquad\qquad 1\\
\hline
0\ 0\ 0\ 1\ 1\ 1\ 0\ 1\\
\end{array}
$$

$$1\quad 1\qquad 0$$

$0 \oplus 0 \oplus 0 \oplus 1 \oplus 1 \oplus 1 \oplus 0 \oplus 1 = 0$,结果为奇数个 1,P=1;

第 3 位无进位,AC=0;

J7⊕J6=0,　OV=0;

第 7 位有进位,Cy=1。

所以指令执行后:(A)=1DH,(30H)=0A4H,AC=0,OV=0,Cy=1,P=1。

**例 3-21**　编写计算 12A4H+0FE7H 的程序,将结果存入内部 RAM 41H 和 40H 单元,40H 存低 8 位,41H 存高 8 位。

**解**　单片机指令系统中只提供了 8 位的加、减法运算指令,两个 16 位数(双字节)相加可分为两步进行,第一步先对低 8 位相加,第二步再对高 8 位相加。

①A4H+E7H=8BH 进位 1

②12H+0FH+1=22H

程序段如下:

| | |
|---|---|
| MOV A,#0A4H | ;被加数低 8 位→A |
| ADD A,#0E7H | ;加数低 8 位 E7H 与之相加,A=8BH,Cy=1 |
| MOV 40H,A | ;A→(40H),存低 8 位结果 |
| MOV A,#12H | ;被加数高 8 位→A |
| ADDCA,#0FH | ;加数高 8 位+A+Cy,A=22H |
| MOV 41H,A | ;存高 8 位运算结果 |

**3. 加"1"指令(5 条)**

参见表 3.14。

表 3.14　加"1"指令

| 汇编指令 | 操作说明 | 指令代码 | 代码长度(字节) | 指令周期(TM) |
|---|---|---|---|---|
| INC A | A←(A)+1 | 04 | 1 | 1 |
| INC Rn | Rn←(Rn)+1 | 08+n | 1 | 1 |
| INC direct | direct←(direct)+1 | 05 direct | 2 | 1 |
| INC @Ri | (Ri)←((Ri))+1 | 06+i | 1 | 1 |
| INC DPTR | DPTR←(DPTR)+1 | A3 | 1 | 2 |

加 1 指令除影响奇偶校验位 P 外,不影响程序状态字 PSW 中的其他标志位。

INC direct 指令中直接地址 direct 为 I/O 端口 Pi 时,为"读—改—写"操作。端口数据从输出口内部的锁存器读入,而不从引脚读入。

现执行指令:INC  P1

则指令执行过程为:

①CPU 发出"读锁器"有效信号,将 P1 端口各 D 锁存器的当前 Q 端状态通过 Dx 内部数据总线读入 CPU;

②将读入的 P1 端口的 8 位二进制数据加"1";

③CPU 发出"写入"信号,通过 Dx 内部数据总线将加"1"后的数据重新写入到 P1 端口各 D 锁存器中去。

**例 3-22** 试写出下列指令的执行结果:

**解**

```
MOV R0,#7EH        ;(R0)=7EH
MOV 7EH,#0FFH      ;(7EH)=0FFH
MOV 7FH,#38H       ;(7FH)=38H
MOV DPTR,#10FEH    ;(DPTR)=10FEH
INC    @R0         ;(7EH)=00H
INC    R0          ;(R0)=7FH
INC    @R0         ;(7FH)=39H
INC    DPTR        ;(DPTR)=10FFH
INC    DPTR        ;(DPTR)=1100H
INC    DPTR        ;(DPTR)=1101H
```

**例 3-23** 已知(A)=0FFH,Cy=0 试写出下列指令的执行结果。

①ADD A,#01H

②INC A

**解** 注意以上两条指令都是对累加器的内容加"1",但两条指令还是有差异的:ADD 指令影响 PSW,而 INC 指令不影响 PSW。

①ADD A,#01H ;(A)=00H,Cy=1

②INC A   ;(A)=00H,Cy=0

## 二、减法指令

### 1. 带借位的减法指令(4 条)

MCS-51 指令系统中没有提供不带借位的减法指令,但结合"CLR C"指令可先将 Cy 清 0,然后由带借位的指令实现不带借位减法的功能,参见表 3.15。

带借位的减法指令影响 PSW 中的标志位。两个数相减时:

① 如果第 7 位有借位,则 Cy=1,否则 Cy=0。

② 如果第 3 位有借位,则 AC=1,否则 AC=0。

③ 如果第 6 位有借位而第 7 位无借位或第 6 位无借位而第 7 位有借位,则 OV=1。用 J7,J6 表示第 7,6 位的借位,则 OV=J7⊕J6。

④相减的差存放在 A 中,如果结果中"1"的个数为奇数,则 P=1,否则 P=0。

表 3.15　减法指令

| 汇编指令 | 操作说明 | 指令代码 | 代码长度(字节) | 指令周期(TM) |
|---|---|---|---|---|
| SUBB A,♯data | A←(A)−data−(Cy) | 94 data | 2 | 1 |
| SUBB A,Rn | A←(A)−(Rn)−(Cy) | 98+n | 1 | 1 |
| SUBB A,direct | A←(A)−(direct)−(Cy) | 95 direct | 2 | 1 |
| SUBB A,@Ri | A←(A)−((Ri))−(Cy) | 96+i | 1 | 1 |

**例 3-24**　设　(A)=0A5H,(R7)=0FH,Cy=1,试分析指令:SUBB A,R7 ;A←(A)−(R7)−(Cy)的执行结果以及对标志位的影响。

**解**　执行情况如下:

$$
\begin{array}{r}
(A) = 1\,0\,1\,0\,0\,1\,0\,1 \\
(R7) = 0\,0\,0\,0\,1\,1\,1\,1 \\
-\qquad\qquad\qquad 1 \\
\hline
1\,0\,0\,1\,0\,1\,0\,1 \\
\end{array}
$$

$$0\quad0\quad1$$

结果:(A)=95H,Cy=0,AC=1,OV=0(位 6、位 7 都没有借位)。

计算机内的数具有模(mod),两数相减时,无论两数大小如何两数都可直接相减,不够减时服从向高位借 1 位基数的原则。

同理,两数相减后判断 OV 位状态,实际上只要将相减两数看成有符号数(补码数),即

若　　　　正数−负数=负数　　　或　　　　负数−正数=正数

则相减结果一定超出 8 位有符号数(补码数)表示范围,即 OV=1。

**2. 减"1"指令(4 条)**

减"1"指令除 DEC A 影响奇偶标志 P 外,其余指令不影响 PSW 中的标志位。

减"1"指令用于修改输出口 Pi 时,进行的是"读—改—写"操作。

DPTR 没有减"1"指令。

表 3.16　减"1"指令

| 汇编指令 | 操作说明 | 指令代码 | 代码长度(字节) | 指令周期(TM) |
|---|---|---|---|---|
| DEC A | A←(A)−1 | 14 | 1 | 1 |
| DEC Rn | Rn←(Rn)−1 | 18+n | 1 | 1 |
| DEC direct | direct←(direct)−1 | 15 direct | 2 | 1 |
| DEC @Ri | (Ri)←((Ri))−1 | 16+i | 1 | 1 |

**例 3-25**　(R0)=30H,(30H)=22H,

**解**　执行指令 DEC @R0　后:(30H)=21H。

**例 3-26**　已知(A)=00H,Cy=0,试分别写出下列指令的执行结果。

①SUBB A,♯01H

②DEC A

**解**　注意以上两条指令都是对累加器的内容减"1",但两条指令还是有差异的:SUBB 指令影响 PSW,而 DEC 指令不影响 PSW。

①SUBB A,♯01H ;(A)=FFH,Cy=1

②DEC A　　　　;(A)=FFH,Cy=0

## 三、乘除指令(2 条)

参见表 3.17。

**表 3.17　乘除指令**

| 汇编指令 | 操作说明 | 指令代码 | 代码长度(字节) | 指令周期(TM) |
|---|---|---|---|---|
| MUL AB | BA←(A)×(B) | A4 | 1 | 4 |
| DIV AB | A←(A)/(B)的商<br>B←(A)/(B)的余数 | 84 | 1 | 4 |

　　MUL 指令实现累加器 A 和寄存器 B 中的两个 8 位无符号数相乘,16 位乘积的低 8 位放在累加器 A 中,高 8 位放在寄存器 B 中。

　　如果乘积大于 255(FFH,即乘积中高 8 位非零)时,OV=1,否则 OV=0。

　　奇偶标志 P 仍按累加器 A 中"1"的奇偶性确定。

　　进位标志清,0Cy=0,不影响辅助进位标志 AC。

**例 3-27**　设(A)=0A0H,(B)=08H,

　　执行指令:MUL AB　　;BA←(A)×(B)

　　指令执行后为:(A)=00H,(B)=05H,P=0,Cy=0,OV=1,AC 不变。

　　DIV 指令实现累加器 A 和寄存器 B 中的两个 8 位无符号相除,其中商存放累加器 A 中,余数存放在 B 中。

　　Cy 和 OV 均复位,只有当除数(B)为 0 或相除的商大于 8 位时,OV=1。

　　奇偶标志 P 仍按 A 中"1"的奇偶性确定,不影响辅助进位标志 A。

**例 3-28**　设(A)=0AEH,(B)=08H;

　　执行指令:　DIV　　AB　　　;A←(A)/(B)的商　　;B←(A)/(B)的余数

　　结果是:(A)=15H,(B)=06H,Cy=0,OV=0,P=1,AC 不变。

## 四、十进制调整指令

　　十进制调整指令用来对 BCD 码的加法运算结果自动进行修正,但 BCD 码的减法运算不能用此指令来进行修正。十进制调整的实质是将十六进制的加法运算转换成十进制。

　　在计算机中,十进制数字 0～9 一般可用 BCD 码来表示,然而计算机在进行运算时,是按二进制规则进行的,对于 4 位二进制数有 16 种状态,对应 16 个数字,而十进制数只用其中的 10 种表示 0～9,因此按二进制的规则运算就可能导致错误的结果。

**例 3-29**　试编程计算　7+6=13

```
      7              0111    7 的 BCD 码
  +   6          +   0110    6 的 BCD 码
  ------         ----------
     13              1101    该结果非 BCD 码
                +   0110
                ----------
                   10011    +6 后得正确的 BCD 码
```

　　可见,相加得到的 1101 不是 BCD 码,进行 +6 修正后个位数为 3 并向高位产生进位"1",得正确的 BCD 码。

表 3.18　十进制调整指令

| 汇编指令 | 操作说明 | 指令代码 | 代码长度(字节) | 指令周期(TM) |
|---|---|---|---|---|
| DA A | 对 A 中 BCD 码十进制加法运算结果调整。 | D4 | 1 | 1 |

由表 3.18 可知:两个 BCD 数之和在 10~15 之间时,必须对结果进行＋6 修正才能得到正确的 BCD 数。而 DA A 指令正是为完成此功能而设置的十进制数调整指令。此指令的操作过程:

① 若累加器 A 的低 4 位大于 9(A~F),或者辅助进位位 AC＝1,则累加器 A 的内容加 06H(A←(A)＋06H),且将 AC 置"1"。

② 若累加器 A 的高 4 位大于 9(A~F),或进位位 Cy＝1,则累加器 A 的内容加 60H(A←(A)＋60H),且将 Cy 置"1"。

调整后,辅助进位位 AC 表示十进数中个位向十位的进位,进位标志 Cy 表示十位向百位的进位。

DA 指令不影响溢出标志 OV。MCS-51 指令系统中没有给出十进制的减法调整指令,不能用 DA 指令对十进制减法操作的结果进行调整。借助 Cy 可实现多位 BCD 数的加法运算。

**例 3-30**　设(A)＝78H,(R4)＝41H,求执行下列指令的结果。

$$\text{ADD A,R4}$$
$$\text{DA}\quad\text{A}$$

**解**

```
  (A)=0 1 1 1 1 0 0 0
+ (R4)=0 1 0 0 0 0 0 1
─────────────────────
      1 0 1 1 1 0 0 1 (十六进制运算结果,Cy=0,AC=0)
    + 0 1 1 0 0 0 0 0 (加 60H 调整)
─────────────────────
    0 0 0 1 1 0 0 1 (十六进制运算结果,Cy=1,AC=0)
  1
```

结果为:(A)＝19H,(R4)＝41H,Cy＝1,AC＝0。

# 第六节　逻辑运算及循环移位指令

逻辑运算指令共有 24 条。分为累加器 A 清 0 取反(CLR、CPL)指令、与(ANL)指令、或(ORL)指令、异或(XRL)指令、循环移位(RL、RR、RLC、RRC)指令。

这一类指令中,除带进位循环移位指令影响 Cy 和以 PSW(direct)为目的的操作数的指令外,其余的逻辑运算指令不影响程序状态字 PSW 中的状态标志。

当用逻辑运算指令修改输出口时,进行的是"读—改—写"操作。

逻辑运算按位进行。

## 一、累加器 A 的清 0,取反指令(2 条)

参见表 3.19。

表 3.19　累加器 A 清 0,取反指令

| 汇编指令 | 操作说明 | 指令代码 | 代码长度(字节) | 指令周期(TM) |
|---|---|---|---|---|
| CLR A | A←0 | E4 | 1 | 1 |
| CPL A | A←(A̅) | F4 | 1 | 1 |

第一条指令 CLRA 的功能是把累加器 A 的内容清 0;第二条指令 CPLA 的功能是将累加器 A 的内容按位取反。

**例 3-31**　设 (A) =00110110B=36H,执行指令:

$$CPL \quad A$$

指令执行后:(A) =11001001B=C9H。

## 二、逻辑"与"运算指令(6 条)

参见表 3.20。

该组指令中,前四条指令是的功能是将源操作数与累加器 A 的内容按位相与,结果存放在累加器 A 中;后两条指令的功能是将源操作数与直接地址单元的内容按位相与,结果存放在直接地址单元中。参见表 3.20。

表 3.20　逻辑与运算指令

| 汇编指令 | 操作说明 | 指令代码 | 代码长度(字节) | 指令周期(TM) |
|---|---|---|---|---|
| ANL A,Rn | A←(A)∧(Rn) | 58+n | 1 | 1 |
| ANL A,direct | A←(A)∧(direct) | 55 direct | 2 | 1 |
| ANL A,#data | A←(A)∧data | 54 data | 2 | 1 |
| ANL A,@Ri | A←(A)∧((Ri)) | 56+i | 1 | 1 |
| ANL direct,A | direct←(A)∧(direct) | 52 direct | 2 | 1 |
| ANL direct,#data | direct←data∧(direct) | 53 direct data | 3 | 2 |

**例 3-32**　设(A)=5FH,(R4)=89H;执行指令:

$$ANL \ A,R4 \ ;A←(A)∧(R4)$$

$$
\begin{array}{r}
(A) \ =0\ 1\ 0\ 1\ 1\ 1\ 1\ 1 \\
∧\ (R4)=1\ 0\ 0\ 0\ 1\ 0\ 0\ 1 \\
\hline
0\ 0\ 0\ 0\ 1\ 0\ 0\ 1
\end{array}
$$

指令执行后:(A)=09H,(R4)=89H。

## 三、逻辑"或"运算指令(6 条)

参见表 3.21。

该组指令中,前四条指令的功能是将源操作数与累加器 A 的内容按位相或,结果存放在累加器 A 中;后两条指令的功能是将源操作数与直接地址单元的内容按位相或结果存放在直接地址单元中。

**表 3.21　逻辑"或"运算指令**

| 汇编指令 | 操作说明 | 指令代码 | 代码长度(字节) | 指令周期(TM) |
|---|---|---|---|---|
| ORL A,Rn | A←(A)∨(Rn) | 48+n | 1 | 1 |
| ORL A,direct | A←(A)∨(direct) | 45 direct | 2 | 1 |
| ORL A,♯data | A←(A)∨data | 44 data | 2 | 1 |
| ORL A,@Ri | A←(A)∨((Ri)) | 46+i | 1 | 1 |
| ORL direct,A | direct←(A)∨(direct) | 42 direct | 2 | 1 |
| ORL direct,♯data | direct←data∨(direct) | 43 direct data | 3 | 2 |

**例 3-33**　设(A)=48H,(R1)=0A3H;执行指令：

$$ORL\ A,R1\ ;A←(A)∨(R1)$$

解
$$\begin{array}{r}(A)=0\,1\,0\,0\,1\,0\,0\,0\\ ∨\ (R1)=1\,0\,1\,0\,0\,0\,1\,1\\ \hline 1\,1\,1\,0\,1\,0\,1\,1\end{array}$$

指令执行后:(A)=0EBH,(R1)=0A3H。

**例 3-34**　已知 TMOD 的各位均为 0,欲将 TMOD 的 D7、D5、D2、D0 位置 1。

$$ORL\quad TMOD,♯0A5H\qquad ;TMOD\ 是定时器工作方式寄存器$$

解
$$\begin{array}{r}0\,0\,0\,0\,0\,0\,0\,0\\ ∨\ 1\,0\,1\,0\,0\,1\,0\,1\\ \hline 1\,0\,1\,0\,0\,1\,0\,1\end{array}$$

执行结果:TMOD=A5H。

## 四、逻辑"异或"运算指令(6 条)

逻辑"异或"运算的特点是：

①X⊕1=X̄；

②X⊕0=X。

利用这个特点,可以对某个操作数的某一位或某几位取反。

表 3.22 中,前四条指令的功能是将源操作数与累加器 A 的内容相异或,结果存放在累加器 A 中;后两条指令的功能是将源操作数与直接地址单元的内容相异或,结果存放在直接地址单元中。

**例 3-35**　设(A)=90H,(R2)=72H,执行指令：

$$XRL\ A,R2\ ;A←(A)←(R2)$$

解
$$\begin{array}{r}(A)=1\,0\,0\,1\,0\,0\,0\,0\\ ⊕\ (R2)=0\,1\,1\,1\,0\,0\,1\,0\\ \hline 1\,1\,1\,0\,0\,0\,1\,0\end{array}$$

指令执行后:(A)=0E2H,(R2)=72H。

**例 3-36**　试编程实现将累加器 A 的最高位取反。

解　XRL　A,♯10000000B　;最高位取反。

**例 3-37**　将累加器 A 的低四位送到 P1 口的低四位,而 P1 口的高四位保持不变。

表 3.22　逻辑"异或"运算指令

| 汇编指令 | 操作说明 | 指令代码 | 代码长度(字节) | 指令周期(TM) |
|---|---|---|---|---|
| XRL A,Rn | A←(A)⊕(Rn) | 68+n | 1 | 1 |
| XRL A,direct | A←(A)⊕(direct) | 65 direct | 2 | 1 |
| XRL A,♯data | A←(A)⊕data | 64 data | 2 | 1 |
| XRL A,@Ri | A←(A)⊕((Ri)) | 66+i | 1 | 1 |
| XRL direct,A | direct←(A)⊕(direct) | 62 direct | 2 | 1 |
| XRL direct,♯data | direct←data⊕(direct) | 63 direct data | 3 | 2 |

**解**　程序清单如下：

```
        MOV R0,A        ；A 值保存于 R0。
        ANL A,♯0FH      ；屏蔽 A 值的高四位,保留低四位。
        MOV 20H,P1
        ANL 20H,♯0F0H   ；屏蔽 P1 口的低四位。
        ORL A,20H       ；A 中低四位送 P1 口低四位。
        MOV P1,A
        MOV A,R0        ；恢复 A 的内容。
```

# 五、循环移位指令(4条)

参见表 3.23。

"RR A"指令和"RL A"指令的功能分别是将累加器 A 的内容循环左移或右移一位；"RRC A"指令和"RLC A"指令的功能分别是将累加器 A 的内容带进位位 Cy 循环左移或右移一位。也可运用"RLC A"指令实现无符号数乘 2 运算,用"RRC A"指令实现除 2 运算(商为非整数时向下取整)。

表 3.23　循环移位指令

| 汇编指令 | 操作说明 | 指令代码 | 代码长度(字节) | 指令周期(TM) |
|---|---|---|---|---|
| RR　A | A 值循环右移(移向低位)一位,A0 移入 A7。<br>A7 → A0 | 03 | 1 | 1 |
| RRC　A | A 值带进位位循环右移一位,A0 移入 Cy,Cy 移入 A7。<br>Cy → A7 → A0 | 13 | 1 | 1 |
| RL　A | A 值循环左移(移向高位)一位,A7 移入 A0。<br>A7 ← A0 | 23 | 1 | 1 |
| RLC　A | A 值带进位位循环左移一位,A7 移入 Cy,Cy 移入 A0。<br>Cy ← A7 ← A0 | 33 | 1 | 1 |

**例 3-38**　设（A）＝00111010B＝3AH（无符号数为 58），（Cy）＝0；

执行指令：RLC　A

指令执行后：（A）＝01110100B＝74H（无符号数为 116）。

**例 3-39**　设（A）＝01111011B＝7BH（无符号数为 123），（Cy）＝0；

执行指令：RRC　A

指令执行后：（A）＝00111101B＝3DH（无符号数为 61）。

**例 3-40**　设 A＝11000101，Cy＝0，分别执行下列单条指令：

CPL A　　　；（A）＝00111010，Cy＝0

RL A　　　；（A）＝10001011，Cy＝0

RLC A　　　；（A）＝10001010，Cy＝1

# 第七节　控制转移指令

通常情况下，程序的执行是按顺序进行的，但有时因操作的需要要改变程序的执行顺序，将程序跳转到某个指定的地址执行程序，这种情况称之为程序转移。

控制转移指令共有 22 条。分为无条件转移（AJMP、LJMP、SJMP、JMP）指令，条件转移（JZ、JNZ、JC、JNC、JB、JNB、JBC、CJNE、DJNZ）指令，调用和返回（ACALL、LCALL、RET、RETI）指令，空操作（NOP）指令。

控制与转移指令中，除"CJNE"指令对 Cy 有影响外，其余指令都不影响标志。

控制与转移指令可改变程序计数器 PC 的值，从而使程序跳到指定的目的地址开始执行。

## 一、无条件转移指令（4 条）

参见表 3.24。

**表 3.24　无条件转移指令**

| 汇编指令 | 操作说明 | 指令代码 | 代码长度（字节） | 指令周期（TM） |
|---|---|---|---|---|
| LJMP addr16 | PC←addr16 | 02 dataH dataL | 3 | 2 |
| AJMP addr11 | PC←PC＋2，PC15～11 不变 PC10～0←addr10～0 | a10a9a800001 a7～a0 | 2 | 2 |
| SJMP rel | PC←PC＋rel | 80 rel | 2 | 2 |
| JMP @A＋DPTR | PC←（A）＋（DPTR） | 73 | 1 | 2 |

程序执行无条件转移指令时，程序将无条件地转移到目的地址。

**1. 长转移指令：LJMP addr16**

长转移指令的操作是将 16 位目标地址 addr16 装入 PC 中，允许转移的目标地址在 64KB 空间的任意单元，用汇编语言编写程序时，addr16 往往是一个标号。

**例 3-41**　若标号"LOOP1"表示的转移目标地址是 2000H，执行指令：LJMP LOOP1 时，将目标地址送给程序计数器 PC,使程序转向目标地址 2000 处运行。

**2. 短转移指令:AJMP addr11**

短转移指令的操作是将 11 位的目标地址 addr11 装入 PC 中的低 11 位。要求目标地址的高 5 位与 PC+2 后 PC 中的高 5 位相同。即转移的目标地址必须和 AJMP 指令的下一条指令首字节地址位于程序存储器的同一段 2KB 范围内,编写程序时,addr11 也往往是一个标号。

**3. 相对转移指令:SJMP reL**

相对转移指令中相对偏移量 ret 为 8 位的补码,将其符号扩展为 16 位后与 PC 相加得到 16 位的目标地址。转移的范围为−128～+127 字节,编写程序时,ret 同样往往是一个标号。

MCS-51 没有专用的停机指令,若要动态停机(原地循环等待)可以用 SJMP 指令来实现。

动态停机指令:

　　　LP1:SJMP LP1

或写成:

　　　SJMP ＄

这里,＄表示本指令首字节所在单元的地址,使用本指令可省略标号。

**4. 散转指令　JMP　@A+DPTR**

散转指令的转移目标地址由数据指针 DPTR 和累加器 A(8 位无符号数)相加而得。指令的执行不影响累加器 A 和数据指令 DPTR。该指令的特点是转移地址可以在程序运行中加以改变。例如:以 DPTR 作为基地址。根据 A 的不同值可以实现多分支转移,因此一条指令可以完成多分支转移的功能。该功能称之为散转功能。

**例 3-42**　根据 A 的数值设计散转表程序。

```
          MOV    A,♯data
          MOV    DPTR,♯TABLE
          JMP@  A+DPTR
TABLE：   AJMP  R0VT0
          AJMP  R0VT1
          AJMP  R0VT2
```

当 A=0 时,散转到 R0VT0,A=2 时,散转到 R0VT1…由于 AJMP 是双字节指令,所以 A 中内容必须是偶数。

# 二、条 件 转 移 指 令(13 条)

条件转移指令的操作是根据指定的条件判断的,如果条件满足则转移,不满足则按原顺序执行。

条件转移指令共有 13 条,可分为判断 A 是否为零转移(JZ、JNZ)指令,位条件转移(JC、JNC、JB、JNB、JBC)指令,比较不等转移(CJNE)指令,减"1"循环(DJNZ)转移指令。

**1. 判断累加器是否为零转移指令(2 条)**

参见表 3.25。

表 3.25 判断累加器是否为零转移指令

| 汇编指令 | 操作说明 | 指令代码 | 代码长度（字节） | 指令周期（TM） |
|---|---|---|---|---|
| JZ rel | 若(A)≠0,则 PC←(PC)+2；<br>若(A)=0,则 PC←(PC)+2+rel。 | 60 rel | 2 | 2 |
| JNZ rel | 若(A)=0,则 PC←(PC)+2；<br>若(A)≠0,则 PC←(PC)+2+rel。 | 70 rel | 2 | 2 |

**例 3-43** 若(A)=00H,执行下列程序后(B)=? 若(A)=10H 呢?

```
        JZ LP1
        MOV B,♯00H
        SJMP LP2
LP1：   MOV B,♯01H
LP2：   SJMP $
```

程序的执行结果为：当(A)=00H 时,(B)=01H；

当(A)=10H 时,(B)=00H。

**2. 位条件转移指令(5 条)**

参见表 3.26。

表 3.26 位条件转移指令

| 汇编指令 | 操作说明 | 指令代码 | 代码长度(字节) | 指令周期(TM) |
|---|---|---|---|---|
| JC rel | 若 Cy=0,则 PC←(PC)+2；<br>若 Cy=1,则 PC←(PC)+2+rel | 40 rel | 2 | 2 |
| JNC rel | 若 Cy=0,则 PC←(PC)+2+rel；<br>若 Cy=1,则 PC←(PC)+2。 | 50 rel | 2 | 2 |
| JB bit,rel | 若(bit)=0,则 PC←(PC)+3；<br>若(bit)=1,则 PC←(PC)+3+rel。 | 20 bit rel | 3 | 2 |
| JNB bit,rel | 若(bit)=0,则 PC←(PC)+3+rel；<br>若(bit)=1,则 PC←(PC)+3。 | 30 bit rel | 3 | 2 |
| JBC bit,rel | 若(bit)=0,则 PC←(PC)+3；<br>若(bit)=1,<br>则(bit)←0 后 PC←(PC)+3+rel。 | 10 bit rel | 3 | 2 |

**例 3-44** 如图 3.12 所示,P3.2 和 P3.3 端线上各接有一只按键,要求：

① 当 K1 按下(P3.2=0) 时,使 P1 口为 00H；

② 当 K2 按下(P3.3=0) 时,使 P1 口为 FFH。

```
START：MOV P3,♯0FFH     ；设置 P3 口为输入状态
    L1：MOV A,P3         ；将 P3 口状态读入 A 中
        JNB ACC.2,L2     ；若 P3.2=0,转移
        JNB ACC.3,L3     ；若 P3.3=0,转移
        LJMP L1          ；继续等待
    L2：MOV P1,♯00H      ；P3.2=0,使 P1 口全为"0"
        LJMP L1
    L3：MOV P1,♯0FFH     ；P3.3=0,使 P1 口全为"1"
        LJMP L1
```

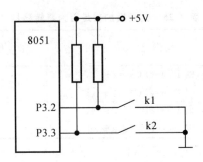

图 3.12　例 3-44 图

### 3. 比较不等转移指令(4 条)

参见表 3.27。

表 3.27　比较不等转移指令

| 汇编指令 | 操作说明 | 指令代码 | 代码长度<br>(字节) | 指令周期<br>(TM) |
|---|---|---|---|---|
| CJNE A,<br># data,rel | 若(A)=data,则 PC←(PC)+3,Cy←0;<br>若(A)>data,则 PC←(PC)+3+rel,Cy←0;<br>若(A)<data,则 PC←(PC)+3+rel,Cy←1。 | B4<br>data<br>rel | 3 | 2 |
| CJNE A,<br>direct,rel | 若(A)=(direct),则 PC←(PC)+3,Cy←0;<br>若(A)>(direct),则 PC←(PC)+3+rel,Cy←0;<br>若(A)<(direct),则 PC←(PC)+3+rel,Cy←1。 | B5<br>direct<br>rel | 3 | 2 |
| CJNE Rn,<br># data,rel | 若(Rn)=data,则 PC←(PC)+3,Cy←0;<br>若(Rn)>data 则 PC←(PC)+3+rel,Cy←0;<br>若(Rn)<data 则 PC←(PC)+3+rel,Cy←1。 | B6+n<br>data<br>rel | 3 | 2 |
| CJNE @Ri,<br># data,rel | 若((Ri))=data,则 PC←(PC)+3,Cy←0;<br>若((Ri))>data,则 PC←(PC)+3+rel,Cy←0;<br>若((Ri))<data,则 PC←(PC)+3+rel,Cy←1。 | B8+i<br>data<br>rel | 3 | 2 |

比较不等转移指令的功能是将两个操作数比较大小,如果两者相等,就顺序执行,如果不相等,就转移。如果第二个操作数(无符号数)大于第一个操作数(无符号数),则 Cy 置"1",否则 Cy 清 0。比较不等指令的执行不影响操作数。

### 4. 减"1"循环指令

参见表 3.28。

表 3.28　减"1"循环指令

| 汇编指令 | 操作说明 | 指令代码 | 代码长度<br>(字节) | 指令周期<br>(TM) |
|---|---|---|---|---|
| DJNZ<br>Rn,rel | Rn 值先减 1,即 Rn←(Rn)-1;<br>若 Rn 不为零,则 PC←(PC)+2+rel,程序转移;<br>若(Rn)=0,则 PC←(PC)+2,按原顺序执行。 | D8+n rel | 2 | 2 |
| DJNZ di-<br>rect,rel | direct 值先减 1,即 direct←(direct)-1;<br>若 direct 不为零,则 PC←(PC)+3+rel,程序转移<br>若(direct)=0,则 PC←(PC)+3,按原顺序执行。 | D5 direct<br>rel | 3 | 2 |

DJNZ 指令每执行一次,就将第一个操作数(循环控制单元)中的值减 1,然后看该值是否

等于 0,如果等于 0,就往下执行,如果不等于 0,就转移到第二个操作数(rel)所指定的地方去。

**例 3-45**　有一段程序如下:

```
        MOV 23H,#0AH
        CLR A
LOOPX：ADD A,23H
        DJNZ 23H,LOOPX
        SJMP $
```

上述程序段的执行过程是:将 23H 单元中的数连续相加,存至 A 中,每加一次,23H 单元中的数值减 1,直至减到 0,共加(23H)次。即

$$(A)=10+9+8+7+6+5+4+3+2+1=37H$$

## 三、调用和返回指令(4 条)

在程序设计中,通常将反复出现、具有通用性和功能相对独立的程序段设计成子程序。采用子程序结构可以有效地缩短程序长度,具有节约存储空间、便于模块化、便于阅读、调试和修改的优点。

子程序调用如图 3.13 所示。调用指令参见表 3.29。

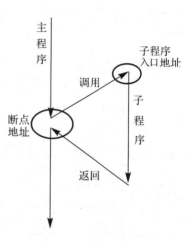

图 3.13　子程序调用示意图

### 1. 长调用指令 LCALL

长调用指令的目标地址以 16 位给出,允许子程序放在 64KB 空间的任何地方。指令的执行过程是把 PC 加上本指令代码字节数(3 个字节)获得下一条指令的地址,并把该断点地址入栈(断点地址保护),接着将被调子程序的入口地址(16 位目标地址)装入 PC,然后从该入口地址开始执行子程序。

### 2. 绝对调用指令 ACALL

绝对调用指令的执行过程是:PC 加 2(本指令代码为两个字节)获得下一条指令的地址,并把该断点地址(当前的 PC 值)入栈,然后将断点地址的高 5 位与 11 位目标地址(指令代码第一字节的高 3 位,以及第二字节的 8 位)连接构成 16 位的子程序入口地址,使程序转向子程序。调用子程序的入口地址和 ACALL 指令的下一条指令的地址,其高 5 位必须相同。因此,子程序的入口地址和 ACALL 指令下一条指的第一个字节必须在同一个 2KB 范围的程序存储器空间内。

### 3. 返回指令的功能是恢复断点地址

即从堆栈中取出断点地址送给 PC。因此,在子程序、中断服务程序内使用堆栈时要特别小心,一定要确认执行返回指令时,SP 指向的是断点地址,否则程序将出错。

子程序通过 RET 指令返回主程序。

中断服务子程序通过 RETI 指令返回。执行 RETI 指令时,清除响应中断时置位的优先级状态触发器以开放中断逻辑等,详细内容将在第五章中讨论。

**表 3.29  调用指令**

| 汇编指令 | 操作说明 | 指令代码 | 代码长度(字节) | 指令周期(TM) |
|---|---|---|---|---|
| LCALL addr16 | PC←(PC)+3<br>SP←(SP)+1<br>(SP)←(PC)7~0<br>SP←(SP)+1<br>(SP)←(PC)15~8<br>PC←addr16。 | 12 addrH addrl | 3 | 2 |
| ACALL addr11 | PC←(PC)+2<br>(SP)←(SP)+1<br>(SP)←(PC)7~0<br>SP←(SP)+1<br>(SP)←(PC)15~8<br>PC←addr11 | a10 a9 a8 1 0001<br>a7 ~ a0 | 2 | 2 |
| RET | PC15~8←((SP))<br>SP←(SP)−1<br>PC7~0←((SP))<br>SP←(SP)−1。 | 22 | 1 | 2 |
| RETI | PC15~8←((SP))<br>SP←(SP)−1<br>PC7~0←((SP))<br>SP←(SP)−1。 | 32 | 1 | 2 |

**例 3-46**  若 $(SP)=60H$,执行

　　　　START：LCALL 3456H

指令之后 SP 和堆栈的内容有何变化? 设标号 START 为 2345H,若上述指令改为绝对调用指令 ACALL,能否可行?

**解**

① 因为 PC 源地址 $=2345H$,所以

(PC)源地址 $=$ (PC)当前地址 $+03H$

　　　　　　$=2345H+03H=2348H$(断点地址入栈保护,即把 PC 当前空出来)

② $(SP)+1=61H$,$(SP)←(PC)$ 7~0 即 $((SP))=(61H)=48H$

③ $(SP)+1=62H$,$(SP)←(PC)$ 15~8 即 $((SP))=(62H)=23H$

④ $addr16=3456H$,$PC←addr16$ 即 $(PC)=3456H$

指令执行结果:$(SP)=62H$,$(61H)=48H$,$(62H)=23H$,$(PC)=3456H$。

不能采用绝对调用指令 ACALL,通过以上分析可以知道:

(PC)源地址 $=2348H=(0010\ 0011\ 0100\ 1000)B$

而目标地址为:

(PC)目标地址 $=3456H=(0011\ 0100\ 0101\ 0110)B$

显然,源地址与目标地址的高 5 位不相同,因此超出了绝对调用指令的寻址范围,不能采用绝对调用指令来实现。

**例 3-47**  已知标号 LP1 的地址为 0300H,子程序 TIME1 的入口地址为 0100H,$(SP)=70H$;

执行调用指令： LP1:ACALL TIME1

指令执行后：(SP)＝72H,(71H)＝02H,(72H)＝03H,(PC)＝0100H。

**例 3-48** 已知（SP）＝78H,(78H)＝46H,(77H)＝8BH;

执行指令： RET

指令执行后：(SP)＝76H,(PC)＝468BH。

即 CPU 从 468BH 处开始执行程序,子程序必须通过 RET 指令返回主程序。

## 四、空操作指令

参见表 3.30。

表 3.30 空操作指令

| 汇编指令 | 操作说明 | 指令代码 | 代码长度（字节） | 指令周期（TM） |
|---|---|---|---|---|
| NOP | PC←(PC)＋1 | 00 | 1 | 1 |

空操作指令不进行任何操作,只是将程序计数器 PC 的内容加 1。当执行空操作指令时,占用 CPU 一个机器周期时间。NOP 指令常用于等待、延时等。

# 第八节 位操作指令

MCS-51 硬件结构中有一个二进制位处理器,实际上它是一个一位微处理器。它有自己的位运算器、位累加器、位存储器（可住寻址区中的各位）、位 I/O 口（P0、P1、P2、P3 中的各位）。MCS-51 具有很强的二进制位处理能力,具有丰富的位操作指令。

位操作又称布尔操作,是以二进制位为单位进行的各种操作。与字节操作指令中累加器 ACC 用字符"A"表示类似,在位操作指令中,位累加器用字符"C"表示（注：在位操作指令中,Cy 与具体的直接位地址 D7H 对应）。

位操作指令共有 12 条。可分为位传送指令（MOV）、位状态操作指令（CLR、CPL、SETB）和位逻辑运算指令（ANL、ORL）。

## 一、位传送指令（2 条）

位传送指令是实现位累加器 C 与位 bit 之间的位数据双向传送。参见表 3.31。

表 3.31 位传送指令

| 汇编指令 | 操作说明 | 指令代码 | 代码长度（字节） | 指令周期（TM） |
|---|---|---|---|---|
| MOV C,bit | bit 中状态送入 C 中,Cy←(bit) | 92 bit | 2 | 1 |
| MOV bit,C | C 中状态送入 bit 中,bit←(Cy) | A2 bit | 2 | 2 |

对于 MOV bit,C 指令,当 bit 为 P0~P3 中的某一位时,指令的执行是先把端口的全部内容（8 位）读入,然后把内容传送到指定位,最后把 8 位内容传送到端口的锁存器,因此它也是

一条"读-改-写"指令。

**例 3-49** 已知片内 RAM (2FH)＝10110101B,

　　执行指令:　　　MOV C,2FH.7　　　;Cy←(7FH)

　　　　　　或　　MOV C,7FH　　　　;Cy←(7FH)

　　指令执行后:　　Cy＝1。

**例 3-50** 将 P1.3 位内容传送给 P1.6 位。

　　　MOV C,P1.3

　　　MOV P1.6,C

# 二、位状态操作指令(6 条)

位状态操作指令是位累加器 Cy 或位地址 bit 中的位状态进行清 0、置"1"或取反。参见表 3.32。

**例 3-51** 若(P1)＝1001 1101B。

　　执行指令 CLR P1.3

　　结果为:( P1 )＝1001 0101B。

**例 3-52** 若(P1)＝1001 1100B。

　　执行指令 SETB P1.0

　　结果为:(P1)＝1001 1101B。

表 3.32　位状态操作指令

| 汇编指令 | 操作说明 | 指令代码 | 代码长度(字节) | 指令周期(TM) |
|---|---|---|---|---|
| CLR C | Cy 位状态清 0,Cy←0。 | C3 | 1 | 1 |
| SETB C | Cy 位状态置 1,Cy←1。 | D3 | 1 | 1 |
| CPL C | Cy 位状态取反,Cy←$\overline{\text{Cy}}$。 | B3 | 1 | 1 |
| CLR bit | bit 位状态清 0,bit←0。 | C2 bit | 2 | 1 |
| SETB bit | bit 位状态置 1,bit←1。 | D2 bit | 2 | 1 |
| CPL bit | bit 位状态取反,bit←$\overline{\text{bit}}$。 | B2 bit | 2 | 1 |

# 三、位逻辑运算指令(4 条)

位逻辑运算指令是位地址 bit 中的位状态或位反状态与位累加器 C 中的状态进行逻辑"与"、"或"操作,结果储存在位累加器 C 中。参见表 3.33。

表 3.33　位逻辑运算指令

| 汇编指令 | 操作说明 | 指令代码 | 代码长度(字节) | 指令周期(TM) |
|---|---|---|---|---|
| ANL C,bit | Cy←(Cy)∧(bit) | 82 bit | 2 | 2 |
| ANL C,$\overline{\text{bit}}$ | Cy←(Cy)∧$\overline{(\text{bit})}$ | B0 bit | 2 | 2 |
| ORL C,bit | Cy←(Cy)∨(bit) | 72 bit | 2 | 2 |
| ORL C,$\overline{\text{bit}}$ | Cy←(Cy)∧$\overline{(\text{bit})}$ | A0 bit | 2 | 2 |

位逻辑运算指令中,只有逻辑"与"、逻辑"或"指令,没有逻辑"异或"指令。位的逻辑"异

或"运算可由逻辑"与"、逻辑"或"指令来实现。

**例 3-53** 试编程完成下列操作：

$$P1.\ 0 = (ACC.\ 1 \wedge P2.\ 3) \vee Cy$$

**解** MOV 10H,C

MOV C,ACC.1

ANL C,P2.3

ORL C,10H

MOV P1.0,C

# 第九节 伪指令

在汇编语言中，除了可执行的指令外，为方便程序的编写，还定义了一些伪指令。伪指令是对汇编语言程序做出的一些必要说明。在汇编过程中，伪指令为汇编程序提供必要的控制信息，不产生任何指令代码，因此也称为不可执行指令。常见的伪指令有：

## 一、ORG(Origin)汇编起始地址命令

格式：ORG nn

ORG 后面 16 位地址表示此语句后的程序或数据块在程序存储器中的起始地址。

例如： ORG 1000H

START:MOV A,♯32H

⋮

上述指令说明：START 表示的地址为 1000H，MOV 指令从 1000H 存储单元开始存放。

## 二、DB(Define Byte) 定义字节数据命令

格式：[名字:] DB $n_1, n_2, n_3, \cdots, n_N$

该命令表示将 DB 后面的若干个单字节数据存入指定的连续单元中。每个数据(8 位)占用一个字节单元，通常用于定义一个常数表。

注意：名字也是一个符号地址，但以名字表示的存储单元之中存放的是数据，而不是指令代码，故不能作为转移指令的目标地址，这一点与标号不同。

例如： ORG 2000H

TAB1:DB 01H,04H,08H,10H

⋮

以上伪指令汇编后从 2000H 单元开始定义(存放)4 个字节数据(平方表)，即：

(2000H)=01H,(2001H)=04H,(2002H)=09H,(2003H)=10H。

## 三、DW(Define Word)定义字数据命令

格式：[名字：] DW nn1,nn2,…,nnN

该命令表示将 DW 后面的若干个数据存入指定的连续单元中。每个数据(16 位)占用两个存储单元，其中高 8 位存入低地址字节，低 8 位存入高地址字节。该命令常用于定义一个地址表。

例如：　　　ORG　　2100H

　　　　TAB2：DW 1067H,1000H,100

　　　　　　⋮

汇编后：　(2100H)＝10H,(2101H)＝67H,

　　　　　(2102H)＝10H,(2103H)＝00H,

　　　　　(2104H)＝00H,(2105H)＝64H。

## 四、DS(Define Storage) 定义存储区命令

格式：[名字：] DS X

从指定的地址单元开始，预留 X 字节单元备用。

例如：　　　ORG 2000H

　　　　L1：DS 07H

　　　　L2：DB 86H,0A7H

　　　　　　⋮

汇编后，从 2000H 开始保留 7 个字节单元，从 2007H 单元开始按 DB 命令给内存单元赋值：

　　　　　　(2007H)＝86H

　　　　　　(2008H)＝0A7H

注意：DB、DW、DS 伪指令只能对程序存储器进行赋值和初始化工作，不能用来对数据存储器进行赋值和初始化工作。

## 五、EQU(Equat)赋值命令

格式：字符名　EQU　数或汇编符号

本命令给字符名赋予一个数或特定的汇编符号。赋值后，指令中可用该符号名来表示数或汇编符号。

例如：TEMP EQU R4

　　　K1 EQU40H

　　　MOV A,TEMP;A←(R4)

　　　MOV A,K1;A←(40H)

第一条指令将 TEMP 等值为汇编符号 R4,此后的指令中 TEMP 可以代替 R4 来使用。第二条指令表示指令中可以用 K1 代替 40H 来使用。

注意:使用 EQU 命令时必须先赋值后使用,字符名不能和汇编语言的关键字同名,如 A、MOV、B 等。

## 六、DATA 数据地址赋值命令

格式:字符名 DATA nn

DATA 命令是将数据地址或代码地址赋予规定的字符名称。

## 七、BIT 定义位地址符号命令

格式:字符名 BIT bit

将位地址 bit 赋予所定义的字符名。

例如:   ABC BIT P1.1

QQ BIT P3.2

## 八、END 汇编结束命令

END 表示汇编语言源程序到此结束,一定放在程序末尾。

# 思考与练习

**3-1**  什么是指令系统?按功能进行分类,MCS-51 单片机共有多少种指令?

**3-2**  什么是寻址方式?MCS-51 单片机有哪几种寻址方式?并指出各种寻址方式相应的寻址空间。

**3-3**  位地址 90H 和字节地址 90H 及 P1.0 有何异同?如何区别?位寻址和字节寻址如何区分?在使用时有何不同?

**3-4**  MCS-51 汇编语言中有哪些常用的伪指令?各起什么作用?

**3-5**  指出下列指令中画线的操作数的寻址方式

(1)MOVX    A,@DPTR          (2)MOV DPTR,# 0123H

(3)MOVC    A,@A+DPTR       (4)MUL AB

(5)INC     DPTR            (6)MOV A,30H

(7)MOVA,     @R1           (8) MOV C,07H

(9) JZ   20H               (10)POP ACC

**3-6**  试用数据传送指令实现下列数据传送:

(1)R1 的内容送 R4。

(2)内部 RAM20H 单元的内容送给累加器 A。

(3)外部 RAM0030H 单元的内容送给累加器 A。

(4)外部 RAM0040H 单元的内容送给 R1。

(5)外部 RAM0040H 单元的内容送给内部 RAM20H 单元。

(6)外部 RAM1FFEH 单元的内容送给 R1。

(7)外部 RAM1FFEH 单元的内容送给外部 RAM007FH 单元。

(8)用两种方法将程序存储器 ROM 3040H 中的常数送到 A 中,已知 PC 当前值为 3000H。

(9)程序存储器 ROM1000H 单元的内容送给外部 RAM0030H 单元。

(10)程序存储器 ROM1000H 单元的内容送给内部 RAM20H 单元。

(11)将 A 中的内容与寄存器 B 中的内容交换。

(12)将片内 RAM 30H 单元的内容与片外 1040H 单元的内容交换。

**3-7** 试判断下列指令的正误。

| | |
|---|---|
| (1) CPL B | (2) ADDC B,♯20H |
| (3) SETB 30H,0 | (4) MOV R1,R2 |
| (5) SUBB A,@R2 | (6) CJNE @R0,♯64H,LABEL |
| (7) MOVX @R0,20H | (8) DJNZ @R0,LABEL |
| (9) PUSH B | (10) POP @R1 |
| (11) RL B | (12) MOV R7,@R0 |
| (13) RLC A | (14) MOV R1,♯1234H |
| (15) ANL R0,A | (16) ORL C,/ACC.5 |
| (17) XRL C,ACC.5 | (18) DEC DPTR |
| (19) XCHD A,R1 | (20) SWAP B |
| (21) MOVX A,@A+DPTR | (22) MOVC A,@A+DPTR |
| (23) XCH A,R1 | (24) SUB A,♯12H |
| (25) MUL A,B | (26) DIV AB |
| (27) DA A | (28) JMP LABEL |
| (29) LJMP LABEL | (30) RETI |

**3-8** 试根据指令编码表写出下列指令的机器码。

(1)MOV A,♯88H

(2)MOV R3,50H

(3)ADD A,@R1

(4)SETB 12H

**3-9** 假设内部 RAM(30H)=3FH,累加器 A=0FEH,R0=30H,SP=07H,PSW=01H,则执行如下指令后,各存储单元及寄存器内容是什么(各小题相互独立)?

(1)MOV A,@R0    (A)=_____;(PSW)=_____。

(2)INC A    (A)=_____;(PSW)=_____。

(3)ADD A,@R0    (A)=_____;(PSW)=_____;(R0)=_____。

(4)ANL A,@R0    (A)=_____;(PSW)=_____;(30H)=_____。

(5)PUSH ACC

　　POP 30H    (A)=_____;(30H)=_____;(SP)=_____。

**3-10** 写出下面各程序段执行后的最终结果。

(1)MOV　　SP,♯60H

```
        MOV     A,♯8AH
        MOV     B,♯46H
        PUSH    ACC
        PUSH    B
        POP     ACC
        POP     B
 (2)MOV         A,♯30H
        MOV     B,♯0AFH
        MOV     R0,♯31H
        MOV     30H,♯87H
        XCH     A,R0
        XCHD    A,@R0
        XCH     A,B
        SWAP    A
 (3)MOV         A,♯45H
        MOV     R5,♯78H
        ADD     A,R5
        DA      A
 (4)MOV         A,♯83H
        MOV     R0,♯47H
        MOV     47H,♯34H
        ANL     A,♯47H
        ORL     47H,A
        XRL     A,@R0
```

**3-11** 设位单元 00H、01H 中的内容为 0,下列程序段执行后 P1 口的 8 条 I/O 线为何状态?
位单元 00H、01H 为何值?

```
        START:CLR C
              MOV A,♯56H
              JC LP1
              CPL C
              SETB 01H
         LP1:MOV ACC.0,C
              JB ACC.2,LP2
              SETB 00H
         LP2:MOV P1,A
```

**3-12** 试分析下列程序的功能。

```
 (1)MOV    A,    R2
    MOV    B,    ♯64H
    DIV    AB
    MOV    R4,    A
```

```
        MOV     A,♯0AH
        XCH     A,B
        SWAP    A
        ADD     A,B
        MOV     R3 A
    (2)CLR     C
        MOV     A,R2
        RLC     A
        MOV     R2,A
        MOV     A,R3
        RLC     A
        MOV     R3,A
        MOV     A,R2
        ADDC    A,♯00H
        MOV     R2,A
```

**3-13** 设(A)=53H,(PSW)=80H,转移指令所在地址为3090H,执行下列各条指令后,(PC)=?

(1)JNZ 12H

(2)JNC 34H

(3)JNB P,56H

(4)JBC AC,78H

(5)CJNE A,♯50H,9AH

(6)DJNZ PSW,0BCH

(7)SJMP 0B4H

**3-14** 设(SP)=50H,MA=0123H,SUB=0345H。执行指令"MA：ACALL SUB"后,(PC)=?,(SP)=?,(51H)=?,(52H)=?

**3-15** 已知(SP)=4BH,(49H)=12H,(4AH)=5AH,(4BH)=68H。执行指令"RET"后,(PC)=?,(SP)=?

**3-16** 用软件实现下列位逻辑函数的功能。

(1)F=X·Y+X·Z

(2)F=X⊕Y⊕Z

**3-17** 试用两种查表指令分别实现四位LED显示程序中的七段显示码的查表操作,设被显示的分离的4个十六进制代码依次放在片内RAM的38H～3BH单元中,查出相应的七段显示码存放在30H～33H单元中。

**3-18** 编程,将存放于片内RAM38H单元中压缩的BCD码转换为非压缩的BCD码存放于片内RAM30H、31H单元中。

**3-19** 输入、编译、运行下列程序段,并指出在程序运行结束后,累加器ACC、SP、内部RAM 30H～33H单元的内容。

```
        ORG 0000H
        LJMP Main
```

```
        ORG 1000H
Main：MOV SP,#6FH
        MOV A,#10H
        MOV R0,#30H
        MOV Rl,#32H
        MOV 30H,#12H
        MOV 31H,#34H
        MOV 32H,#76H
        MOV 33H,#98H
        LCALL SUBl
        NOP
        ORG 2000H
SUBl：PUSH ACC
        PUSH PSW
        MOV A,@R0
        ADD A,@R1
        MOV @R0,A
        POP PSW
        POP ACC
        RET
        END
```

**3-20**　假设程序头中含有如下变量定义伪指令：

```
        TXDBUF DATA #40H
        BDATADATA #28H
```

①请指出"MOV R0,#TXDBUF"指令、"MOV R0,TXDBUF"指令目的操作数的寻址
方式。

②执行如下程序段后，内部 RAM 40H～4FH 单元内容是什么？28H 单元内容又是
什么？

```
        MOV  BDATA,#10H
        MOV  R0,    #XDBUF
        CLR  A
LOOP：MOV  @R0,  A
        INC   A
        INC   R0
        DJNZ  BDATA,LOOP
        END
```

# 第四章

# 算法与结构化程序设计

## 第一节 算 法

做任何事情都有一定的步骤。例如，若你想要出门旅行，总要依次进行确定旅游目的地、确定旅游路线、购买交通车票、出发等若干步骤，这些步骤都是按一定顺序进行的，缺一不可，而且次序错了也不妥。算法是对计算机操作步骤的描述。计算机操作的目的是对各种数据进行处理，以期得到预定的工作效果。

算法是一个良定义的计算过程，所谓良定义是指：

①算法应当是正确的。因为错误的算法不能达到预期的工作目的。

②算法应当是有穷的。即一个算法的步骤应当是有限的，同时一个算法所运行的时间也应当是有限的。

③算法应当是有效的。即一个算法所对应的计算机程序运行后应当输出有效的运行结果，没有结果的算法是没有实际意义的。

算法由一个或多个值作为输入，并产生一个或多个输出。算法的表示方法很多，对单片机而言，目前多以流程图来表示算法。流程图实际上就是用一些图框来表示计算机的操作步骤。用流程图表示算法具有形象直观、易于理解等特点，美国国家标准化协会 ANSI(American National Standard Institute)设定了一些常用的流程图符号如图 4.1 所示。

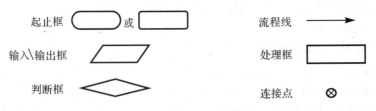

图 4.1 常用流程图符号

下面讨论算法应用示例。

**例 4-1** 设在内部 RAM 从 50H～60H 中存放一组数，试编程找出其中最大数并将该数送内部 RAM 2FH 单元，试设计相应算法及程序。

**解** 首先让我们用自然语言描述该题算法如下：

STEP1:将数据区首地址 50H 送间址寄存器 R0；

STEP2:设置计数器 R7 以控制循环次数;

STEP3:将数据区第一个数送累加器 A;

STEP4:将数据区下一个数送 40H 单元;

STEP5:将 A 中内容与 40H 单元内容比较,若 A 中内容大于 40H 单元内容则跳转执行 STEP7,否则按原顺序执行 STEP6;

STEP6:将大的数据存入 A;

STEP7:计数器 R7 内容减 1,若此时 R7 不为零,则返回 STEP4,否则将最终结果送 2FH 并结束。

用自然语言来描述算法的优点是比较符合人类的思维习惯,因而容易使人们理解和进行交流,但自然语言存在二义性,因此也容易引起误解。

下面再用流程图描述该题算法,如图 4.2 所示。

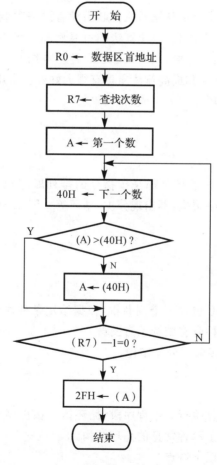

图 4.2　例题 4-1 流程图

根据上述算法,可得程序如下:

```
MOV  R0,  #50H        ;首地址送 R0。
MOV  R7,  #10H        ;数据长度送 R7。
```

```
         MOV   A,    @R0        ;取第一个数送 A。
LOOP：   INC   R0               ;R0 指向下一单元。
         MOV   40H, @R0         ;取下一单元数送 40H。
         CJNE  A,    40H,CHK    ;两数相比(比较结果影响 CY 位)。
CHK：    JNC   LOOP1            ;A 中内容小于 40H 单元内容?
         MOV   A,    40H        ;是,将大数存 A。
LOOP1：  DJNZ  R7,   LOOP       ;判断数据区是否比较完毕,若未完继续比较。
         MOV   2FH, A           ;比较完毕,将最大数存 2FH 单元。
         RET                    ;返回。
```

以上我们看到算法的简单应用,制定正确而良好的算法对程序设计是非常重要的。

# 第二节　程序基本结构

传统的流程图对用流程线指示各框的执行顺序没有严格限制,这样容易使流程图变得毫无规律,给阅读者理解带来很大困难,也使算法的可靠性和可维护性难以保证。因此,为提高算法的质量,使算法设计和阅读方便,人们规定了几种基本结构,然后由这些基本结构按一定规律组成算法结构,这样对保证和提高算法质量有很大好处。常用的基本结构由顺序结构、分支结构(也称选择结构)和循环结构等组成。

## 一、顺序结构

顺序结构是指程序中每一条指令都是按指令的排列顺序执行。顺序结构是最简单的程序结构,不出现分支、循环等。图 4.3 给出了顺序结构示意图。

## 二、分支结构

分支结构的特点是其中必包含一个判断框,根据给定条件决定程序走向。图 4.4 给出两种分支结构示意图。

在例 4-1 中我们也已经接触了分支结构。

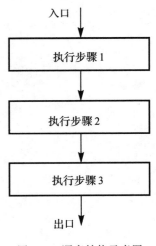

图 4.3　顺序结构示意图

## 三、循环结构

程序设计中经常需要反复执行某个程序段(循环体),在程序中可通过一些条件转移指令实现循环控制。图 4.5 给出了两种常见的循环结构。

上述三种基本结构均有以下特点:

①只有一个人口,一个出口。

②结构内每一部分都有机会被执行。

③结构不存在死循环。

可以证明,由上述三种基本结构组成的算法结构,可以解决任何复杂的算法设计。由基本

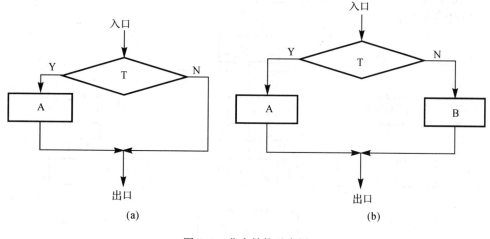

图 4.4 分支结构示意图

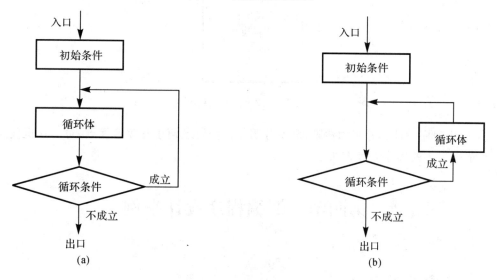

图 4.5 循环结构示意图

结构组成的算法属于结构化的算法。当然,基本结构还可以有各种派生结构。

# 第三节 结构化程序设计

结构化设计的基本方法是:把一个复杂的程序设计问题的求解过程分模块进行,每个模块处理的问题都控制在人们容易理解和处理的范围内。一般来讲,结构化程序设计中模块的划分应符合以下三点要求:

①块的功能在逻辑上尽量单一化、明确化。

②块之间的互相影响应当尽可能的少。模块的调用和转移仅限于传递处理对象(如数据),而尽量避免传递控制信号,也就是说,模块之间仅限于数据耦合,应尽量避免逻辑耦合。

③块的规模应当足够小,应当控制在人们容易理解和处理的范围内。

在具体实施结构化设计过程中,目前比较常见的做法是:采取"自顶而下、逐步分解"的办法将问题分解成若干部分,并明确表达它们之间的相互关系,直到最底层的模块达到所要求的规模。如图 4.6 所示。

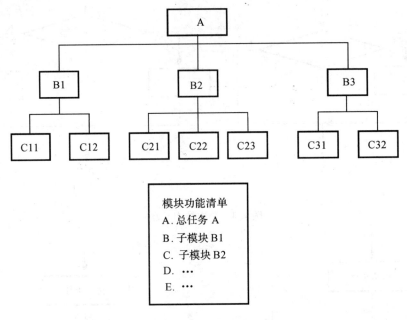

图 4.6　结构化程序设计示意图

结构化程序设计具有结构清晰、层次分明、易写易读、便于修改等优点,对单片机而言,这是一种值得提倡的程序设计方法。

# 第四节　汇编程序设计举例

## 一、双字节运算

**例 4-2**　求两个双字节(16 位)无符号数之和,设被加数存放在内存 50H,51H 单元,加数在 52H,53H 单元(低位在前,高位在后),将运算结果存入 54H,55H 单元。

**解**　该问题比较简单。其算法是:先进行低 8 位加法运算,再进行高 8 位加法运算,并将结果依次存入内存。

程序如下:

```
MOV    A, 50H     ;  取被加数低 8 位数据。
ADD    A, 52H     ;  低 8 位相加。
MOV    54H, A     ;  低 8 位和送 54H。
MOV    A, 51H     ;  取被加数高 8 位数据。
ADDC   A, 53H     ;  高 8 位相加,并考虑来自低 8 位相加的进位。
MOV    55H, A     ;  存高 8 位结果。
```

显然上述程序属于顺序结构。

## 二、定时

**例 4-3**

①试计算下列程序段执行时间。

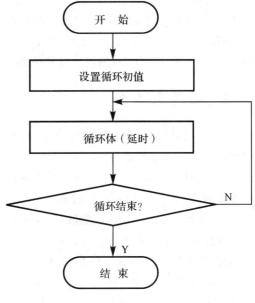

| 程序 | | 指令执行周期 |
|---|---|---|
| | MOV R7，♯64H | 1T |
| LOOP： | NOP | 1T |
| | NOP | 1T |
| | DJNZ R7，LOOP | 2T |

**解**　上述程序显然属于循环程序,其算法结构如图 4.7 所示。循环次数 100 次,根据每条指令的执行周期可得每次循环消耗 1＋1＋2＝4(机器周期),加上第一条指令,整个程序段共计消耗时间为(4×100＋1)T＝ 401T,当晶振频率为 6MHz 时,T＝2μs,故上述程序实际消耗 802μs。

图 4.7　例 4-3（a）算法示意

②试编写用软件定时 60s 程序段(设晶振频率为 6MHz)。

**解**　可先编写一定时 10s 子程序 DELAY10,调用 6 次 DELAY10 即可定时 60s。

参考程序如下：

主程序：

```
DELAY60:MOV      R0，♯06H
LOOP：    LCALL    DELAY10
         DJNZ     R0，LOOP
```

定时 10 秒子程序：

```
DELAY10:PUSH 00H          ;保存 R0 内容。
        MOV R0，♯0DH      ;设置循环次数计数器。
LOOP0：  MOV R1，♯0FFH
LOOP1：  MOV R2，♯0FFH
LOOP2：  NOP
        NOP
        NOP
        NOP
        DJNZ R2，LOOP2
        DJNZ R1，LOOP1
        DJNZ R0，LOOP0
        POP 00H           ;恢复 R0 内容。
        RET               ;定时 10s 到,返回。
```

上述程序属于子程序调用,子程序调用可看成是顺序程序结构的一个执行步骤。

**说明：**

①定时 10s 子程序 DELAY10 采用多重循环结构,其中循环参数通过上机运行实测获

得,具体延时计算分析方法类似例 4-3①,这里不再细述。

②由于子程序 DELAY10 中用到寄存器 R0,故应将 R0(单元地址 00H)中内容进行现场保护和现场恢复。在子程序结构程序中要充分重视现场保护和现场恢复问题。(请读者思考:若子程序中不将 R0(00H)内容事先推入堆栈保护,程序能正常运行吗?为什么?)。

### 三、顺序表查找

顺序表是计算机的一种数据结构,其特点是将数据(严格地说是数据"结点")按逻辑顺序依次存入一组地址连续的存储单元中。图 4.8 给出了 256 单元单字节数据顺序表示意图。

顺序表操作有输入、查找、删除等各种操作,这里仅讨论查找运算。查表技术在数码字形显示、非线性修正以及在模糊控制等许多领域得到广泛运用。查表一般是先将表格内容存放到 ROM 中,然后利用 MOVC A,@A+DPTR 或 MOVC A,@A+PC 指令将表格中的数据读到累加器 A 中。

| TABLE+00H | DATA0 |
| +01H | DATA1 |
| · | · |
| · | · |
| · | · |
| · | · |
| · | · |
| +FEH | DATA254 |
| TABLE+FFH | DATA255 |

图 4.8　单字节数据顺序表示意

**例 4-4**　已知在 ROM 1000H～104FH 单元中存放一组各不相同的 8 位二进制数,试编程查找其中是否有数据为 80H,若有则将该数据所在存储单元地址送 R1R0,否则将 R1R0 清 0,并将标志位 10H 置 1。

**解**　由于数据各不相同,故查找算法设计如图 4.9 所示。

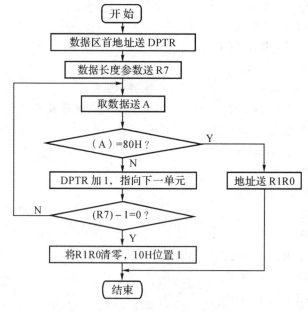

图 4.9　例 4-4 算法示意

参考程序如下:

```
        ORG     0000H
        LJMP    MAIN
        ORG     0030H
```

```
MAIN：MOV     SP，     ＃30H              ；设置堆栈指针 SP。
      MOV     DPTR，   ＃1000H            ；数据指针 DPTE 指向数据区首地址 1000H。
      MOV     R7，     ＃50H              ；数据长度参数 50H 送计数器 R7。
AGAIN：MOV     A，      ＃00H              ；指向数据区取数。
      MOVC    A，      @A＋DPTR           ；取数据。
      CJNE    A，      ＃80H，LOOP；所取数据与关键字 80H 比较，若两者不相等
                                         转移，继续查找（转 LOOP）。
      MOV     R1，     DPH               ；找到与关键字 80H 相同数据，将该数据所在
      MOV     R0，     DPL               ；地址送 R1R0。
      SJMP    HOME                      ；返回。
LOOP：INC     DPTR                      ；数据指针 DPTR 指向数据区下一单元。
      DJNZ    R7，     AGAIN             ；循环控制计数器 R7 内容减 1，不为零继续。
      MOV     R1，     ＃00H              ；数据区查找完毕，没有找到关键字 80H，将
      MOV     R0，     ＃00H              ；R1R0 清 0。
      SETB    10H                       ；标志位 10H 置 1。
HOME：RET                               ；返回。
```

## 四、排序

排序运算是计算机操作的重要内容，在单片机应用系统中亦有广泛应用。

**例 4-5**　试编程将内部 RAM 50H～70H 中数据由大到小进行原地排序。

**解**　排序的方法很多，这里介绍一种选择排序法。其基本思路是：反复找出数据区中最大数并将该数与当前数据区首地址中内容互换，同时将数据区长度减 1，即数据区首地址下移，逐步

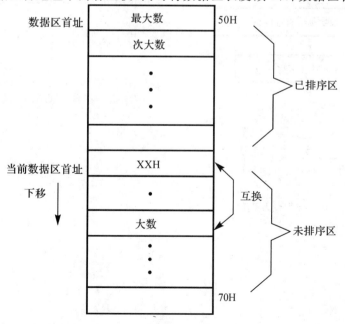

图 4.10　例 4-5 算法示意

扩大已排序区,减小未排序区,直至未排序区长度为 0,其算法示意如图 4.10 所示。

下面将上述排序任务分成以下三个模块,如图 4.11 所示。

图 4.11　排序模块示意图

接着分别设计各模块流程图及相应程序如图 4.12、4.13、4.14 所示。

模块一　排序主程序

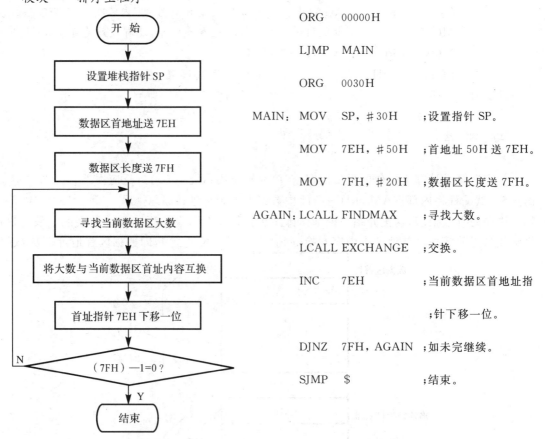

图 4.12　模块一流程图及程序

```
        ORG    00000H

        LJMP   MAIN

        ORG    0030H

MAIN:   MOV    SP, #30H      ;设置指针 SP。

        MOV    7EH, #50H     ;首地址 50H 送 7EH。

        MOV    7FH, #20H     ;数据区长度送 7FH。

AGAIN:  LCALL  FINDMAX       ;寻找大数。

        LCALL  EXCHANGE      ;交换。

        INC    7EH           ;当前数据区首地址指
                             ;针下移一位。

        DJNZ   7FH, AGAIN    ;如未完继续。

        SJMP   $             ;结束。
```

**模块二　寻找大数程序(FINDMAX)**

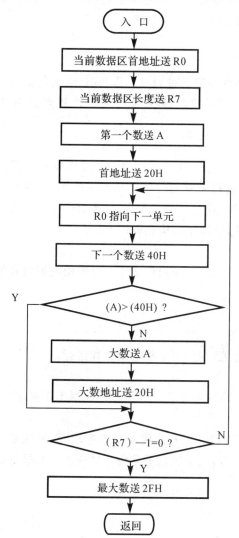

|  |  |  |  |
|---|---|---|---|
|  | ORG | 1000H |  |
| FINDMAX: | MOV | R0,7EH | ;数据区首地址送 R0。 |
|  | MOV | R7,7FH | ;数据区长度送 R7。 |
|  | MOV | A,@R0 | ;取第一个数。 |
|  | MOV | 20H,R0 | ;首地址送 20H。 |
| LOOP: | INC | R0 | ;R0 指向下一单元。 |
|  | MOV | 40H,@R0 | ;取下一数送 40H。 |
|  | CJNE | A,40H,CHK | ;比较。 |
| CHK: | JNC | LOOP1 | ;若 A 内容大转。 |
|  | MOV | A,40H | ;大数送 A。 |
|  | MOV | 20H,R0 | ;大数地址送 20H。 |
| LOOP1: | DJNZ | R7,LOOP | ;未完继续。 |
|  | MOV | 2FH,A | ;最大数送 2FH。 |
|  | RET |  | ;返回。 |

说明：① 模块二的入口参数为：

　　　当前数据区首地址存放单元:7EH

　　　当前数据区长度存放单元：7FH

② 模块二的出口参数为：

　　　当前数据区最大数所在地址存放单元:20H

　　　当前数据区最大数存放单元:2FH

图 4.13　模块二　流程图及程序

**模块三　交换程序(EXCHANGE)**

|  |  |  |  |
|---|---|---|---|
|  | ORG | 1200H |  |
| EXCHANGE: | MOV | A,2FH |  |
|  | MOV | R1,7EH |  |
|  | XCH | A,@R1 | ;大数与当前数据区首 |
|  |  |  | ;地址内容互换。 |
|  | MOV | R1,20H |  |
|  | MOV | @R1,A | ;回送 20H 单元 |
|  | RET |  |  |

说明:模块三入口参数:

　　当前数据区最大数存放单元:2FH

　　当前数据区最大数所在地址存放单元:20H

　　当前数据区首地址存放单元:7EH

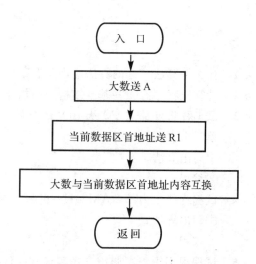

图 4.14　模块三流程图及程序

例 4-5 运用了结构化(模块化)设计的基本方法,模块之间联系主要是数据耦合(传递),不存在逻辑耦合,使程序结构清晰,易读易写,请读者细心体会,切实掌握。

综上所述,汇编语言程序设计基本步骤可大致分为:

(1)分析问题

即首先明确求解问题的意义和任务,如所需解决的问题的过程及工作状态,输入信息的形式和种类,要求输出什么样的信息等,最后将一个实际问题转化为一个单片机可以处理的问题。

(2)算法设计

算法是计算机能够实现的有限的解题步骤或策略,算法设计是程序设计最重要最关键的设计步骤。要能够运用计算机的基本运算功能来完成较为复杂的运算和控制操作,编程人员必须具有一定的"计算机思维"能力来设计合适的算法,这是正确编程的基础,需要由浅入深,长期积累才能做到。同时,对于比较复杂的算法设计,应采用结构化设计方法。

(3)编写程序

编写程序就是采用程序设计语言来实现算法所要求的各项操作步骤。对采用汇编语言编写的程序应注意:

①详细了解所用 CPU 的指令系统、寻址方式等。

②详细了解并合理分配存储空间和寄存器等资源。

③在程序编写过程中可能需要调节、修改算法有关内容,便于程序编写和运行。

(4)程序检验

可经过书面检查和上机调试判断程序是否正确,有时要多次运行调试才能得出正确结果。

(5)编写说明文档

说明文档内容应主要包括程序的功能和使用方法、算法、程序清单及指令注释、其他必要说明和注意事项等。应当指出,从软件管理的角度来看,一个完整的软件文件应当是程序加文档,文档齐全的软件才便于保存、交流和升级等。

# 思考与练习

**4-1** 什么是算法?好的算法应当具有哪些特征?

**4-2** 计算机程序有哪些基本结构?结构化(模块化)程序设计有哪些优点?

**4-3** 试编程将外部 RAM 从 1000H 开始的 20 个字节数据传送至内部 RAM 从 50H 开始的单元中去,要求:

①写出算法;

②编程。

**4-4** 试编程找出内部 RAM50H～60H 中数据块的最小数并将该数送 R0,要求:

①写出算法;

②编程。

**4-5** 试编程用子程序调用方式实现软件延时 30 分钟,已知单片机晶振频率为 6MHz。

**4-6** 已知在内部 RAM60H～6FH 中存放 16 个各不相同的数据,试编程查找其中是否存在数据 6AH,若存在则将该单元地址送 R0,否则将 R0 清 0。

要求：

①写出算法；

②编程。

**4-7**　试编程求内部 RAM60H～67H 中 8 个字节数据的平均值,并将结果送 68H 单元。

**4-8**　试用伪指令建立整数 0～10 的平方表,并编程用查表法求 $8^2$,查表结果送 R1R0。

**\*4-9**　试用结构化(模块化)设计的方法将外部 RAM1000H～1050H 单元中数据块从小到大进行排序并送至外部 RAM2000H～2050H。

要求：

①写出算法；

②编程。

**4-10**　试编程将 R0 中数据插入到已经从小到大排序的外部 RAM1000H～104FH 中去,插入后数据从小到大次序不变。

要求：

①写出算法；

②编程。

# 第五章

# 单片机中断系统

## 第一节　中断基本概念

### 一、CPU 与外设之间的数据传送方式

在单片机系统运行过程中,CPU 与 I/O 设备之间会频繁进行数据传送的操作,如图 5.1 所示。

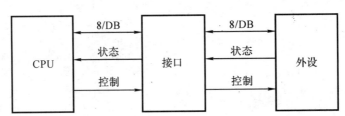

图 5.1　CPU 与外部设备的数据传送

I/O 设备也称外围设备,品种多,有机械、机电、电子等各种不同类别的设备,这些设备在与 CPU 进行数据交换时存在着速度差异以及时序上不能统一等问题。CPU 与外设之间进行数据交换的方式有直接、查询、中断、DMA 等传送方式。

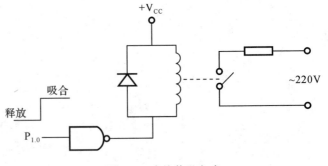

图 5.2　直接传送方式

**1. 直接传送方式**

直接传送方式也称无条件传送方式,即直接由 I/O 端口驱动外设。

例如,驱动指示灯、继电器、启动电机等,如图 5.2 所示。

**2. 查询方式**

用查询方式时,单片机与外设交换数据完全由程序控制,单片机送数据或发命令前先检查

设备状态,若条件满足则传输数据,否则继续查询,如图 5.3 所示。查询法硬件电路简单,一般只需设置 1～2 位 I/O 口线作为状态位即可。软件设计也比较简单。缺点是单片机与外设数据交换速度慢,单片机要花大量的时间查询、等待。在 1～2 个外设小系统、响应速度要求不高的情况才采用这种方法。

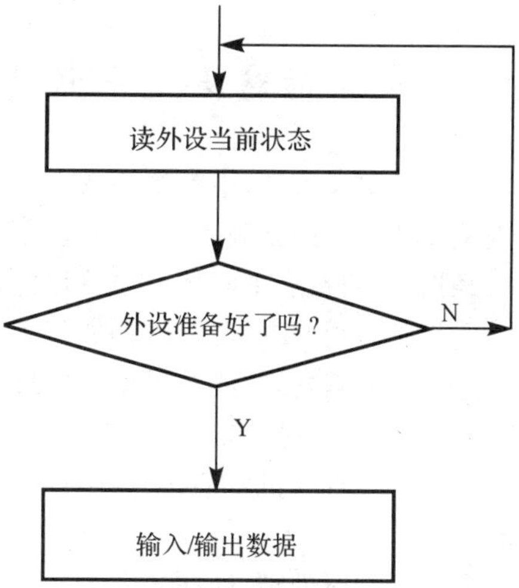

### 3. 中断方式

CPU 不主动查询外设,只执行自己的程序,当外设准备好需要单片机提供服务时,向 CPU 提出申请,若 CPU 准予该外设的请求,则放下正在执行的程序,为提出申请的外设提供服务,服务完毕后回到原来执行的程序"断点"处继续执行该程序。

图 5.3　查询工作方式

## 二、中断的定义

通常计算机只有 1 个 CPU,而 CPU 在执行程序过程中往往会遇到一些随机的紧急事件或特殊请求,需要 CPU 暂停现行程序的执行,转而执行另一段服务程序,以处理这些随机出现的事件,并在处理完毕之后,自动回到原程序执行,这一过程称之为中断。

中断现象在日常生活中随处可见,例如:某人正在用电脑查资料—身边有同事请教问题—他停止查阅资料—给同事讲解问题—手机铃声响起—他让同事稍等—拿起电话通话—通话结束挂机—继续解答同事的问题—解答完毕—继续用电脑查资料。此例中,从查资料到解答同事的问题是一次中断过程,而从解答问题到接听电话,则是在中断过程中发生的又一次中断,即所谓中断的嵌套。

计算机中断过程中的随机事件包括:外设请求与主机进行数据的读/写操作,随机发生的故障(例如:电源掉电、存储器出错等),外部产生的定时请求等。不同的随机事件要求 CPU 执行不同的中断服务程序进行处理,CPU 就转去执行相应的服务程序以对相应事件进行处理。

中断系统工作可由中断请求、中断响应、中断服务、中断返回 4 个阶段组成。采用中断技术后,计算机和各中断源在同一时间内并行工作,CPU 除执行主程序外,可分时监控及处理多个中断源,这样就大大提高了 CPU 的工作效率。

中断请求及响应流程示意如图 5.4 所示。

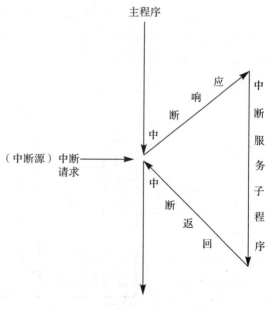

图 5.4　中断系统工作流程示意图

### 三、中断的特点及中断技术的应用

由中断定义可知,中断的特点主要体现在多项任务共享CPU,能实现程序的自动切换(从当前程序切换到中断服务程序,处理完毕之后,再返回到原程序继续执行)和具有随机性。

根据上述特点,中断技术在单片机系统中得到广泛应用,主要体现在以下几个方面:

①用于实现CPU与外设的并行运行,提高CPU的利用率。

②用于故障处理,能及时发现并自动处理单片机系统运行过程中突然发生的故障(如软、硬件故障,运算故障等)。

③用于实现人机对话,例如用户通过键盘向CPU发出请求,随时对运行中的单片机系统进行干预。

④用于实时处理,即在某个事件出现的时间内及时进行处理。例如生产过程中,对锅炉的温度、压力等参数随时进行检测,一旦出现温度过高、压力过大,要及时调节,以保证这些参数始终保持在规定范围内。

# 第二节　8051单片机中断系统

8051单片机中断系统结构如图5.5所示。它由与中断有关的特殊功能寄存器、中断向量入口、顺序查询逻辑电路等组成。它包括:5个中断请求源,4个用于中断控制的寄存器IE、IP、TCON(使用其中6位)和SCON(使用其中2位),以控制中断的类型、中断的开/关和各个中断源优先级的确定。5个中断源有两个优先级,每个中断源都可以被编程设置为高优先级或低优先级,可以实现二级中断嵌套。5个中断源均有对应的5个固定的中断入口地址(向量入口)。

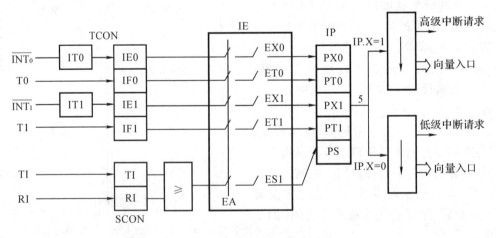

图 5.5　8051单片机中断系统结构

# 一、8051 的中断请求源

8051 提供了 5 个中断请求源,其中两个为外部中断请求源 $\overline{INT0}$(P3.2)和 $\overline{INT1}$(P3.3),两个片内定时器/计数器 T0 和 T1 的溢出中断请求源 TF0(TCON.5)和 TF1(TCON.7),1 个片内串行口的发送或接受请求源 TI(SCON.1)或 RI(SCON.0),它们分别由特殊功能寄存器 TCON 和 SCON 的相应位锁存。

### 1. 外部中断请求源

8051 的两个外部中断源由引脚 $\overline{INT0}$(P3.2)和 $\overline{INT1}$(P3.3)输入,分别称为外部中断 0 和外部中断 1,用于接收外部事件引起的中断请求。其请求信号输入的方式(触发方式)有两种:低电平触发方式和负跳变触发方式。

外部中断 0 和外部中断 1 的触发方式由定时器/计数器控制寄存器 TCON 的低 4 位状态确定,见表 5.1。

表 5.1 定时器/计数器控制寄存器 TCON 的格式

| 位序 | D7 | D6 | D5 | D4 | D3 | D2 | D1 | D0 |
|------|----|----|----|----|----|----|----|----|
| 位功能 | TF1 | TR1 | TF0 | TR0 | IE1 | IT1 | IE0 | IT0 |

TCON 的字节地址为 88H,其中各位地址从 D0 位开始分别为 88H ~ 8FH。TCON 中 D0~D3 位的功能描述如下:

①IT0:外部中断源 $\overline{INT0}$ 的触发方式控制位,可由软件进行置 1 或清 0。当 IT0=0 时,$\overline{INT0}$ 为低电平触发方式;当 IT0=1 时,$\overline{INT0}$ 为负跳变触发方式。

②IE0:当 CPU 采样到 $\overline{INT0}$ 端出现有效中断请求时,IE0 位由单片机内部硬件置 1,中断响应完成后转向中断服务时,IE0 位再由单片机内部硬件自动清 0。

③IT1、IE1:其功能与 IT0、IE0 相似,它们对应外部中断源 $\overline{INT1}$。

### 2. 定时中断请求源

定时中断是为了满足定时或计数的需要而设置的,单片机内部有两个定时器/计数器 T0 和 T1,实现定时或计数的功能。当定时器/计数器内的计数单元发生计数溢出时,即表明定时时间间到或计数次数已满,这时计数溢出标志位 TF0 或 TF1 置 1,作为定时器/计数器向单片机申请中断请求的标志。由于这种中断是在单片机的芯片内部发生的,因此没有在芯片引脚上设置输入端。

计数溢出标志位 TF0 或 TF1 的功能描述如下:当 T0/T1 计数产生溢出时,由硬件位置 TF0/TF1 同时向 CPU 提出中断请求,当 CPU 响应该中断请求后,再由硬件将 TF0/TF1 清 0。

### 3. 串行中断请求源

串行中断用于串行数据的传送。当串行口需要传送数据时,也会向 CPU 发出一中断请求信号。因为串行中断请求也在单片机芯片内自动发生,所以也不需要在引脚上设置引入端。

8051 单片机与串行通信有关的控制寄存器主要是串行通信寄存器 SCON。SCON 的字节地址是 98H,其中与中断有关的两位是 TI 和 RI,见表 5.2。

表 5.2　串行通信寄存器 SCON

| 位序 | D7 | D6 | D5 | D4 | D3 | D2 | D1 | D0 |
|------|----|----|----|----|----|----|----|----|
| 位功能 | — | — | — | — | — | — | TI | RI |

TI 或 RI 的功能描述如下：

①TI：串行口发送中断请求标志位。当串行口发送完一帧串行数据后，TI 位由硬件置 1；在转向中断服务程序后，应当及时用指令将 TI 位清 0。

②RI：串行口接收中断请求标志位。当串行口接收完一帧串行数据后，RI 位由硬件置 1；在转向中断服务程序后，也应当及时用指令将 RI 位清 0。

## 二、中断源的自然优先级与中断服务程序入口地址

### 1. 中断源的自然优先级

如上所述，在 8051 中有 5 个独立的中断源，它们可分别被设置成不同的优先级。若都被设置成同一优先级，则这 5 个中断源会因硬件的组成不同而形成不同的内部序号，从而构成不同的自然优先级，其排列顺序如表 5.3 所示。

表 5.3　8051 单片机中断源自然优先级排序

| 中断源 | 同级内部自然优先级 |
|--------|-------------------|
| 外部中断 0 | 最高级 |
| 定时器 T0 | ↓ |
| 外部中断 1 |  |
| 定时器 T1 |  |
| 串行口 | 最低级 |

### 2. 中断服务程序入口地址

对应 8051 单片机的 5 个独立的中断源，有相应的中断服务程序。这些程序入口有固定的存放地址，这样在产生了相应的中断以后，CPU 可自动转到相应的位置去找到相应的中断服务程序并执行 8051 中 5 个独立中断源所对应的向量地址，见表 5.4。

表 5.4　8051 单片机各中断源的入口地址表

| 中断源 | 中断入口地址 |
|--------|-------------|
| 外部中断 0 | 0003H |
| 定时器 T0 | 000BH |
| 外部中断 1 | 0013H |
| 定时器 T1 | 001BH |
| 串行口 | 0023H |

由表 5.4 可知，一个中断向量入口地址到下一个中断向量入口地址之间（如 0000H～000BH）只有 8 个单元，也就是说如果中断服务程序的长度超过了 8 个字节，就会占用下一个中断的入口地址而导致出错。一般情况下，一段中断服务程序只占用少于或等于 8 字节的情况是微乎其微的。因此，在实际应用中，通常的做法是在中断入口地址所对应的 8 个字节内写一条"LJMP ××××H"指令（3 字节），这样可以把实际的中断服务程序放到 ROM 的任何一个区域。

# 第三节 8051 单片机的中断控制

在 8051 单片机的中断系统中,对中断的控制除了前述的特殊功能寄存器 TCON 和 SCON 中的某些位外,还有两个特殊功能寄存器 IE 和 IP,它们专门用于中断控制,分别用来设定各个中断源的打开或关闭以及中断源优先级。

## 一、中断允许控制寄存器 IE

在 8051 单片机的中断系统中,中断的允许或禁止是由片内可进行位寻址的 8 位中断允许寄存器 IE 来控制的。它分别控制 CPU 对所有中断源的开放或禁止以及对每个中断源的开放/禁止状态。

IE 的字节地址为 0A8H,可以进行位寻址,IE 中各位的定义见表 5.5。

表 5.5 中断允许控制寄存器 IE

| 位序 | D7 | D6 | D5 | D4 | D3 | D2 | D1 | D0 |
|------|----|----|----|----|----|----|----|----|
| 位功能 | EA | — | — | ES | ET1 | EX1 | ET0 | EX0 |

对 IE 各位的功能描述如下:

①EA(IE.7):CPU 中断总允许标志位

　EA=1,CPU 开放所有中断;

　EA=0,CPU 禁止所有中断。

②ES(IE.4):串行口中断允许位

　ES=1,允许串行口中断;

　ES=0,禁止串行口中断。

③ET1(IE.3):定时器 T1 中断允许位

　ET1=0,禁止 T1 中断;

　ET1=1,允许 T1 中断。

④EX1(IE.2):外部中断 1 中断允许位

　EX1=0,禁止外部中断 1 中断;

　EX1=1,允许外部中断 1 中断。

⑤ET0(IE.0)和 EX0(IE.0):分别为定时器 T0 和外部中断 0 的允许控制位,其功能与 ET1 和 EX1 相同。

对 IE 中各位的状态,可利用指令分别进行置 1 或清 0,实现对所有中断源的中断开放控制和对各中断源的独立中断开放控制。CPU 复位后,IE 中的各位都被清 0。

## 二、中断优先级控制寄存器 IP

8051 单片机的中断系统有两个中断优先级,对每个中断源的中断请求都可以通过对中断优先级控制寄存器 IP 中有关位的状态设置。编程时设置为高优先级中断源或低优先级中断，以实现 CPU 响应中断过程的二级中断嵌套。8051 单片机中 5 个独立中断源的自然优先级排序前已述及，即使它们被编程设定为同一优先级，这 5 个中断源仍会遵循一定的排序规律实现中断嵌套。

IP 的字节地址为 0B8H，可以进行位寻址，IP 中各位的定义见表 5.6。

**表 5.6　优先级控制寄存器 IP**

| 位序 | D7 | D6 | D5 | D4 | D3 | D2 | D1 | D0 |
|------|----|----|----|----|----|----|----|----|
| 位功能 | — | — | — | PS | PT1 | PX1 | PT0 | PX0 |

对 IP 各位的功能描述如下：

①PS(IP.4)——串行口中断优先级控制位

PS＝1，串行口中断设置为高优先级中断；

PS＝0，串行口中断设置为低优先级中断。

②PT 1(IP.3)——定时器 T1 中断优先级控制位

PT1＝1，定时器 T1 中断设置为高优先级中断；

PT1＝0，定时器 T1 中断设置为低优先级中断。

③PX 1(IP.2)——外部中断 1 中断优先级控制位

PX1＝1，外部中断 1 设置为高优先级中断；

PX1＝0，外部中断 1 设置为低优先级中断。

④PT 0(IP.1)——定时器 T0 中断优先级控制位

PT0＝1，定时器 T0 中断设置为高优先级中断；

PT0＝0，定时器 T0 中断设置为低优先级中断。

⑤PX 0(IP.0)——外部中断 0 中断优先级控制位

PX0＝1，外部中断 0 设置为高优先级中断；

PX0＝0，外部中断 0 设置为低优先级中断。

# 第四节　8051 单片机的中断响应过程

8051 单片机中断响应过程如图 5.6 所示。

## 一、中断采样

中断采样是针对外部中断源进行的。要想知道外部中断源是否有中断请求，在每个机器周期对芯片引脚$\overline{INT0}$(P3.2)和$\overline{INT1}$(P3.3)进行采样，根据采样的结果来设置 TCON 寄存器中相应标志位 IE0 和 IE1 的状态，即把外部中断请求信号锁存在该寄存器中。

为了确保采样，对外部中断请求的持续时间有一定的要求：

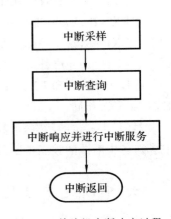

图 5.6　单片机中断响应过程

①对低电平触发的外部中断请求；若 CPU 采样到高电平,表示没有中断请求；若采样到低电平,表示有中断请求。要求加在 $\overline{INT0}$(P3.2)和 $\overline{INT1}$(P3.3)上的电平信号至少应保持 1 个机器周期(12 个晶振周期)。

②对负跳变触发的外部中断请求,CPU 在相邻的两个机器周期中,对 $\overline{INT0}$(P3.2)和 $\overline{INT1}$(P3.3)连续两次采样,如果第一次采到高电平,第二次采到低电平,表明有外部中断请求,故要保证 CPU 能正确检测出边沿的负跳变,送到 $\overline{INT0}$(P3.2)和 $\overline{INT1}$(P3.3)的高低电平至少各要持续 1 个机器周期。

在所请求的中断得到响应之前,外部中断源必须一直保持中断请求有效。

## 二、中断查询

8051 单片机把所有的中断请求汇集到 TCON 和 SCON 寄存器中,如图 5.5 所示。

①外部中断：是使用采样的方法把中断请求锁定在 TCON 寄存器的相应位中。而定时中断和串行中断的中断请求由于都发生在芯片内部,可以直接把 TCON 和 SCON 中相应的中断请求标志位置 1,不存在采样问题。

②查询：就是由 CPU 测试 TCON 和 SCON 中各标志位的状态,以确定有没有中断请求以及是哪一个中断请求。

8051 单片机是在每个机器周期的最后一个状态(S6)按先后顺序对中断请求标志位进行查询,即先查询高级中断后再查询低级中断,同级中断按"外部中断 0→定时中断 0→外部中断 1→定时中断 1→串行中断"的顺序查询。如果查询到有标志位为 1,则表明有中断请求发生,接着就从相邻的下一个机器周期的 S1 状态开始响应中断。

由于中断请求是随机发生的,CPU 无法预先得知,因此,在程序执行过程中,中断查询要在指令执行的每个机器周期中不停的重复进行。

## 三、中断响应

中断响应必须满足一定的条件,并不是查询到的所有中断请求都能够被立即响应,在存在下列情况之一时,中断响应被封锁。

①CPU 正处在一个同级的中断服务中。

②查询中断请求的当前周期不是正在执行指令的最后一个机器周期,可确保指令的完整执行。

③当前指令如果是返回指令(RET,RETI)或访问 IE、IP 的指令,必须在执行完这些指令之后,再继续执行一条指令,然后才能响应中断。

当查询到有效的中断请求,并不受封锁限制时,CPU 就进入中断响应,即由硬件自动生成一条长调用指令 LCALL,其格式为："LCALL addr16",这里的 addr16 就是程序存储器中断区中的相应中断的中断服务入口地址。在 8051 单片机中,这些入口地址已由系统设定。例如,对于外部中断 0 的响应,硬件自动生成的长调用指令为：LCALL 0003H,紧接着就由 CPU 执行该指令。即首先将 PC 的内容压入堆栈(保护断点),再将中断入口地址装入 PC,使程序转向相应的中断区入口地址,以便去执行中断服务程序。

## 四、中断响应时间

中断响应时间的计算应该从外部中断请求有效(标志位置 1)到转向中断区入口地址所需的机器周期数来计算。

8051 单片机的最短响应时间为 3 个机器周期。其中,中断响应标志查询占 1 个机器周期(即指令的最后一个机器周期),在这个机器周期结束后,中断被响应,产生 LCALL addr16 指令,执行这条长调用指令需要两个机器周期,总计 3 个机器周期。

中断响应最长的时间为 8 个机器周期。这是因为如果中断请求被前面提到的 3 个限制条件之一所限制,将使中断响应时间延长。如果正在进行的指令没有执行到最后的机器周期,所需的延长时间不会多于 3 个机器周期,因为最长的指令(乘法 MVL 和除法 DIV)为 4 个机器周期。如果正在执行的指令为 RET、RETI 或访问 IE、IP 的指令,额外的等待时间不会多于 5 个机器周期,再加上调用长指令所需的两个机器周期,从而形成了 8 个机器周期的最长响应时间。

在单一中断系统中,一般的中断响应时间在 3~8 个机器周期。如果出现同级或高级中断正在响应或服务中,需要等待时,响应时间将取决于正在执行的中断服务程序的处理时间。在精确的定时应用场合需要知道中断响应时间,而一般应用情况下无需考虑该时间。

## 五、中断返回

当 CPU 执行中断服务程序,完成规定操作后,为了能返回断点处继续原程序的执行,在中断服务程序的最后必须安排 1 条中断返回指令 RETI。CPU 执行这条指令时,将把中断响应时置位的优先级触发器复位,再从堆栈中弹出断点地址送入程序计数器 PC,使之从断点处继续执行被中断的原程序。

## 六、中断请求的撤除

在 CPU 响应中断后,TCON 或 SCON 中的中断请求标志应及时清除,否则会引起另一次中断。

下面按中断类型分别说明中断请求的撤除方法。

**1. 负跳变触发的外部中断请求的撤除**

外部中断的撤除包括中断标志位清 0 和外部中断请求信号的撤除,对负跳变触发的外部中断请求,脉冲负跳变过后,请求信号自动撤除,即当中断得到响应后,中断标志位被硬件自动清 0。

**2. 低电平触发的外部中断请求的撤除**

对于低电平触发的外部中断,中断标志是自动撤除的,但中断请求信号的低电平可能继续存在,在以后的机器周期采样时,又会把已清 0 的中断标志位 IE0 或 IE1 重新置 1。为了在中断响应后及时撤除加在引脚 $\overline{INT0}$(P3.2)和 $\overline{INT1}$(P3.3)上的中断请求。一般做法如图 5.7 所示。

把外部中断请求信号加到 D 触发器的 CP 端,并从 D 触发器的 Q 端送到引脚 $\overline{INT0}$

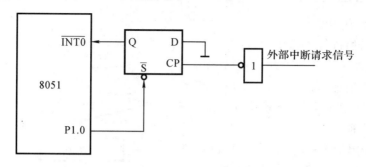

图 5.7　低电平触发外部中断请求的撤除

(P3.2)或$\overline{INT1}$(P3.3),当外部中断有请求时,D 触发器输出低电平,向 CPU 发出中断请求。CPU 响应中断后,利用 P1.0 端线输出应答信号,图中 P1.0 接在 D 触发器的置位端($\overline{S}$)。只需在中断服务程序中加上以下两条指令:

    SETB P1.0   ;P1.0 端线输出高电平

    CLR P1.0    ;P1.0 端线输出低电平

  这两条指令使 P1.0 输出一个负跳变脉冲,置位 D 触发器,从而清除加在$\overline{INT0}$(P3.2)或$\overline{INT1}$(P3.3)上的低电平,撤除中断请求。

### 3. 定时中断请求的撤除

  对于定时器溢出产生的中断,CPU 在响应中断后,就由硬件自动把 TCON 中的标志位 TF0(或 TF1)清 0。因此定时中断请求是自动撤除的,不需要用户干预。

### 4. 串行中断请求的撤除

  对于串行口请求的中断,CPU 响应中断后,硬件不能自动清除中断请求,因此必须在中断服务程序中用指令把 SCON 中的 TI 和 RI 清 0,以撤除中断请求。

# 第五节　8051 单片机的中断服务流程及中断程序举例

## 一、8051 单片机中断服务流程

8051 单片机中断服务流程如图 5.8 所示。

当中断响应条件得到满足时,中断得到响应,CPU 转入中断服务程序,要进行以下工作:

### 1. 现场保护和现场恢复

  所谓现场,是指中断时刻单片机中重要寄存器或存储单元中的数据或状态。为了使中断服务程序的执行不破坏这些数据或状态,以免中断返回后影响主程序的运行,需要把它们压入堆栈中保存起来,即现场保护。现场保护一定要位于中断处理程序的前面,要保护哪些现场由用户根据中断处理的情况决定。

  中断服务结束后,在返回主程序之前,要把保护的现场从堆栈中弹出,即现场恢复。可见,现场恢复要位于中断服务程序的后面。

## 2. 关中断和开中断

在一个中断的执行过程中,又可能有新的中断请求到来,但对于重要的中断,必须处理完毕,不允许被其他中断嵌套。为此,除使用中断优先级的办法外,还可以采用关中断的方法来解决。即在保护现场之前先关闭中断系统,彻底屏蔽其他中断请求,待中断处理完毕后再打开其他中断。

还有一种情况是中断处理可以被打断,但现场的保护和恢复过程不允许被打断,以免现场被破坏,为此在现场保护和恢复的前后要关中断。这样,除现场保护和现场恢复的时刻之外,仍然保持着系统的中断嵌套功能。

## 3. 中断处理

中断处理是中断服务程序的核心内容,是中断的具体目的。

## 4. 中断返回

中断返回是将 CPU 从中断服务程序转回到被中断的原程序上去。

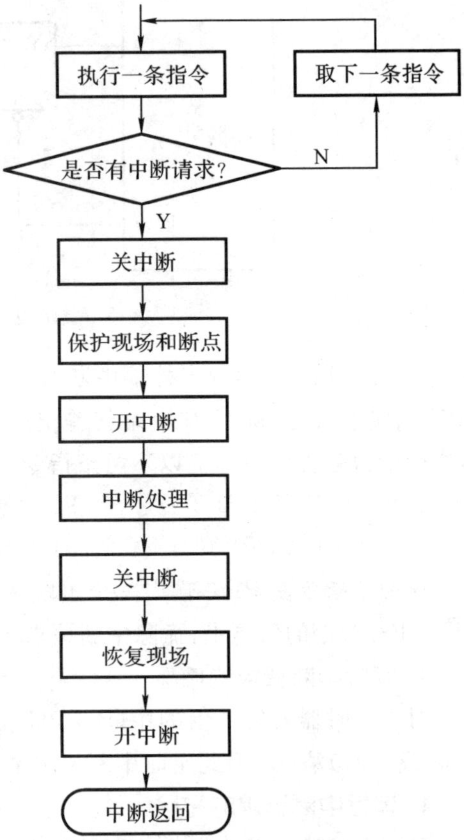

# 二、中断程序举例

**例 5-1** 如图 5.9 所示为一检测报警电路,图中按键 AN 为无锁按钮开关,P1.0、P1.1 分别为驱动声、光报警电路。P1.0、P1.1 端线输出"1"时报警电路工作。试设计一程序,每当按键按下一次后,P1.0、P1.1 输出报警信号 10 秒钟,并使内部 RAM 55H 单元数据加 1,设 10 秒钟延时子程序为 DELLAY10。

参考程序如下:

(1) 主程序

```
        ORG 0000H
        LJMP MAIN              ;上电或复位后自动转向主程序。
        ORG 0003H             ;外中断 0 入口地址为 0003H。
        LJMP BJ               ;转向中断服务子程序。
        ORG 0030H
MAIN: MOV 55H,#00H           ;计数器清 0。
        CLR P1.0              ;关报警。
        CLR P1.1
        MOV SP,#30H           ;设置堆栈指针。
        SETB IT0              ;选择边沿触发中断方式。
        SETB EA               ;允许总中断。
        SETB EX0              ;允许 INT0 申请中断。
```

图 5.8　中断服务流程图

HERE: SJMP HERE　　　　　　　　　　　　;等待中断。

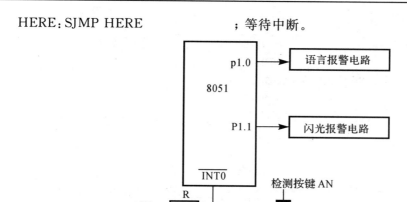

图 5.9　例 5-1 硬件电路

(2)中断服务子程序

```
        ORG     00A0H
BJ: PUSH    ACC              ;保护现场。
        MOV     A，  #03H
        MOV     P1，  A       ;P1.0、P1.1 置 1,即发出声、光报警。
        LCALL   DELAY10      ;延时 10S。
        MOV     A，  #00H
        MOV     P1，  A       ;清报警。
        INC     55H          ;计数器加 1。
        POP     ACC          ;现场恢复。
        RETI                 ;中断返回。
```

本检测报警器系统工作过程如下:

①启动单片机,使其完成初始化运行后,系统在原地踏步指令 SJMP HERE 处停留以等待外部中断请求信号(检测按键 AN 按下)到来,在此期间单片机 CPU 每隔一段时间定期检测 $\overline{INT0}$ 端线的输入状态。

②当按键 AN 按下后,即通过 $\overline{INT0}$ 端线向单片机输入一负脉冲(下降沿)信号。

③当单片机 CPU 检测到 $\overline{INT0}$ 端的下降沿信号时,认定是外部中断请求信号,即自动将 TCON 中的外部中断 0 标志位 IE0 置 1,并实施以下操作:

・封锁同级和低级中断源的中断请求;

・自动形成并执行 LCALL 0003H 指令,使程序跳转至外部中断 0 的入口地址 0003H,如图 5.10 所示。

④由于程序存储器 0003H 单元事先已存放了无条件转移指令 LJMP BJ,因此单片机又再次自动跳转到中断服务程序 BJ 的入口地址 00A0H,此时单片机真正开始运行中断服务程序 BJ。

⑤在中断服务程序 BJ 中,单片机首先将累加器 ACC 中的数据推入堆栈保护(PUSH ACC),然后将 P1 口的输出端线 P1.0、P1.1 置 1(使 P1.0、P1.1 输出高电平)并持续稳定 10s,从而使声、光报警器报警持续 10s 后关报警(使 P1.0、P1.1 输出低电平)。

⑥将原存放在堆栈中的数据送回累加器 ACC(用 POP ACC 指令恢复 ACC 原有数据)。

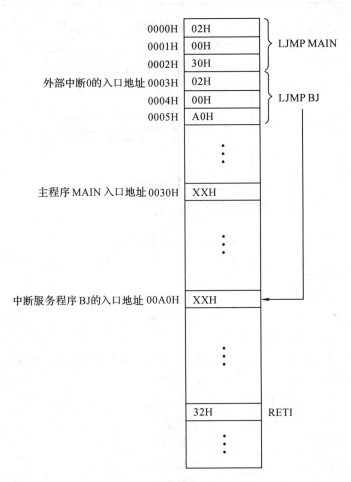

图 5.10　例 5-1 中断服务程序跳转示意图

⑦最后执行 RETI 指令,使单片机退出 BJ 服务程序,重新回到原地踏步指令 SJMP HERE 处等待下一次中断请求信号到来。

**说明:**

① 单片机上电复位之后,从 0000H 单元开始执行程序"LJMP MAIN",跳到主程序开始执行,完成单片机的初始化,主要工作有设置堆栈指针、中断允许、外中断源触发方式以及中断优先级等;

② 按键 AN 按下之后,8051 单片机检测到 $\overline{INT0}$ 端的下降沿脉冲,认定是外部中断请求,开始进行中断服务操作;

③ 中断服务结束一定要执行"RETI"指令,这样才能使 CPU 退出中断服务程序后回到中断操作前的"断点"处继续执行原来的程序;

④ 在实际应用电路中应当考虑按键 AN 的消抖问题;

⑤ 在实际应用场合,主程序不一定要原地踏步等待中断,完全可以做其他工作。

**例 5-2**　如图 5.11 所示,当按键 AN1 或 AN2 按下时,会产生中断。试编程将 $\overline{INT0}$ 设为低优先级,$\overline{INT1}$ 设为高优先级。主程序执行时循序点亮 LED;当 $\overline{INT0}$ 产生中断后,执行中断子程序 1,此时,8 只 LED 全亮然后全暗,如此 16 次后,返回主程序;当 $\overline{INT1}$ 产生中断后,执行中断子程序 2,此时,8 只 LED 则为一次亮 4 只,然后亮另外 4 只,如此 16 次后,返回主程序。

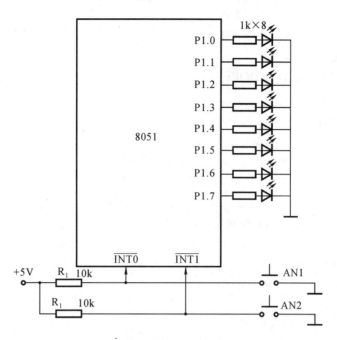

图 5.11　例 5-2 硬件电路

参考程序如下：

（1）主程序

```
        ORG     0000H
        LJMP    MAIN
        ORG     0003H
        LJMP    INT0
        ORG     0013H
        LJMP    INT1
        ORG     0030H
MAIN：MOV      SP，  ♯30H        ；设堆栈指针。
        SETB    PX1              ；设外部中断 1 优先级为高。
        CLR     PX0              ；设外部中断 0 优先级为低。
        MOV     TCON，♯05H      ；设边沿触发。
        SETB    EA               ；允许总中断。
        SETB    EX0              ；允许 INT0 中断。
        SETB    EX1              ；允许 INT1 中断。
        MOV     A，   ♯01H       ；从 P1.7 至 P1.0 循序亮一只。
TOR1：RR       A
        MOV     P1，  A
        LCALL   DELAY            ；延时。
        LJMP    TOR1
```

（2）延时子程序

```
        ORG     00A0H
```

```
DELAYMOV     R3，  ＃0FFH
LOOP：MOV     R4，  ＃0FFH
      DJNZ    R4，  $
      DJNZ    R3，  LOOP
      RET
```

(3) INT0 中断服务子程序

```
      ORG     0100H
INT0： PUSH    PSW              ;保护现场。
      PUSH    ACC
      MOV     R0，  ＃10H       ;循环 16 次。
LOOP1:MOV     A，  ＃0FFH       ;全亮。
      MOV     P1，A
      LCALL   DELAY            ;延迟。
      MOV     A，  ＃00H        ;全暗。
      MOV     P1，  A
      LCALL   DELAY            ;延迟。
      DJNZ    R0，  LOOP1
      POP     ACC              ;恢复现场。
      POP     PSW
      RETI
```

(4) INT1 中断服务子程序

```
      ORG     0200H
INT1： PUSH    PSW              ;保护现场。
      PUSH    ACC
      PUSH    00H              ;保护 R0 内容
      MOV     R0，＃10H         ;执行 16 次。
LOOP2 MOV     A，＃0FH          ;一次点亮 4 只。
      MOV     P1，A
      LCALL   DELAY            ;延迟。
      MOV     A，＃0F0H         ;点亮另外 4 只。
      MOV     P1，A
      LCALL   DELAY            ;延时。
      DJNZ    R0，LOOP2
      POP     00H
      POP     ACC              ;恢复现场。
      POP     PSW
      RETI
      END
```

# 思考与练习

**5-1**　什么是中断和中断系统,它们的主要功能是什么?

**5-2**　以外部中断源$\overline{\text{INT1}}$为例,叙述 8051 中断响应的全过程。

**5-3**　在 5 个中断源中,哪些中断标志位是在 CPU 响应中断请求后自动清 0,哪些需用指令(软件)清 0?

**5-4**　说明在程序存储器 0003H～002AH 区域开辟各中断源入口地址的意义,并说明每个中断源的入口地址。

**5-5**　8051 单片机在响应某中断请求后,如何转向该中断源和中断入口地址?

**5-6**　在各中断入口地址中通常存放 1 条无条件转移指令,这样做意义何在? 什么情况下直接存放中断服务程序?

**5-7**　试编写对 MCS-51 单片机中断系统的初始化程序,允许$\overline{\text{INT1}}$及串行口中断,并使$\overline{\text{INT1}}$中断源为低电平方式高优先级中断。

**5-8**　如下图所示,试编写一程序,每当 AN 按下一次后,从 P1.0 输出一个延时 20ms 的脉冲波,并使内部 RAM50H 单元内容加 1。

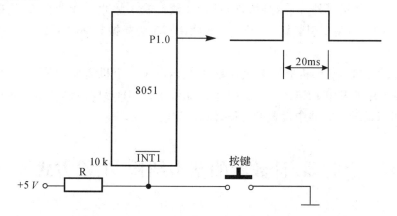

# 第六章

# 定时器/计数器

## 第一节 概 述

8051 内部提供两个 16 位的定时器/计数器 T0 和 T1,它们既可以用作硬件定时,也可以对外部脉冲计数。

**1. 计数功能**

所谓计数功能,是指对外部脉冲(事件)进行计数。输入脉冲下降沿有效,从单片机芯片 T0(P3.4)和 T1(P3.5)两个引脚输入,最高计数脉冲频率为晶振频率的 1/24。

**2. 定时功能**

以定时方式工作时,每个机器周期使计数器加 1,由于一个机器周期等于 12 个振荡脉冲周期。因此,若单片机采用 12MHz 晶振,则计数频率为 12MHz/12＝1MHz,即每微秒计数器加 1。这样就可以根据计数器中设置的初值计算出定时时间。

## 第二节 定时器/计数器的基本结构、工作方式及应用

### 一、定时器/计数器基本结构

定时器/计数器的基本结构如图 6.1 所示。T0 由 TH0 和 TL0 这两个 8 位二进制加法计

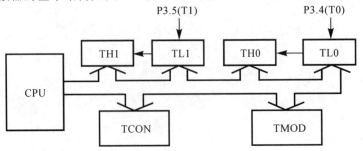

图 6.1 定时器/计数器基本组成

数器组成 16 位二进制加法计数器；T1 由 TH1 和 TL1 这两个 8 位二进制加法计数器组成 16 位二进制加法计数器。

## 二、定时器/计数器控制寄存器

### 1. 定时器方式控制寄存器 TMOD

定时器方式控制寄存器 TMOD 地址为 89H，不可位寻址。TMOD 中高 4 位定义 T1，低 4 位定义 T0。其中 M1，M0 用来确定所选工作方式，如表 6.1 及表 6.2 所示。

表 6.1　定时器方式控制寄存器 TMOD

| 位序 | B7 | B6 | B5 | B4 | B3 | B2 | B1 | B0 |
|---|---|---|---|---|---|---|---|---|
| 位符号 | GATE | C/$\overline{\text{T}}$ | M1 | M0 | GATE | C/$\overline{\text{T}}$ | M1 | M0 |

定时/计数器 T1　　　　　　　　　　定时/计数器 T0

表 6.2　TMOD 控制位功能

| 符号 | 功能说明 |
|---|---|
| GATE | 门控位。<br>GATE=0，用运行控制位 TR0(TR1) 启动定时器。<br>GATE=1，用外中断请求信号输入端($\overline{\text{INT1}}$或$\overline{\text{INT0}}$)和 TR1(TR0) 共同启动定时器。 |
| C/$\overline{\text{T}}$ | 定时方式或计数方式选择位。<br>C/$\overline{\text{T}}$=0，定时工作方式。<br>C/$\overline{\text{T}}$=1，计数工作方式。 |
| M1 M0 | 工作方式选择位。<br>M1 M0=00 方式 0，13 位计数器。<br>M1 M0=01 方式 1，16 位计数器。<br>M1 M0=10 方式 2，具有自动再装入的 8 位计数器。<br>M1 M0=11 方式 3，定时器 0 分成两个 8 位计数器，定时器 1 停止计数。 |

### 2. 定时器控制寄存器 TCON

定时器控制寄存器 TCON 地址为 88H，可以位寻址。TCON 主要用于控制定时器的操作及中断。有关中断内容在第四章已说明，此处只对定时控制功能加以介绍。表 6.3 及表 6.4 给出了 TCON 有关控制位功能。

表 6.3　定时器控制寄存器 TCON

| 位地址 | 8F | 8E | 8D | 8C | 8B | 8A | 89 | 88 |
|---|---|---|---|---|---|---|---|---|
| 位符号 | TF1 | TR1 | TF0 | TR0 | IE1 | IT1 | IE0 | IT0 |

**表 6.4　TCON 有关控制位功能**

| 符号 | 功　能　说　明 |
|---|---|
| TF1 | 计数/计时 1 溢出标志位。计数/计时 1 溢出(计满)时,该位置 1。在中断方式时,此位作中断标志位,在转向中断服务程序时由硬件自动清 0。在查询方式时,也可以由程序查询和清 0。 |
| TR1 | 定时器/计数器 1 运行控制位。<br>TR1=0,停止定时器/计数器 1 工作。<br>TR1=1,启动定时器/计数器 1 工作。<br>该位由软件置 1 和清 0。 |
| TF0 | 计数/计时 0 溢出标志位。计数/计时 0 溢出(计满)时,该位置 1。在中断方式时,此位作中断标志位,在转向中断服务程序时由硬件自动清 0。在查询方式时,也可以由程序查询和清 0。 |
| TR0 | 定时器/计数器 0 运行控制位。<br>TR0=0,停止定时器/计数器 0 工作。<br>TR0=1,启动定时器/计数器 0 工作。<br>该位由软件置 1 和清 0。 |

系统复位时,TMOD 和 TCON 寄存器的每一位都清 0。

# 三、工作方式及应用

用户可通过编程对专用寄存器 TMOD 中的 M1、M0 位的设置,选择四种不同的操作方式。

## 1. 方式 0(以 T0 为例)

在此方式中,定时寄存器由 TH0 的 8 位和 TL0 的低 5 位(其余位不用)组成一个 13 位计数器。当 GATE=0 时,只要 TCON 中的 TR0 为 1,13 位计数器就开始计数;当 GATE=1 以及 TR0=1 时,13 位计数器是否计数取决于 $\overline{INT0}$ 引脚信号,当 $\overline{INT0}$ 由 0 变 1 时开始计数,当 $\overline{INT0}$ 由 1 变为 0 时停止计数(此时,$\overline{INT0}$ 引脚也起控制 T0 的作用)。

当 13 位计数器溢出时,TCON 的 TF0 位就由硬件置 1,同时将计数器清 0。

当方式 0 为定时工作方式时,定时时间计算公式为:

$$(2^{13} - 计数初值 X) \times 晶振周期 \times 12$$

当方式 0 为计数工作方式时,计数值的范围是:$1 \sim 2^{13}(8192)$。

方式 0 内部逻辑框图如图 6.2 所示。

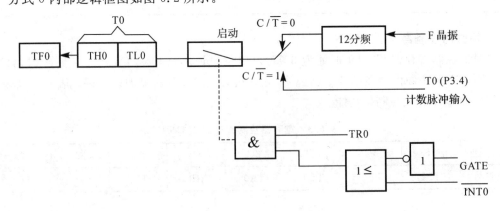

图 6.2　方式 0 内部逻辑结构图

**例 6-1** 设单片机晶振频率为 6MHz,试用 T0 在 P1.0 端线输出周期为 1ms 的方波脉冲,如图 6.3 所示。试用方式 0 分别以查询方式和中断方式实现。

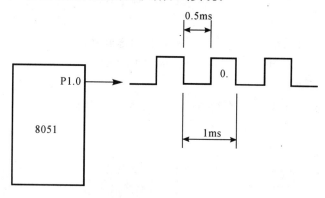

图 6.3 例 6-1 示图

**解**

(1)采用查询方式

①计数初值计算

由题意可得,只需从 P1.0 端线每延时 $500\mu s$ 后交替输出高低电平即可。

因为

$$(2^{13}-X)\frac{1}{6}\times12=500(\mu s)$$

所以 记数初值 $X=2^{13}-250=7942_{10}=1111100000110B$

即 TH0=F8H, TL0=06H

②TMOD 设置

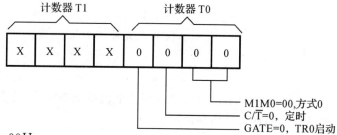

得(TMOD)=00H

由此可得参考程序如下:

```
            ORG    0000H
            AJMP   MAIN              ;转向主程序。
            ORG    0040H
MAIN：MOV    SP,#30H            ;堆栈设置。
            MOV    TMOD,#00H         ;TMOD 初始化。
            MOV    TH0,#0F8H
            MOV    TL0,#06H          ;设置计数初值。
            MOV    IE,#00H           ;禁止中断。
            SETB   TR0               ;启动 T0。
LOOP：JBC    TF0,LOOP1         ;定时到,转 LOOP1,并将 TF0 清 0,否则按原顺
                                     序执行。
```

```
        AJMP    LOOP              ;继续查询。
LOOP1:MOV      TH0,♯0F8H         ;重新设置计数初值。
        MOV     TL0,♯06H
        CPL     P1.0              ;输出状态翻转。
        AJMP    LOOP              ;返回 LOOP。
```

(2)采用中断方式

中断方式中,计数初值 X 和 TMOD 的设置与查询方式相同。

采用中断方式参考程序如下:

```
        ORG     0000H
        AJMP    MAIN              ;转向主程序。
        ORG     000BH             ;T0 中断服务程序固定入口地址。
        AJMP    ZD                ;转向 T0 中断服务程序。
        ORG     0040H
MAIN:MOV       SP, ♯30H          ;设置堆栈指针。
        MOV     TMOD, ♯00H        ;TMOD 初始化。
        MOV     TH0, ♯0F8H        ;设置计数初值。
        MOV     TL0, ♯06H
        SETB    ET0               ;开放 T0 中断。
        SETB    EA                ;开放总中断。
        SETB    TR0               ;启动 T0。
HERE:AJMP      HERE              ;等待中断。
ZD:   CPL      P1.0              ;输出取反。
        MOV     TH0, ♯0F8H        ;重新设置计数初值。
        MOV     TL0, ♯06H
        RETI                      ;返回。
```

在实际应用中,由于中断请求及响应过程要占用几个机器周期时间,故实际输出波形的周期略大于 1ms,可在调试中适当修改计数初值解决。

**2.方式 1**

方式 1 采用 16 位计数结构的工作方式,其余与方式 0 相同。显然,方式 1 的定时时间计算公式为:

$(2^{16} -$ 计数初值$) \times$ 晶振周期 $\times 12$

计数范围是:$1 \sim 2^{16}(65536)$

**3.方式 2**

方式 2 是由 TL 组成 8 位计数器。TH 作为常数缓冲器,由软件预置初始值。当 TL 产生溢出时,一方面使溢出标志位 TF 置 1;同时把 TH 的 8 位数据自动重新装入 TL 中,即方式 2 具有自动重新加载功能。

方式 2 的逻辑结构见图 6.4(以定时器/计数器 0 为例)。

**例 6-2** 用 8051 对外部脉冲进行计数,每计满 100 个脉冲后,使内部 40H 单元内容加 1,用 T0 以方式 2 中断实现,TR0 启动。

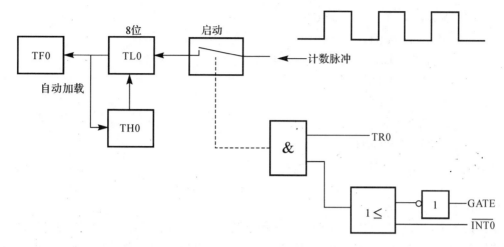

图 6.4 方式 2 逻辑结构图

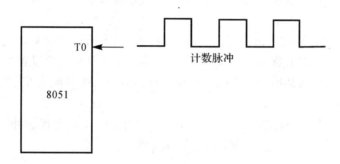

例 6-2 示意图

**解**

（1）计数初值计算（方式 2）

因为 $(2^8 - X) = 100$

所以 $X = 2^8 - 100 = 156D = 9CH$

（2）TMOD 设置

用 T0 以方式 2 实现，TR0 启动，可得：

$(TMOD) = 00000110B = 06H$

（3）中断系统设置

EA = 1，ET0 = 1；中断入口地址：000BH

（4）参考程序

```
        ORG     0000H
        AJMP    MAIN
        ORG     000BH
        AJMP    ZD
MAIN：ORG     0040H
        MOV     SP,     #30H  ;初始化。
        MOV     TMOD,   #06H
        MOV     TH0,    #9CH
```

```
        MOV     TL0，      ＃9CH
        MOV     40H，      ＃00H
        SETB    EA                    ;中断设置。
        SETB    ET0
        SETB    TR0
        AJMP    $
        ORG     0080H
ZD：     INC     40H
        RETI
```

**4. 方式 3**

在方式 3 中，TL0 和 TH0 成为两个相互独立的 8 位计数器。TL0 占用了全部 T0 的控制位和信号引脚，即 GATE、C/$\overline{T}$、TR0、TF0 等。而 TH0 只用作定时器使用。而且，由于定时器/计数器 0 的控制位已被 TL0 独占，因此 TH0 只好借用定时器/计数器 1 的控制位 TR1 和 TF1 进行工作。

同时，由于 TR1、TF1 已"出借"给 TH0、TH1 和 TL1 的溢出就只能送给串行口，作为串行口时钟信号发生器（即波特率信号发生器，详见第八章），并且只要设置好工作方式（方式 0、方式 1、方式 2）以及计数初值，T1 无须启动即可自动运行。如要停止 T1 工作，只要将其设置为工作方式 3 即可。

**例 6-3**　试用 T0 在 P1.0 输出周期为 $400\mu s$，占空比为 $10：1$ 的矩形脉冲，以定时工作方式 2 编程实现（查询方式）。设 $F_{晶振}＝6MHz$，如图 6.5 所示。

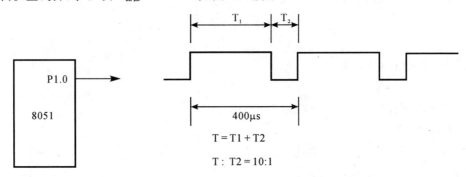

图 6.5　例 6-3 示意图

**解**　由题意可知，P1.0 输出高电平持续 $360\mu s$，输出低电平持续 $40\mu s$。

（1）计数初值计算

定时工作方式 2 中 TL0 为 8 位计数器，TH0 为预置寄存器。延时 $360\mu s$ 计数初值 X1 计算公式为：

因为　　$(2^8－X1)\times12\div6＝360(\mu s)$

所以　　$X1＝4CH$

短延时 $40\mu s$ 计数初值 X2 计算公式为：

$(2^8－X2)\times12\div6＝40(\mu s)$

$X2＝ECH$

(2)TMOD 设置

(TMOD)=00000010H=02H

(3)采用查询方式(禁止中断)

(4)程序流程图(算法)如图 6.6 所示。

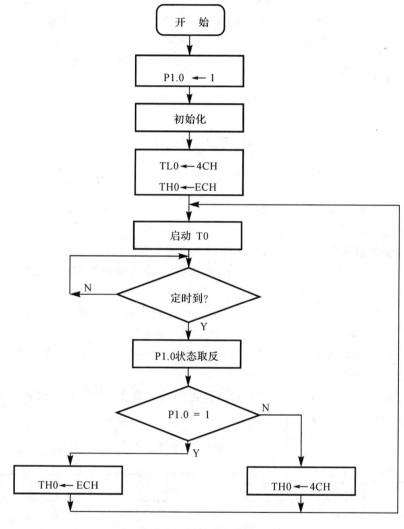

图 6.6 例 6-3 程序流程图(算法)

(5)参考程序如下

```
        ORG     0000H
        AJMP    MAIN
        ORG     0040H
MAIN:   MOV     SP,     #30H
        SETB    P1.0            ;P1.0←1。
        MOV     TMOD,   #02H    ;TMOD 初始化。
        MOV     IE,     #00H    ;禁止中断。
        MOV     TL0,    #4CH    ;装入计数初值。
        MOV     TH0,    #0ECH
```

```
AGAIN：SETB    TR0                        ；启动 T0。
LOOP： JBC      TF0，     LOOP1           ；定时到？
       AJMP     LOOP                       ；未到，继续等待。
LOOP1：CPL      P1.0                       ；定时到，P1.0 状态取反。
       JNB      P1.0，    LOOP2           ；P1.0 为零转移。
       MOV      TH0，     ♯0ECH           ；P1.0 为 1,装短延时计数初值。
       AJMP     AGAIN                      ；循环。
LOOP2：MOV      TH0，     ♯4CH            ；P1.0 为零,装长延时计数初值。
       AJMP     AGAIN                      ；循环。
```

# 思考与练习

**6-1**　请叙述 8051 单片机 4 种定时工作方式的特点。

**6-2**　设晶振频率为 12MHz,试编写一个用软件延时 10ms 的子程序。

**6-3**　试用软、硬件相结合的方法编写一个延时 10s 的子程序。

**6-4**　试编写程序,使 T0 以方式 1 每隔 20ms 向 CPU 发出中断申请,设晶振频率为 6MHz, TR0 启动。

**6-5**　试编写程序,使 8051 对外部事件（脉冲）进行计数,每计满 1000 个脉冲后使内部 RAM 60H 单元内容加一,用 T0 以方式 1 中断实现,TR0 启动。

**6-6**　试编程用 T1 以方式 1 从 P1.0 端线输出频率为 50KHz 的等宽矩形波。已知晶振频率为 12MHz,TR1 启动,查询方式实现。

**6-7**　有晶振频率为 6MHz 的 MCS-51 单片机,使用定时器 T1 以定时工作方式 2 从 P1.2 端线输出周期为 $200\mu s$,占空比为 5:1 的矩形脉冲,TR1 启动。

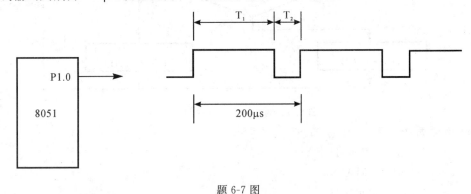

题 6-7 图

# 第七章

# 8051 单片机系统扩展与接口技术

## 第一节 概 述

### 一、系统扩展的原因及一般方法

单片机芯片内具有 CPU、ROM、RAM、定时器/计数器及 I/O 口等,因此,一个单片机芯片事实上已经是一台名符其实的计算机了。但由于单片机内部资源毕竟有限,在许多较为复杂的应用领域中,其内部资源就可能不够用。这时,必须对单片机系统进行资源性扩展,从而构成一个功能更强的单片机系统。

8051 单片机系统扩展的方法有哪些呢? 比较典型、规范的方法是采用三总线结构形式。所谓总线(BUS),就是指系统扩展部件共同享有的一组公共信号线。如图 7.1 所示。这种方法的基本思路是:整个系统所有外部扩展的部件(ROM、RAM 和 I/O 口),都通过同一组数据信号线(与数据总线)跟单片机进行数据的交换;单片机是整个系统的"总司令",只有它发号施令了,得到"命令"的外部扩展部件才传送数据给单片机或者接收单片机发送过来的数据,没有得到"命令"的外部扩展部件则"原地不动"。"总司令"的"命令"是通过地址总线与控制总线传送到外部扩展部件的。

下面分别介绍上述 3 类总线即地址总线、数据总线和控制总线。

**1. 地址总线(Address Bus,简写为 AB)**

地址总线可传送单片机送出的地址信号,用于访问外部存储器单元或 I/O 端口。地址总线是单向的,地址信号只是由单片机向外发出。地址总线的数目决定了可直接访问的存储器单元的数目。例如 N 位地址总线,可以产生 $2^N$ 个连续地址编码(地址范围是 $0000 \sim 2^N - 1$),因此可访问 $2^N$ 个存储单元,即通常所说的寻址范围为 $2^N$ 个地址单元。通常,地址线数量越多,可扩展的外部单元就越多。MCS-51 单片机有 16 根地址线,因此存储器扩展范围可达 $2^{16}$ $= 64$KB 地址单元。挂在总线上的器件,只有地址被选中的单元才能与 CPU 交换数据,其余的都暂时不能操作,否则会引起数据冲突。

**2. 数据总线(Data Bus,简写为 DB)**

数据总线用于在单片机与存储器之间或单片机与 I/O 端口之间传送数据。单片机系统

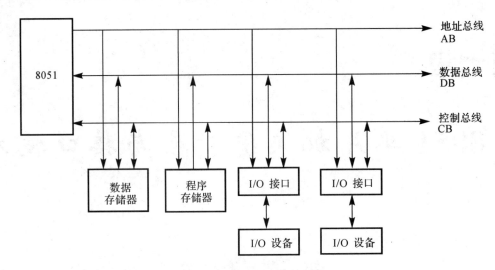

图 7.1　8051 芯片系统扩展结构图

数据总线的位数(可以理解为数据总线的根数)与单片机处理数据的字长一致。例如 MCS-51 单片机是 8 位字长,所以数据总线的位数也是 8 位。数据总线是双向的,扩展部件既可以接收单片机发送的数据,也可以发送数据给单片机。

**3. 控制总线(Control Bus,简写为 CB)**

控制总线实际上就是一组控制信号线,包括单片机发出的,以及从其他部件送给单片机的各种控制或联络信号。对于一条控制信号线来说,其传送方向是单向的,但是由不同方向的控制信号线组成的控制总线则是双向的。

总线结构形式大大减少了单片机系统中连接线的数目,提高了系统的可靠性,增加了系统的灵活性。此外,总线结构也使扩展易于实现,各功能部件只要符合总线规范,就可以很方便地接入系统,实现单片机扩展。

# 二、8051 单片机系统扩展的实现

8051 单片机扩展系统的 3 总线典型结构如图 7.2 所示。

图 7.2 中 74LS373 为 8D 锁存器芯片,其引脚分布及功能分别如图 7.3、表 7.1 所示。

表 7.1　74LS373 功能表

| $\overline{E}$ | G | 功能 |
| --- | --- | --- |
| 0 | 1 | 取数 Qi=Di |
| 0 | 0 | 保持 Qi 不变 |
| 1 | X | 高阻状态 |

MCS-51 单片机的 P0 口是一个地址/数据分时复用口。我们可以这样理解,在单片机与外部扩展单元交换数据的整个过程的前半段时间,P0 口传送 16 位地址信号的低 8 位,这时 ALE 为高电平有效;而在后半段时间用于传送数据(即为 8 位的数据总线),这时 ALE 为无效的低电平。

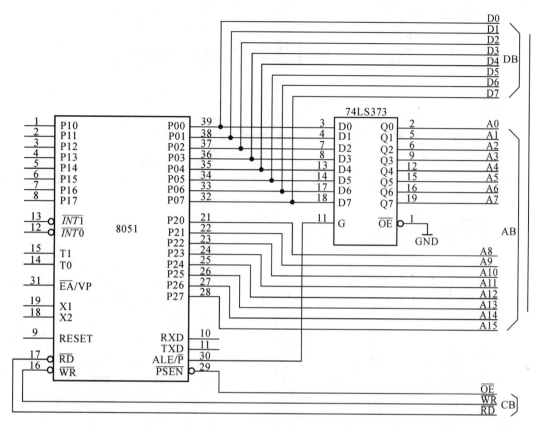

图 7.2　8051 单片机扩展构造图

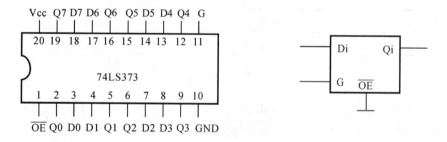

图 7.3　74LS373 芯片引脚功能图

　　由表 7.1 可知,将 74LS373 芯片 E 端接地,G 端接 8051 的 ALE 信号,数据输入端 D7～D0 接 P0 口,输出端 Q7～Q0 接外部程序存储器 A7～A0 端。当 ALE 为高电平时,将 P0 口送出的地址低 8 位信号送 373 内部锁存器保存;当 ALE 为低电平时,74LS373 输出低 8 位地址信息不变。因此,在后半段时间,P0 口用来作数据总线时,不会造成地址低 8 位信息的丢失。P2 口始终输出地址的高 8 位信号,故无需加地址锁存电路。

　　利用 P0 口输出低 8 位地址信号和 ALE 同时有效的条件,即可用锁存器(图中 74LS373)把低 8 位地址信号锁存下来。所以系统的低 8 位地址是从锁存器输出端送出的,而 P0 口本身则又可直接传送数据。高 8 位地址总线则是直接由 P2 口组成的。CPU 的每一条控制信号引脚的组合构成了控制总线。

# 第二节　单片机外部存储器扩展

## 一、单片机访问外部程序存储器基本时序

单片机在对外部程序存储器进行读操作时,地址信号、数据信号以及有关控制信号基本时序如图 7.4 所示。

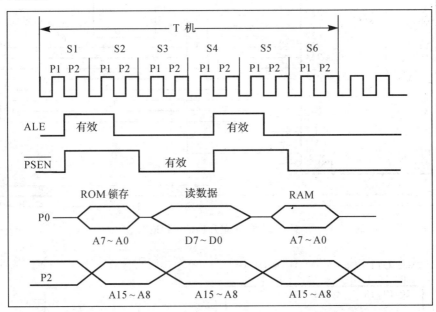

图 7.4　MCS-51 单片机访问外部程序存储器基本时序图

由图 7.4 可得,CPU 访问外部 ROM 时,先从 P0 口输出低 8 位地址信号,当 CPU 从 ALE 端输出有效信号时,可将低 8 位地址信号送至锁存器 373 保存并输出,这样由 P2 口和锁存器共同输出 16 位地址信号,然后 CPU 从 $\overline{\text{PSEN}}$ 端线输出读外部 ROM 数据有效低电平信号选通外部 ROM,这时 CPU 就可通过 P0 口从数据总线上读入外部 ROM 指定单元送出的数据。

由此可见,ROM 芯片必须在 $\overline{\text{PSEN}}$ 有效期内将指定单元的数据送到数据总线上,否则 CPU 将读不到数据。

## 二、单片机访问外部数据存储器时序

前述读 ROM 操作是为了取得指令码,该机器周期称为取指周期,而对外部 RAM 的访问称为指令的执行周期,单片机访问外部数据存储器包括读、写两类操作。有关信号基本时序如图 7.5 所示(以读操作为例)。

由图 7.5 可得,CPU 访问外部 RAM 时,先将 P0 口输出的低 8 位地址信号在 ALE 有效

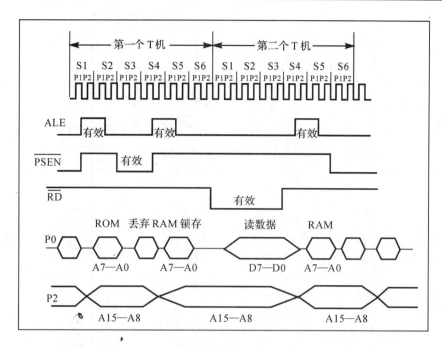

图 7.5　单片机访问外部数据存储器基本时序图

时送至锁存器 373 保存并输出,这样由 P2 口和锁存器共同输出 16 位地址信号,然后 $\overline{RD}$ 端输出读外部数据存储器有效低电平信号选通外部 RAM,这样 CPU 就可通过 P0 口从数据总线上读入外部 RAM 指定单元送出的数据。

由此可见,外部 RAM 芯片必须在 $\overline{RD}$ 有效期内将指定单元的数据送到数据总线上,否则 CPU 将读不到数据。CPU 对外部 RAM 进行写操作时,除用 $\overline{WR}$ 信号取代 $\overline{RD}$ 信号以外,其余如工作时序与读操作均相同。

## 三、程序存储器的扩展

### 1. 只读存储器概述

程序存储器扩展使用的元件是只读存储器芯片,简称 ROM。根据编程方式的不同,ROM 可分为掩膜 ROM、一次性可编程 ROM(PROM)、紫外光可擦、电可写 ROM(EPROM)及电可擦写 ROM(EEPROM)。其中掩膜 ROM 写入的内容,由 ROM 生产厂家根据用户程序清单,在生产时 ROM 就写入,用户不能改写。EPROM 可反复写入并用紫外线擦除。EEPROM 可进行在线写入或编程,但写入速度较慢。同时目前 EEPROM 市场价格高于前 3 种 ROM 价格。

紫外线擦除电可编程只读存储器 EPROM 是国内用得较多的程序存储器。EPROM 芯片上均有一个玻璃窗口,在紫外线照射下,存储器中的各位信息均变成"1",即处于擦除状态。擦除干净的 EPROM 可以通过编程器将应用程序固化到芯片中。

INTEL 公司只读存储器芯片(EPROM)的产品有:2716、2732、2764、27128、27256、27512 等。系列数字 27 后面的数据除以 8 即为该芯片存储容量的 KB 数。如:27256 为 32KB 容量。图 7.6 给出了常用 EPROM 芯片的管脚图。

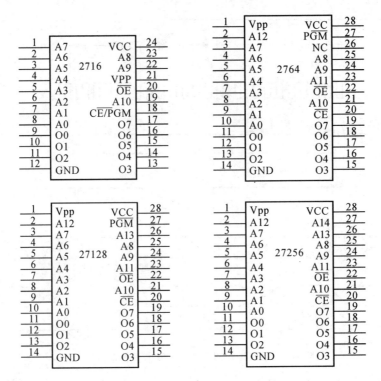

图 7.6　常用 EPROM 芯片管脚图

## 2. EPROM 程序存储器扩展实例

如图 7.7 所示,在 8051 单片机上扩展 32KB EPROM 程序存储器。

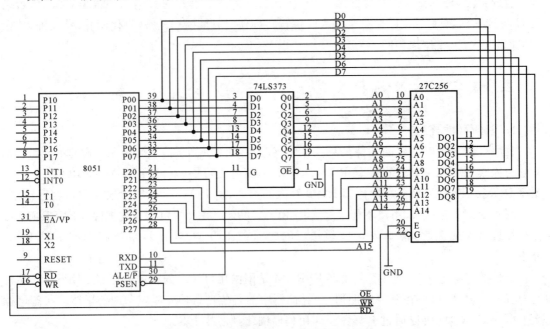

图 7.7　单片机扩展 27256 EPROM 电路

## 四、数据存储器的扩展

### 1. 数据存储器概述

数据存储器亦称随机存取存储器,简称 RAM,用于暂存各类数据。它的特点是:

①在系统运行过程中,随时可进行读、写两种操作;

②一旦掉电,原存入数据全部消失(成为随机数)。

RAM 按半导体工艺可分为 MOS 型和双极型两种。MOS 型集成度高、功耗低、价格便宜,但速度较慢。而双极型的则正好相反。在单片机系统中使用的是 MOS 型随机存储器。

RAM 按工作方式可分为静态(SRAM)和动态(DRAM)两种。对静态 RAM,只要电源供电,存在其中的信息就能可靠保存。而动态 RAM 需要周期性地刷新才能保存信息。动态 RAM 集成密度大、功耗低、价格便宜,但需要增加刷新电路。在单片机中多使用静态 RAM。

INTEL 公司随机存取存储器芯片(RAM)的产品主要有:6216、6264、62256 等。系列数字 62 后面的数据除以 8 即为该芯片存储容量的 KB 数。如:6264 为 8KB 容量。图 7.8 给出了常用 RAM 芯片的管脚图。

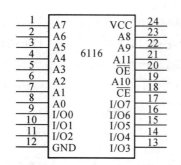

图 7.8　常用 RAM 芯片管脚图

### 2. RAM 数据存储器扩展实例

如图 7.9 所示,在 8051 单片机上扩展 8KB RAM 数据存储器。

图 7.9 中 6264 的地址范围是:0000H～1FFFH(8KB)。

应当指出,上述存储器扩展后的地址范围存在地址重叠现象,如图 7.9 的 6264 扩展线路中由于高 3 位地址 P2.7、P2.6、P2.5(A15、A14、A13)的状态不影响 6264 芯片工作,故上述 6264 芯片实际地址的编址情况如下:

| P2.7 | P2.6 | P2.5 | P2.4 | P2.3 | P2.2 | P2.1 | P2.0 | P0.7 | P0.6 | P0.5 | P0.4 | P0.3 | P0.2 | P0.1 | P0.0 |
|------|------|------|------|------|------|------|------|------|------|------|------|------|------|------|------|
| A15 | A14 | A13 | A12 | A11 | A10 | A9 | A8 | A7 | A6 | A5 | A4 | A3 | A2 | A1 | A0 |
| X | X | X | 0 | 0 | 0 | 0 | 0 | 0 | 0 | 0 | 0 | 0 | 0 | 0 | 0 |
| X | X | X | 1 | 1 | 1 | 1 | 1 | 1 | 1 | 1 | 1 | 1 | 1 | 1 | 1 |

显然其地址范围是:0000H～1FFFH、2000H～3FFFH…E000H～FFFFH,即地址有重叠。

解决上述地址重叠的办法是:通过译码电路(比如 74LS138 或者其他门电路,这里用"或"

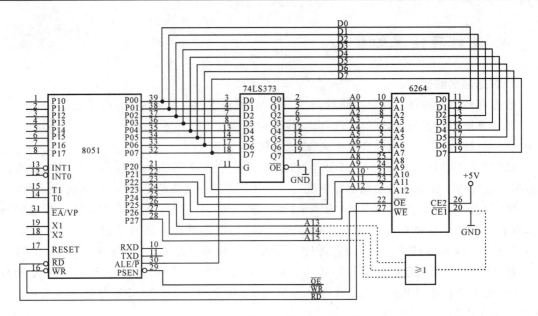

图 7.9　单片机扩展 6264 RAM 电路

门),使不参与寻址的其余地址线 P2.7P2.6P2.5＝000 时,其输出才为 0,并接到 $\overline{CE1}$ 端。如图 7.9 中虚线所连接的那样(这时 6264 $\overline{CE1}$ 引脚就不再接地!),这时 0000H～1FFFH 为其唯一的地址空间,读者可自行验证。若打算使扩展的存储器芯片有不同的地址空间,只要重新设计译码电路即可。例如,将上述存储器芯片的地址空间改为 2000H～3FFFH,此时,当 P2.7P2.6P2.5＝001时,$\overline{CE1}$＝0,即:令 $\overline{CE1}$＝P2.7＋P2.6＋$\overline{P2.5}$即可。

# 第三节　单片机并行输入/输出(I/O)口扩展

## 一、MCS-51 内部并行 I/O 口及其作用

8051 单片机内部有 4 个双向的并行 I/O 端口 P0～P3,共占 32 根引脚。P0 口的每一位可以驱动 8 个 TTL 负载,P1～P3 口的负载能力为 4 个 TTL 负载。有关 4 个端口的结构及详细说明,在前面的有关章节中已作介绍,这里不再赘述。

在无片外存储器扩展的系统中,这 4 个端口都可以作为准双向通用 I/O 口使用。在具有片外扩展存储器的系统中,通过前面第一节和第二节的介绍,我们知道,P0 口分时地作为低 8 位地址线和数据线,P2 作为高 8 位地址线。这时,P0 口和部分或全部的 P2 口无法再作通用I/O口了。P3 口具有第二功能,在应用系统中也常被使用。因此在大多数的应用系统中,真正能够提供给用户使用的只有 P1 和部分 P2、P3 口。

综上所述,MCS-51 单片机的 I/O 端口通常需要扩充,以便和更多的外部设备(简称"外设",如键盘、LED 显示器等)进行联系。

在 8051 单片机中扩展的 I/O 口采用与片外数据存储器相同的寻址方法,且通过扩展 I/O

口连接的外设都与片外 RAM 统一编址。因此从硬件接线与软件编程的角度来看,所有扩展的 I/O 口都被视作成一个普通的外部 RAM 单元,对片外 I/O 口的输入输出操作就是采用访问片外 RAM 的指令,即:

```
MOVX   @DPTR,A      ;单片机写数据到片外 I/O 口
MOVX   @Ri,A        ;单片机写数据到片外 I/O 口
MOVX   A,@DPTR      ;单片机从片外 I/O 口读取数据
MOVX   A,@Ri        ;单片机从片外 I/O 口读取数据
```

实际应用中,扩展 I/O 口的方法有 3 种:简单的 I/O 口扩展、采用可编程的并行 I/O 接口芯片扩展以及利用串行口进行 I/O 口的扩展。下面分别介绍前两种方法的原理和实际应用。

## 二、简单的 I/O 口扩展

这种方法通常是采用锁存器(如 74LS273 等)作为输出口的扩展芯片,采用三态门(如 74LS244 等)作为输入扩展芯片,通过 P0 口来实现扩展的一种方案。它具有电路简单、成本低、配置灵活的特点。

### 1.扩展实例

图 7.10 为采用 74LS244 作为扩展输入、74LS273 作为扩展输出的简单 I/O 口扩展。

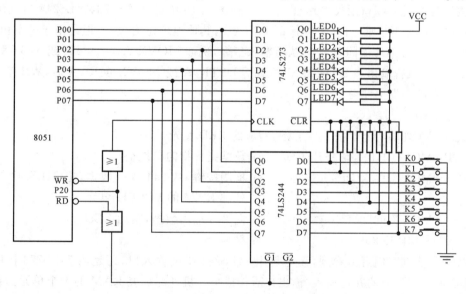

图 7.10　简单 I/O 口扩展电路

### 2.芯片及连线说明

在上述电路中,采用的芯片为 TTL 电路 74LS244、74LS273。

其中,74LS244 为 8 缓冲线驱动器(三态输出),$\overline{G1}$、$\overline{G2}$ 为低电平有效的使能端。当 $\overline{G1}$、$\overline{G2}$ 只要有 1 个引脚为高电平时,输出($Q_7 \sim Q_0$)为高阻态(相当于线路断开);当 $\overline{G1}$、$\overline{G2}$ 两个引脚都为低电平时,D 端输入数据传送到 Q 输出端。

74LS273 为 8D 触发器,$\overline{CLR}$ 为低电平有效的清除端,当 $\overline{CLR}=0$ 时,不管其他引脚是高电平还是低电平,其输出($Q_7 \sim Q_0$)肯定全为 0;CP 端是时钟信号,在 $\overline{CLR}=1$ 与 $CP=0$ 的情况

下,D端的数据传送到Q端;同时,在$\overline{CLR}=1$的情况下,如果给CP端输入1个由低电平向高电平跳变的上升沿信号,Q端的锁存保持不变。

P0口作为双向8位数据线,既能够从74LS244输入数据,又能够从74LS273输出数据。

输入控制信号由P2.0和$\overline{RD}$"或"后形成。当二者都为0时,244的控制端$\overline{G}$有效,选通74LS244,外部的信息输入到P0数据总线上。当与244相连的按键都没有按下时,输入全为1,若按下某键,则所在线输入为0。

输出控制信号输入控制信号由P2.0和$\overline{WR}$相"或"后形成。当二者都为0后,74LS273的控制端有效,选通74LS273,P0上的数据锁存到74LS273的输出端,控制发光二极管LED,当某线输出为0时,相应的LED发光。

### 3. I/O口地址确定

按照图7.10的连线,74LS244和74LS273都是在P2.0为0时被选通(数据从输入端$D_7$~$D_0$传输到输出端$Q_7$~$Q_0$)的,故其地址范围确定如下:

| 8031 | $P_{2.7}$ | $P_{2.6}$ | $P_{2.5}$ | $P_{2.4}$ | $P_{2.3}$ | $P_{2.2}$ | $P_{2.1}$ | $P_{2.0}$ | $P_{0.7}$ | $P_{0.6}$ | $P_{0.5}$ | $P_{0.4}$ | $P_{0.3}$ | $P_{0.2}$ | $P_{0.1}$ | $P_{0.0}$ |
|---|---|---|---|---|---|---|---|---|---|---|---|---|---|---|---|---|
|  | A15 | A14 | A13 | A12 | A11 | A10 | A9 | A8 | A7 | A6 | A5 | A4 | A3 | A2 | A1 | A0 |
| 74LS273 | x | x | x | x | x | x | x | 0 | x | x | x | x | x | x | x | x |
| 74LS244 | x | x | x | x | x | x | x | 0 | x | x | x | x | x | x | x | x |

其中的"x"表示跟74LS273、74LS244无关的管脚,取0或1都可以。

我们取与扩展I/O口无关的地址线为1,则图7.10中的74LS273、74LS244口地址都为FEFFH(这个地址不是唯一的,只要保证P2.0=0,其他地址位无关)。但是由于分别由$\overline{RD}$和$\overline{WR}$控制,两个信号不可能同时为0(执行输入指令,例如MOVX A,@DPTR或MOVX A,@Ri时,$\overline{RD}$有效;执行输出指令,例如MOVX @DPTR,A或MOVX @Ri,A时,$\overline{WR}$有效),所以逻辑上二者不会发生冲突。

### 4. 编程应用

下述程序实现的功能是按下任意键,对应的LED发光。

```
LOOP: MOV DPTR,#0FEFFH    ;数据指针指向口地址
      MOVX A,@DPTR        ;检测按键,从244读入数据(把74LS244当作是
                           外部RAM的FEFFH单元
      MOVX @DPTR,A        ;向273输出数据,驱动LED
      SJMP LOOP           ;循环
```

从以上的实例我们可以看到,无论是用74LS244扩展输入口,还是用74LS273扩展输出口,其核心就是把扩展的并行输入/输出口看作成单片机外部扩展RAM的1个单元。在对其进行编程的时候,需要对每个扩展的I/O口进行地址分析。

### 5. 单片机非总线工作方式I/O扩展

前面所述的8031或者8051单片机都具有P0口和P2口,用作数据或地址总线,我们把它称作为总线工作方式。事实上目前许多流行的单片机已无总线工作方式,如89C2051、97C2051等。那么,这类单片机如何进行简易的I/O扩展呢?基本的方法还是采用锁存器(如74LS273等)作为输出口的扩展芯片,采用三态门(如74LS244等)作为输入扩展芯片,但是需要编程者利用程序来模仿访问74LS273与74LS244的时序。图7.11给出了89C2051非总线单片机进行简单I/O口扩展的电路。

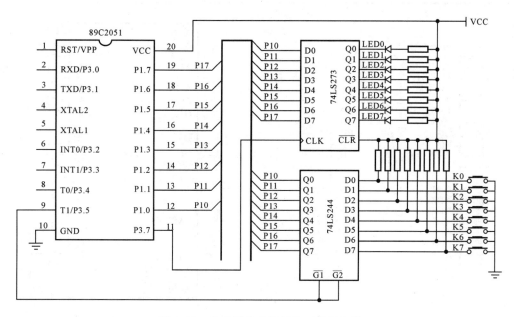

图 7.11　单片机非总线 I/O 口扩展电路

下述程序是图 7.9 电路实现按下任意键,对应 LED 发光的功能。

```
            ORG 0000H
            SJMP START
            ORG 0030H
START：     SETB P3.5
            SETB P3.7
LOOP：      CLR P3.5        ;允许 244 输入数据
            MOV A，P1        ;检测按键,从 244 读入数据
            SETB P3.5
            NOP
            CLR P3.7        ;允许 273 输出数据
            MOV P1，A        ;向 273 输出数据,驱动 LED
            SETB P3.7
            SJMP LOOP       ;循环
            END
```

# 三、8155 作单片机的 I/O 口扩展

Intel 公司研制的 8155 是可编程的并行输入/输出接口芯片,不仅具有两个 8 位的 I/O 端口(命名为 A、B 口)和 1 个 6 位的 I/O 端口(命名为 C 口),而且还可以提供 256 个字节的静态 RAM 存储器和 1 个 14 位的定时/计数器,使用灵活方便,目前被广泛应用。

## 1.8155 的结构和引脚

8155 有 40 个引脚,采用双列直插封装,其引脚图和组成框图分别见图 7.12 和 7.13。
我们对 8155 的引脚分类说明如下:

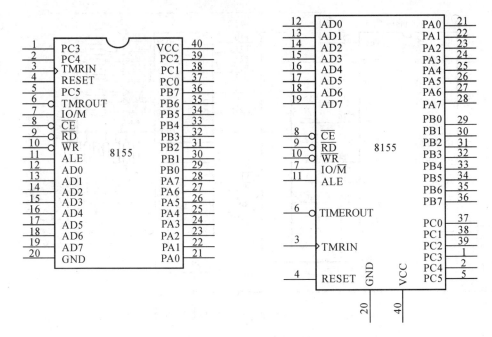

图 7.12　8155 的引脚图

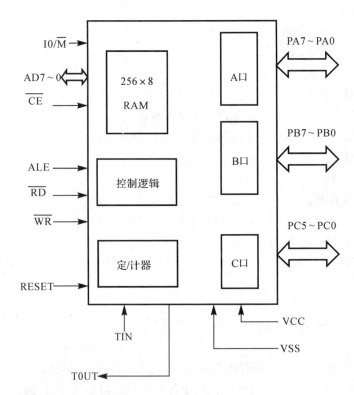

图 7.13　8155 内部结构方框图

（1）地址/数据线 AD7～AD0（8 条）

AD7～AD0 是低 8 位地址线和数据线的共用输入总线,常和 8051 单片机的 P0 口直接相连（不需要锁存器 74LS373）,用于分时传送地址数据信息,当 ALE＝1 时,传送的是地址信息。

（2）I/O 口总线（22 条）

PA7～PA0：输入/输出口 A 的信号线，通用 8 位 I/O 口，输入/输出的方向是通过程序给 8155 内部的命令/状态寄存器（也相当于单片机系统的 1 个外部 RAM 单元）的编程来选择。

PB7～PB0：端口 B 的输入/输出信号线，通用 8 位 I/O 口，输入/输出的方向是通过程序给 8155 内部的命令/状态寄存器（也相当于单片机系统的 1 个外部 RAM 单元）的编程来选择。

PC5～PC0：端口 C 的输入/输出线，6 位可编程 I/O 口，也可用作 A 和 B 的控制信号线，通过程序给 8155 内部的命令/状态寄存器（也相当于单片机系统的 1 个外部 RAM 单元）的编程来选择。

（3）控制总线（8 条）

RESET：复位线，高电平有效，通常与单片机的复位端相连。复位后，8155 的 3 个端口都为输入方式。

$\overline{RD}$：读信号线，控制 8155 的读操作，低电平有效。当片选信号与 $\overline{RD}$ 有效时，此时如果 IO/$\overline{M}$ 为低电平，则 RAM 的内容读至 AD7～AD0；如果 IO/$\overline{M}$ 为高电平，则选中的 I/O 口的内容读到 AD7～AD0。

$\overline{WR}$：写信号线，控制 8155 的写操作，低电平有效。当片选信号和 $\overline{WR}$ 信号有效时，AD7～AD0 上的数据将根据 IO/$\overline{M}$ 的极性写入 RAM 或 I/O 口中。

ALE：地址锁存线，高电平有效，常和单片机的 ALE 端相连。在 ALE 的下降沿将单片机 P0 口输出的低 8 位地址信息锁存到 8155 内部的地址锁存器中。因此，单片机的 P0 口和 8155 连接时，无需外接锁存器。

$\overline{CE}$：片选线，低电平有效。

IO/$\overline{M}$：RAM 或 I/O 口的选择线。当 IO/$\overline{M}$=0 时，选中 8155 的 256 字节 RAM；当 IO/$\overline{M}$=1 时，选中 8155 片内 3 个 I/O 端口以及命令/状态寄存器和定时/计数器。

TIMERIN、$\overline{TIMEROUT}$：定时/计数器的脉冲输入、输出线。TIMERIN 是脉冲输入线，其输入脉冲对 8155 内部的 14 位定时/计数器减 1；$\overline{TIMEROUT}$ 为输出线，当计数器计满归 0 时，8155 从该线输出脉冲或方波，波形形状由计数器的工作方式决定。

**2. 作片外 RAM 使用**

当 $\overline{CE}$=0，IO/$\overline{M}$=0 时，8155 只能做片外 RAM 使用，共 256 个字节。其地址范围由 $\overline{CE}$ 以及 AD0～AD7 的接法决定，分析方法和前节所说的 I/O 口地址分析类似。对这 256 字节 RAM 的操作使用片外 RAM 的读、写指令"MOVX"。

**3. 作扩展 I/O 口使用**

当 $\overline{CE}$=0，IO/$\overline{M}$=1 时，此时可以对 8155 片内 3 个 I/O 端口以及命令/状态寄存器（当作单片机系统的 1 个外部 RAM 单元使用）和定时/计数器进行操作。与 I/O 端口和计数器使用有关的 8155 内部的寄存器（I/O 端口和计数器的工作模式由这些寄存器中的数据决定）共有 6 个，需要 3 位地址来区分，表 7.2 为地址分配情况。

表 7.2

| AD7~AD0 | | | | | | | | 选中寄存器 |
|---|---|---|---|---|---|---|---|---|
| A7 | A6 | A5 | A4 | A3 | A2 | A1 | A0 | |
| × | × | × | × | × | 0 | 0 | 0 | 内部命令/状态寄存器 |
| × | × | × | × | × | 0 | 0 | 1 | PA 口 |
| × | × | × | × | × | 0 | 1 | 0 | PB 口 |
| × | × | × | × | × | 0 | 1 | 1 | PC 口 |
| × | × | × | × | × | 1 | 0 | 0 | 定时/计数器低 8 位寄存器 |
| × | × | × | × | × | 1 | 0 | 1 | 定时/计数器高 8 位寄存器 |

(1)命令寄存器

8155 的 3 个端口、1 个定时/计数器具体在什么方式下工作是通过单片机对 8155 的命令寄存器写入控制字(相当于对外部 RAM 写入 1 个数据,用 MOVX @DPTR,A 指令实现)来实现的,8155 控制字的格式如下:

命令寄存器只能写入不能读出。也就是说,控制字只能通过指令 MOVX @DPTR,A 或 MOVX @Ri,A 写入命令寄存器。

假设命令寄存器的地址为 CWR,如果要设置 A、B 口为基本输出方式,C 口为基本输入方式,下面的程序则实现了该工作模式的初始设置:

```
MOV DPTR,♯CWR     ;设 CWR 为命令寄存器的地址。
MOV A,♯03H        ;A、B 口为基本输出方式,C 口为基本输入方式
MOVX @DPTR,A
```

(2)状态寄存器

状态寄存器中存放的数据被称作为状态字。状态字反映了 8155 的工作情况,状态字的各位定义如图 7.15。

状态寄存器和命令寄存器是同一地址,状态寄存器只能读出不能写入,也就是说,状态字只能通过指令 MOVX A,@DPTR 或 MOVX A,@Ri 来读出,从而了解 8155 的工作状态(PA 口、PB 口、定时器的工作状态)。

(3)I/O 的工作方式

当使用 8155 的 3 个 I/O 端口时,它们可以工作于不同的方式,工作方式的选择取决于写入的控制字,如图 7.14 所示。其中:A、B 口可以工作于基本 I/O 方式或选通 I/O 方式,C 口可工作于基本 I/O 方式,也可以作为 A、B 选通方式时的控制联络线。

方式 0 和 1 时,A、B、C 都工作于基本 I/O 方式,可以直接和外设相连,采用"MOVX"类的指令进行输入/输出操作。

方式 2 时,A 口为选通 I/O 方式,由 C 口的低 3 位作联络线,其余位作 I/O 线;B 口为基本 I/O 方式。

方式 3 时,A、B 口均为选通 I/O 方式;C 口作为 A、B 口的联络线。其逻辑组态如图 7.16 所示。

C 口的工作方式和各位的关系如表 7.3 所示。

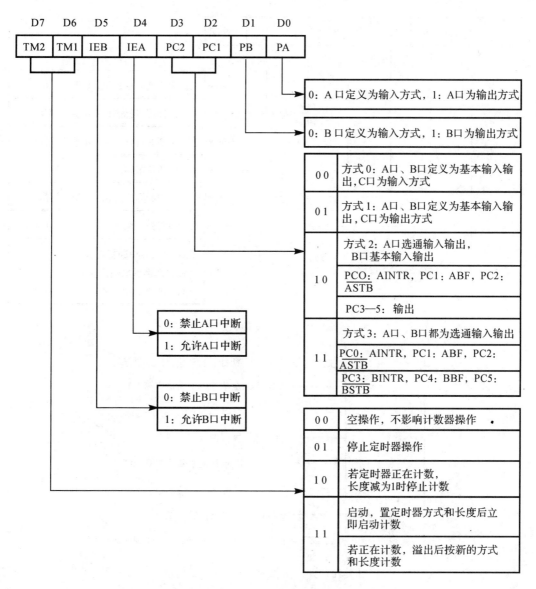

图 7.14　8155 命令字格式

**表 7.3　C 口的工作方式**

| | 方式 1 | 方式 2 | 方式 3 | 方式 4 |
|---|---|---|---|---|
| PC0 | | | A 口中断请求 | A 口中断请求 |
| PC1 | | | A 口缓冲器满 | A 口缓冲器满 |
| PC2 | 全部为 | 全部为 | A 口选通 | A 口选通 |
| PC3 | 输入 | 输出 | 输出 | B 口中断请求 |
| PC4 | | | 输出 | B 口缓冲器满 |
| PC5 | | | 输出 | B 口选通 |

（4）定时/计数器使用

8155 片内的定时/计数器是 1 个 14 位的减法计数器,它对 TIMERIN 端的时钟脉冲进行计数,并在达到最后计数值(TC)值时 $\overline{\text{TIMEROUT}}$ 给出 1 个方波或脉冲,如图 7.15 所示。编

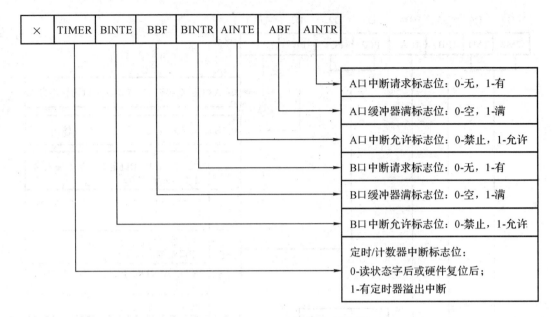

图 7.15 8155 的状态字

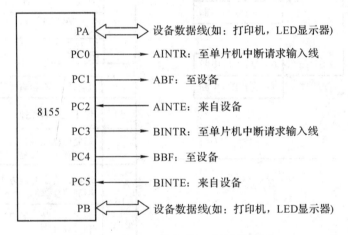

图 7.16 8155 工作方式 3 时的逻辑结构

址为 XXXXX100B 和 XXXXX101B 的两个寄存器为计数长度寄存器,计数初值由程序预置,每次预置 1 个字节,该寄存器的 0～13 位规定了下一次计数的长度,14、15 位规定了定时/计数器的输出方式,该寄存器的定义如表 7.4 所示。

表 7.4 计数长度寄存器

| M2　M1 | T13　T12　T11　T10　T9　T8 | T7　T6　T5　T4　T3　T2　T1　T0 |
|---|---|---|
| 输出方式 | 计数长度高 6 位 | 计数长度低 8 位 |

定时/计数正在工作时也可将新的计数长度和方式打入计数长度寄存器,但在定时/计数器使用新的计数值和方式之前,必须发 1 条启动命令,即使只希望改变计数值而不改变方式也必须如此。图 7.17 给出了计数方式控制字 M1、M0 对 $\overline{\text{TIMEROUT}}$ 输出波形的影响。

使用 8155 的定时/计数器时,通常是先送计数长度和输出方式的两个字节,然后送控制字到命令寄存器控制计数器的启停。

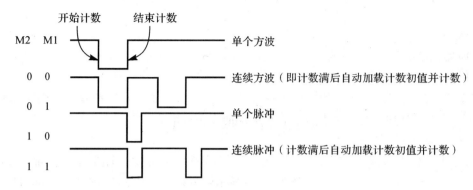

图 7.17　定时计数器输出波形

### 4. MCS-51 单片机和 8155 的接口

MCS-51 可以和 8155 直接连接，不需任何外加逻辑电路。它使系统增加 256 个字节的 RAM，22 条 I/O 线和 1 个 14 位的定时/计数器，MCS-51 单片机和 8155 的接口方法如图 7.18 所示。

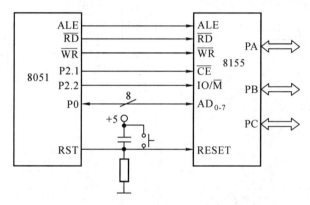

图 7.18　8155 和 MCS-51 单片机的接口电路

根据上述 IO/$\overline{\text{M}}$、$\overline{\text{CE}}$ 的连接关系，可以确定地址如表 7.5 所示。

表 7.5

| 8051 | A15 | A14 | A13 | A12 | A11 | A10 | A9 | A8 | A7 | A6 | A5 | A4 | A3 | A2 | A1 | A0 |
|---|---|---|---|---|---|---|---|---|---|---|---|---|---|---|---|---|
| | $P_{2.7}$ | $P_{2.6}$ | $P_{2.5}$ | $P_{2.4}$ | $P_{2.3}$ | $P_{2.2}$ | $P_{2.1}$ | $P_{2.0}$ | $P_{0.7}$ | $P_{0.6}$ | $P_{0.5}$ | $P_{0.4}$ | $P_{0.3}$ | $P_{0.2}$ | $P_{0.1}$ | $P_{0.0}$ |
| 引脚 | | | | | | IO/$\overline{\text{M}}$ | $\overline{\text{CE}}$ | | AD$_7$ | | | ～ | | | | AD$_0$ |
| **8155** RAM | × | × | × | × | × | 0 | 0 | × | 0 | .0 | 0 | 0 | 0 | 0 | 0 | 0 |
| | | | | | | | | | .......... | | | | | | | |
| | | | | | | | | | 1 | 1 | 1 | 1 | 1 | 1 | 1 | |
| I/O | × | × | × | × | × | 1 | 0 | × | × | × | × | × | × | 0 | 0 | 0 |
| | | | | | | | | | .......... | | | | | | | |
| | | | | | | | | | × | × | × | × | × | 1 | 0 | 1 |

设无关位为"0"，此时 8155 内部 RAM 的地址范围为：0000H～00FFH，8155 各端口的地址为：

命令/状态口　　　　0400H

A 口　　　　　　　0401H

| B 口 | 0402H |
|---|---|
| C 口 | 0403H |
| 定时器低字节 | 0404H |
| 定时器高字节 | 0405H |

以上这些地址都不是唯一的。如果在单片机系统中有多个 I/O 扩展芯片而又未使用地址译码器(74LS138)时,建议读者将各芯片地址的无关位取为"1"。

### 5. 8155 应用举例

现用 8155 作为外部 256 个 RAM 扩展及 6 位 LED 显示器接口电路,要求外部 RAM 地址范围是 0200H~02FFH;A 口输出,作为 LED 显示器 8 位段控输出口,地址是 0301H;C 口输出,作为 6 位 LED 的位控输出口,地址是 0303H。试设计硬件电路并写出初始化程序。

由题意可得硬件电路如图 7.19 所示。

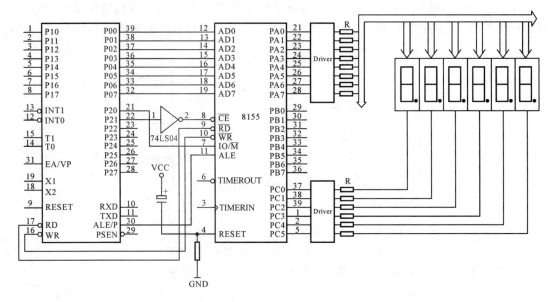

图 7.19  8155 扩展应用举例

由图可得:$P_{2.1}=1$,$\overline{CE}=0$ 时,芯片选中;

$P_{2.0}=0$,选中 RAM 单元;

$P_{2.0}=1$,选中 I/O 口。

显然地址信号在 0200H~02FFH 范围内可选中 8155 中 256 个 RAM 单元。($P_{2.1}P_{2.0}=10$,$A7\sim A0$ 从 00000000~11111111B 变化),8155 中 6 个 I/O 地址如下:

命令状态寄存器地址:　　0300H　　($P_{2.1}P_{2.0}=11$,A2 A1 A0=000)

口 A 地址:　　0301H　　($P_{2.1}P_{2.0}=11$,A2 A1 A0=001)

口 C 地址:　　0303H　　($P_{2.1}P_{2.0}=11$,A2 A1 A0=011)

又根据题意可得 8155 控制字如下:

| TM2 | TM1 | IEB | IEA | PC2 | PC1 | PB | PA |
|---|---|---|---|---|---|---|---|
| 0 | 0 | 0 | 0 | 0 | 1 | 0 | 1 |

口 A 输出
口 B 输入
口 C 输出

初始化程序如下：

```
MOV    DPTR，  ♯0300H        ;指向命令寄存器地址。
MOV    A，     ♯05H          ;控制字送 A。
MOVX   @DPTR，A              ;控制字送命令寄存器。
```

最后，提醒读者注意的是，8155 或者其他类似的可编程 I/O 扩展芯片在复位的过程中不能对其进行工作模式的设置。因此，8155 在实际使用过程用中，如果它没有与单片机共用同一复位信号，在单片机主程序对 8155 的初始化（工作模式的设置）之前最好先调用一段延时子程序，以确保 8155 复位完成后才对其进行初始化。

# 第四节  LED 显示器接口电路及显示程序

## 一、LED 显示器工作原理

### 1. 内部构造

LED 显示器由八段字形排列的发光二极管组合而成。

对于共阴极显示器，其公共端应接低电平（接地），a～dp 端只要接高电平，其相应线段就发亮。一般情况下，a～dp 端接在数据锁存器的输出线上，这个端口称为字形口或段控口；而几个 LED 显示器的公共端并列在一起，称为字位口或位控口，它决定该 LED 显示器是否能发光。对于共阳极显示器，不同之处是各线段发光的电平要求正好全部相反，如图 7.20 所示。

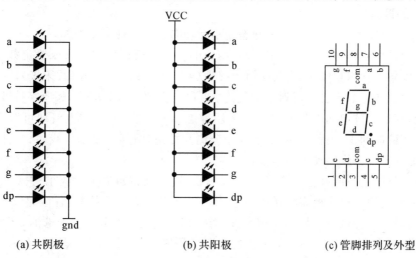

（a）共阴极                （b）共阳极                （c）管脚排列及外型

图 7.20  八段 LED 显示器

LED 显示器在实际使用过程中，各段发光二极管通常需要加限流电阻。限流电阻阻值的大小按 $R=(V_{OH}-V_{DF})/I_{DF}$ 计算。其中 $V_{OH}$ 是给发光二极管的最大供电电压；$V_{DF}$ 是通电字段发光二极管的正向压降，通常同一个型号的 LED 显示器的正向压降近似相等；$I_{DF}$ 是发光二极管正常工作的电流（约为 5～10 mA）。

## 2. LED 数码管字形编码

要使数码管显示出相应的数字或字符必须使段数据口输出相应的字形编码。例如,用上述 LED 显示器显示字符"3"。对共阴 LED 显示器显然有:a,b,c,d,g=1;f,e,dp=0,

即:

| 编码 | D7 | D6 | D5 | D4 | D3 | D2 | D1 | D0 |
|------|----|----|----|----|----|----|----|----|
| 4FH 字符 | 0 | 1 | 0 | 0 | 1 | 1 | 1 | 1 |
|  | dp | g | f | e | d | c | b | a |

根据上述思路,很容易得到八段 LED 显示器字型与代码表如表 7.6 所示。

**表 7.6　八段 LED 显示字形代码表**

| 字 型 | 共阳极代码 | 共阴极代码 | 字 型 | 共阳极代码 | 共阴极代码 |
|-------|-----------|-----------|-------|-----------|-----------|
| 0 | C0H | 3FH | 9 | 90H | 6FH |
| 1 | F9H | 06H | A | 88H | 77H |
| 2 | A4H | 5BH | b | 83H | 7CH |
| 3 | B0H | 4FH | C | C6H | 39H |
| 4 | 99H | 66H | d | A1H | 5EH |
| 5 | 92H | 6DH | E | 86H | 79H |
| 6 | 82H | 7DH | F | 8EH | 71H |
| 7 | F8H | 07H | 灭 | FFH | 00H |
| 8 | 80H | 7FH | | | |

## 3. 工作原理

对于多个 LED 组成的显示器,有静态显示和动态显示两种工作方式。

静态显示是指数码管显示某一字符时,相应的发光二极管恒定导通或恒定截止。这种显示方式的各位数码管相互独立,公共端恒定接地(共阴极)或接正电源(共阳极)。每个数码管的 8 个字段分别与 1 个 8 位 I/O 口地址相连。I/O 口只要有段码输出,相应字符即显示出来,并保持不变,直到 I/O 口输出新的段码。采用静态显示方式,较小的电流即可获得较高的亮度,且占用 CPU 时间少,编程简单,显示便于监测和控制,但其占用的口线多、硬件电路复杂、成本高,只适合于显示位数较少的场合。

动态显示是一位一位地轮流点亮各位数码管,这种逐位点亮显示器的方式称为位扫描。通常,各位数码管的段选线相应并联在一起,由 1 个 8 位的 I/O 口控制;各位的位选线(公共阴极或阳极)由另外的 I/O 口线控制。动态方式显示时,各数码管分时轮流选通,要使其稳定显示必须采用扫描方式,即在某一时刻只选通 1 位数码管,并送出相应的段码,在另一时刻选通另一位数码管,并送出相应的段码,依此规律循环,即可使各位数码管显示将要显示的字符。虽然这些字符是在不同的时刻分别显示,但由于人眼存在视觉暂留效应,只要每位显示间隔足够短(保证每秒钟刷新 50 次以上)就可以给人同时显示的感觉。采用动态显示方式比较节省 I/O 口,硬件电路也较静态显示方式简单,但其亮度不如静态显示方式。

本节主要介绍 LED 显示器的动态显示及其与单片机的接口。

## 二、LED 显示器与单片机的接口电路

图 7.21 为 MCS-51 系列单片机 AT89C51(内部有 2KB 的电可擦除 EPROM)与 4 位共阴极 LED 显示器的接口电路。其中:P0 口经上拉电阻后接至电源,作普通 I/O 口使用(非总线模式),通过采用 74LS244 驱动器及限流电阻接至数码管的各段,控制数码管的显示字符;P2 口的 P2.0～P2.3 通过 74LS07 OC 门驱动器及上拉电阻接至各位数码管的公共端,控制每位数码管的显示时间,实现动态扫描。

74LS244、74LS07 分别用于增加段控口、位控口的电流驱动能力。

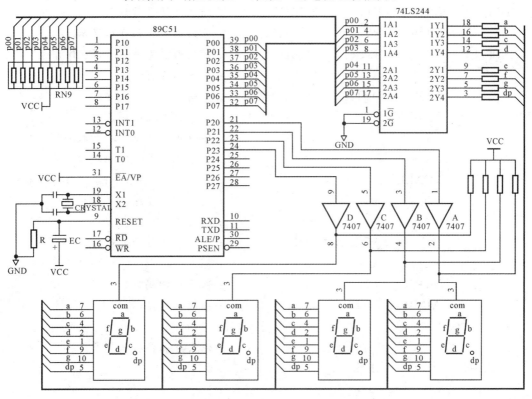

图 7.21 AT89C51 单片机与四位 LED 显示器连接电路

## 三、显示程序的设计

对上述多位 LED 显示器,多采用建立显示缓冲区,建立字符代码表,由查表程序完成显示译码,将缓冲区内待显示数据转换成相应的段码,再将段码通过 AT89C51 的 P0 口送出;位码数据由累加器循环左移指令产生,再通过 P2 口送出的方式。

### 1. 建立显示缓冲区

通常在内部 RAM 中开辟显示缓冲区,显缓区单元个数与 LED 位数相同。例如对 4 位 LED 显示器,可设显示缓冲区单元为 70H～73H,对应关系如下:

| LED3 | LED2 | LED1 | LED0 |
| --- | --- | --- | --- |
| 73H | 72H | 71H | 70H |

显示缓冲区中可按显示次序放入所显示字符的编码,或直接放入所显示的字符,然后再通过查字形代码表找出相应字符编码作为段控码送 LED 显示器。

**2. 编写显示程序**

现用 4 位 LED 显示"8051"6 个字符。可事先在显示缓冲区中依次放入待显示字符如下:

| 73H | 72H | 71H | 70H |
|-----|-----|-----|-----|
| 08H | 00H | 05H | 01H |
| '8' | '0' | '5' | '1' |

显示参考程序如下:

| DIS: | MOV | R1, | #70H | ;指向显缓区首址。 |
|------|-----|-----|------|------------------|
| | MOV | R2, | #11111110B | ;从右面第一位开始显示。 |
| LD0: | MOV | P0, | #00H | ;送字形前先关显示,P0 作普通 I/O。 |
| | MOV | A, | @R1 | ;取显示字符。 |
| | MOV | DPTR, | #TABLE | ;指向字符代码表首址。 |
| | MOVC | A, | @A+DPTR | ;取字符相应编码。 |
| | MOV | P0, | A | ;字符编码送 P0 口(段控口)。 |
| | MOV | P2, | R2 | ;位控码送 P2 口(位控口)。 |
| | LCALL | DELAY | | ;延时(程序中未给出,可自行设置)。 |
| | INC | R1 | | ;指向下一显缓单元。 |
| | MOV | A, | R2 | ;取当前位控码。 |
| | JNB | ACC.3, | LD1 | ;是否扫描到最左边,是返回。 |
| | RL | A | | ;否,左移一位。 |
| | MOV | R2, | A | ;保存位控码。 |
| | AJMP | LD0 | | ;继续扫描显示。 |
| LD1: | RET | | | ;返回。 |
| | ORG | 1000H | | ;依次建立字符代码表。 |
| TABLE: | DB | 3FH | | ;0 |
| | DB | 06H | | ;1 |
| | DB | 5BH | | ;2 |
| | DB | 4FH | | ;3 |
| | DB | 66H | | ;4 |
| | ⋮ | | | ;其他数字的代码(请读者自己补充) |

**说明:**

①在单片机主程序中定期调用上述显示子程序,使字符显示稳定。

②上述程序中调用的延时子程序,延时时间要合适,太长会出现闪烁现象;太短会出现 LED 亮度不够,分辨不出显示的数字或者符号。

③如不用查表方式求得字符编码,也可直接向显示缓冲区中写入待显示字符编码,再将上述程序稍加修改后即可。

# 第五节　单片机键盘接口技术

　　键盘是单片机系统实现人机对话的常用输入设备。操作员通过键盘,向计算机系统输入各种数据和命令,亦可通过使用键盘,让单片机系统处于预定的功能状态。键盘是由1组规则排列的按键组成,1个按键实际上是1个开关元件,也就是说键盘是1组规则排列的开关。

## 一、键盘工作原理

### 1. 按键的分类

　　键盘按照其内部不同电路结构,可分为编码键盘和非编码键盘两种。编码键盘本身除了带有普通按键之外,还包括产生键码的硬件电路。使用时,只要按下编码键盘的某一个键,硬件逻辑会自动提供被按下的键的键码,使用十分方便,但价格较贵。由非编码键盘组成的简单硬件电路,仅提供各个键被按下的信息,其他工作由软件来实现。由于价格便宜,而且使用灵活,因此被广泛应用在单片机应用系统中。本书仅介绍非编码键盘的硬件电路和程序设计方法。

### 2. 按键结构与特点

　　目前,各种结构的键盘,主要是利用机械触点的合、断作用,产生一个电压信号,然后将这个电信号传送给CPU。由于机械触点的弹性作用,在闭合及断开的瞬间均有抖动过程。抖动时间长短与开关的机械特性有关,一般约为5～10ms。

　　图7.22为闭合及断开时的电压抖动波形。

　　按键的稳定闭合期,由操作人员的按键动作所确定,一般为十分之几秒至几秒时间。为保证CPU对键的一次操作仅作一次输入处理,必须去除抖动影响及人为的操作时间长短的影响。

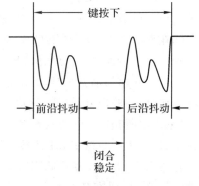

图 7.22　键闭合及断开时的电压抖动波形

　　通常,去抖动影响的措施有硬、软件两种;可用基本 R-S 触发器或单稳态电路构成硬件去抖动电路,也可采用软件延时的方法除去键盘抖动产生的影响。采用软件除去抖动影响的办法是,在检测到有键按下时,执行一个 10ms 左右的延时程序,然后再去判断该键电平是否仍保持闭合状态电平,如保持闭合状态电平则可确认该键为按下状态,从而消除了抖动影响。具体程序设计将在本章实例中介绍。

### 3. 按键编码

　　一组按键或键盘都要通过 I/O 口线查询按键的开关状态。根据键盘结构的不同,采用不同的编码。无论有无编码,以及采用什么编码,最后都要转换成为与累加器中数值相对应的键值(每个按键都要有一个与之唯一对应的数值),以实现按键功能程序的跳转。

## 二、独立式按键

　　独立式按键是指直接用 I/O 口线构成的单个按键电路。每个独立式按键单独占有一根 I/O 口线,每根 I/O 口线上的按键的工作状态不会影响其他 I/O 口线的工作状态。图 7.23 为一种独立式四按键电路,键值由软件用中断或查询方式获得。

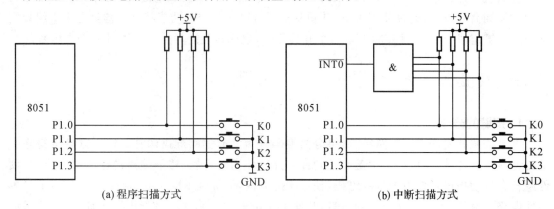

(a) 程序扫描方式　　　　　　　　　　　(b) 中断扫描方式

图 7.23　四按键输入参考电路

　　由图 7.23 可见:

　　①K0—K3 4 个按键在没有按下时,P1.0~P1.3 均处于高电平状态;只要有键按下,则相应的 I/O 口线就变成低电平;一个按键与一根 I/O 口线状态相对应。

　　②在图 7.23(a)中,利用 CPU 完成其他工作的空余调用键盘扫描子程序来响应键盘输入的要求。在执行键功能程序时,CPU 不再响应键输入要求,直到 CPU 重新扫描键盘为止。

　　③采用程序扫描方式时,无论是否有按键按下,CPU 都要定时扫描键盘。而单片机应用系统工作时,并非经常需要键盘输入,因此,CPU 经常处于空扫描状态,为提高 CPU 工作效率,可采用中断扫描工作方式。其工作过程如下:当无键按下时,CPU 处理自己的工作;当有键按下时,产生中断请求,CPU 转去执行键盘扫描子程序,并识别键号。

　　在图 7.23(b)中,为了使 CPU 能及时处理键盘功能,4 根键盘状态输出线被送到四与门输入端。这样,只要有任一键按下,该四与门输出端便由高电平变成低电平,再通过 $\overline{INT0}$ 向 CPU 发出中断请求。显然,在中断服务程序中,应设计键盘去抖动延时程序和读键值程序。等待键释放以后,再退出中断服务程序,转向各键定义的各功能程序。这样可以避免发生"一键按下、多次处理"的现象。

### 1. 中断扫描工作方式的四按键识别参考程序

```
            ORG     0000H
            AJMP    MAIN            ;转向主程序。
            ORG     0003H
            AJMP    JSB             ;设置键识别中断服务程序入口。
            ORG     0030H
MAIN:       MOV     SP,     ＃30H   ;设置堆栈。
            SETB    EA              ;开中断。
            SETB    EX0             ;允许INT0中断。
```

```
                MOV      P1,       #0FFH      ;设 P1 口为输入方式。
      HERE：    SJMP     HERE                 ;等待键闭合。
                ;键识别中断服务程序：
                ORG      0120H
      JSB：     PUSH     ACC                  ;保护现场。
                CLR      EA                   ;暂时关中断。
                MOV      A,        P1         ;取 P1 口当前状态。
                ANL      A,        #0FH       ;屏蔽高 4 位。
                CJNE     A,        #0FH，KEY   ;有键按下,转键处理 KEY。
                SETB     EA                   ;开中断。
                POP      ACC                  ;现场恢复。
                RETI                          ;返回。
      KEY：     MOV      B,        A          ;保存键闭合信息到 B。
                LCALL    DELAY10              ;延时 10ms,消去键闭合抖动。
      LOOP：    MOV      A,        P1         ;取 P1 口状态。
                ANL      A,        #0FH       ;屏蔽高 4 位。
                CJNE     A,        #0FH，LOOP  ;等待键释放。
                LCALL    DELAY10              ;延迟 10ms,消去键释放抖动。
                MOV      A,        B          ;取键闭合信息。
                JNB      ACC.0，KEY0          ;若 K0 按下,转键处理程序 KEY0。
                JNB      ACC.1，KEY1          ;若 K1 按下,转键处理程序 KEY1。
                JNB      ACC.2，KEY2          ;若 K2 按下,转键处理程序 KEY2。
                AJMP KEY3                     ;转键处理程序 KEY3。
      KEY0：    ……………………              ;此处添加 K0 按下需要执行的程序
                RETI
      KEY1：    ……………………              ;此处添加 K1 按下需要执行的程序
                RETI
      KEY2：    ……………………              ;此处添加 K2 按下需要执行的程序
                RETI
      KEY3：    ……………………              ;此处添加 K3 按下需要执行的程序
                RETI
```

**2. 程序扫描工作方式的四按键识别参考程序**

```
                ORG      0000H
                AJMP     MAIN                 ;转向主程序。
                ORG      0030H
      MAIN：    MOV      SP,       #30H       ;设置堆栈。
                MOV      P1,       #0FFH      ;设 P1 口为输入方式。
      LOOP：    LCALL    KEYMON               ;在主程序中循环调用键盘扫描子程序
                SJMP     LOOP                 ;循环。
                                              ;键盘扫描子程序：
```

```
            ORG     0120H
KEYMON：MOV     A，      P1          ；取 P1 口当前状态。
        ANL     A，      ＃0FH        ；屏蔽高 4 位。
        CJNE    A，＃0FH，KEY          ；有键按下，转键处理 KEY。
        RET                         ；无键按下，退出键盘扫描。
KEY：    MOV     B，      A           ；保存键闭合信息到 B。
        LCALL   DELAY10             ；延时 10ms，消去键闭合抖动。
LP：     MOV     A，      P1          ；取 P1 口状态。
        ANL     A，      ＃0FH        ；屏蔽高 4 位。
        CJNE    A，      ＃0FH，LP     ；等待键释放。
        LCALL   DELAY10             ；延迟 10ms，消去键释放抖动。
        MOV     A，      B           ；取键闭合信息。
        JNB     ACC.0，KEY0          ；若 K0 按下，转键处理程序 KEY0。
        JNB     ACC.1，KEY1          ；若 K1 按下，转键处理程序 KEY1。
        JNB     ACC.2，KEY2          ；若 K2 按下，转键处理程序 KEY2。
        AJMP    KEY3                ；转键处理程序 KEY3。
KEY0：   ………………………           ；此处添加 K0 按下需要执行的程序
        RET
KEY1：   ………………………           ；此处添加 K1 按下需要执行的程序
        RET
KEY2：   ………………………           ；此处添加 K2 按下需要执行的程序
        RET
KEY3：   ………………………           ；此处添加 K3 按下需要执行的程序
        RET
```

**说明**：DELAY10 为延迟 10ms 子程序，KEY0、KEY1、KEY2、KEY3 分别为 K0、K1、K2、K3 键处理专用程序。

# 三、行列式键盘

行列式键盘又叫矩阵式键盘。用 I/O 口线组成行、列结构，按键设置在行与列的交点上。图 7.24 所示为 1 个由 8 条行线与 4 条列线组成的 8 × 4 行列式键盘，32 个键盘只用了 12 根 I/O 口线。由此可见，在按键配置数量较多时，采用这种方法可以节省 I/O 口线。

行列式键盘必须由软件来判断按下键盘的键值。其判别方法是这样的：

如图 7.24 所示，首先由 CPU 从 PA 口输出一个全为 0 的数据，也就是说，这时 PA.7～PA.0 全部为低电平，这时如果没有键按下，则 PB.3～PB.0 全部处于高电平。所以当 CPU 去读 8155 PB 口时，PB.3～PB.0 全为 1 表明这时无键按下。

现在，我们假设第 5 行第 4 列键是按下的（即图中箭头指着的那个键）。由于该键被按下，使第 4 根列线与第 5 根行线导通，原先处于高电平的第 4 根列线被第 5 根行线箝位到低电平。所以，这时 CPU 读 8155 PB 口，PB.3 ＝ 0。从硬件图中我们可以看到，只要是第 4 列键按下，CPU 读 8155 PB 口时，PB.3 始终为 0。其 PB 口的读得值为 XXXX0111B，这就是第 4 列键按

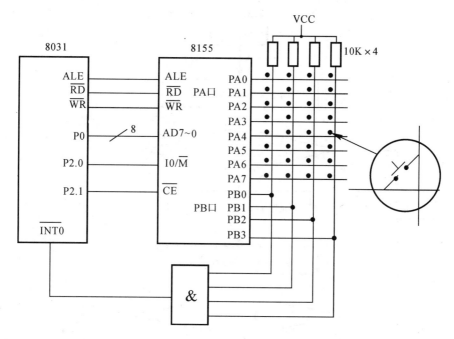

图 7.24　8×4 扫描式键盘结构示意图

下的特征。如果此时读得 PB 口值为 XXXX1101 B,显然可以断定是第 2 列键被按下。

　　读取被按键盘的行值,可用扫描方法。即首先使 8155PA 口仅 PA.0 输出为 0、其余位都是 1;然后去读 PB 口的值,如读得 PB.3～PB.0 为全 1,则接着使 PA.1 为 0 其余位都是 1;再读 PB 口,若仍为全 1,再继续使 PA.2 为 0,其余位为 1;再读 PB 口 …直到读出 PB.0～PB.3 不全为 1 或 0 位移到 PA.7 为 0 为止。这种操作方式就好像 PA 口为 0 的这根线从最低位开始逐位移动(称作扫描),直到 PA.7 为 0 为止。很明显,对于我们上例中的第 5 行第 4 列键按下,必然有:在 PA 口输出为 11101111 B 时,PB.3～PB.0 不全为 1,而是 XXXX0111B。此时,行输出数据和列输入数据中 0 位置,即表示了该键的键值。

　　综上所述,行列式键盘的扫描键值可归结为两个步骤:

　　①判断有无键按下;

　　②判断按下键的行、列号,并求出键值。

　　如在图 7.24 硬件图中,设定:

　　行号=0,1,2,3,4,5,6,7;

　　列号=0,1,2,3;

　　可得键值如图 7.25 所示。

　　由图 7.25 可得:键值 = 行号×10H＋列号

　　若求得键值,则可利用散转指令,去执行键盘各自的功能程序。

| 列号 | 0 | 1 | 2 | 3 | 行号 |
|---|---|---|---|---|---|
| | 00 | 01 | 02 | 03 | 0 |
| | 10 | 11 | 12 | 13 | 1 |
| | 20 | 21 | 22 | 23 | 2 |
| | 30 | 31 | 32 | 33 | 3 |
| | 40 | 41 | 42 | 43 | 4 |
| | 50 | 51 | 52 | 53 | 5 |
| | 60 | 61 | 62 | 63 | 6 |
| | 70 | 71 | 72 | 73 | 7 |

图 7.25　键值分配示意图

　　下面是图 7.24 所示电路的键盘扫描及识别程序(JSB)算法及清单(约定 FFH 为无效键值,设 8155A 口地址为 FE01H,B 口地址为 FE02H):

## 1. 算法(流程图)

算法流程如图 7.26 所示。

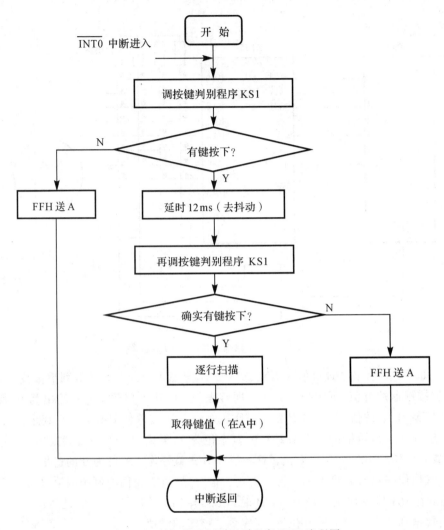

图 7.26　键扫描及识别识别程序(JSB)流程图

### 2. 程序清单

| | | | |
|---|---|---|---|
| JSB: | ACALL | KSl | ;调用按键判断子程序,判断是否有键按下。 |
| | JNZ | LK1 | ;有键按下时,(A≠0)转去抖动延时。 |
| | MOV | A,#0FFH | |
| | AJMP | FH | ;无键按下返回。 |
| LK1: | ACALL | DELAY12 | ;延时 12ms。 |
| | ACALL | KS1 | ;查有无键按下,若有,则为键真实按下。 |
| | JNZ | LK2 | ;键按下(A≠0)转逐列扫描。 |
| | MOV | A, #0FFH | |
| | AJMP | FH | ;没有键按下,返回。 |
| LK2: | MOV | R2, #0FEH | ;首行扫描字送 R2。 |
| | MOV | R4, #00H | ;首行号送 R4。 |
| LK4: | MOV | DPTR, #FE01H | ;指向 A 口。 |

| | MOV | A, | R2 | |
|---|---|---|---|---|
| | M0VX | @DPTR, | A | ；行扫描字送至 8155PA 口。 |
| | INC | DPTR | | ；指向 8155PB 口。 |
| | MOVX | A, | @DPTR | ；8155 PB 口读入列状态。 |
| | JB | ACC.0, | LONE | ；若第 0 列无键按下,转查第 1 列。 |
| | MOV | A, | #00H | ；第 0 列有键按下,将列首键号 00H 送 A。 |
| | AJMP | LKP | | ；转求键值。 |
| LONE： | JB | ACC.1, | LTWO | ；若第 1 列无键按下,转第 2 列。 |
| | MOV | A, | #01H | ；第 1 列有键按下,将列号 01H 送 A。 |
| | AJMP | LKP | | ；转求键值。 |
| LTWO： | JB | ACC.2, | LTHR | ；若第 2 列无键按下,转查第 3 列。 |
| | MOV | A, | #02H | ；第 2 列有键按下,将列号 02H 送 A。 |
| | AJMP | LKP | | ；转求键值。 |
| LTHR： | JB | ACC.3, | NEXT | ；若第 3 列无键按下,改扫描下一行。 |
| | MOV | A, | #03H | ；第 3 列有键按下,将列号 03H 送 A。 |
| LKP： | MOV | R5, | A | ；列号存 R5。 |
| | MOV | A, | R4 | ；取回行号。 |
| | MOV | B, | 10H | |
| | MUL | AB | | ；乘 10H。 |
| | ADD | A, | R5 | ；求得键号（行号＊10H＋列号）。 |
| | PUSH | ACC | | ；键号进栈保护。 |
| LK3： | ACALL | KS1 | | ；等待键释放。 |
| | JNZ | LK3 | | ；未释放,继续等待。 |
| | POP | ACC | | ；键释放,键号送 A。 |
| FH： | RETI | | | ；键扫描结束,出口状态为（A）=键号。 |
| | | | | |
| NEXT： | INC | R4 | | ；指向下一行,行号加 1。 |
| | MOV | A, | R2 | ；判 8 行扫描完没有？ |
| | JNB | ACC.7,KND | | ；8 行扫描完,返回。 |
| | RL | A | | ；未完,扫描字左移一位。 |
| | MOV | R2, | A | ；暂存 A 中。 |
| | AJMP | LK4 | | ；转下一行扫描。 |
| KND： | MOV | A, | #0FFH | |
| | JMP | FH | | |

按键判断子程序 KS1：

| KS1： | MOV | DPTR, | #FE01H | ；指向 PA 口。 |
|---|---|---|---|---|
| | MOV | A, | #00H | ；全扫描字#00H=00000000B。 |
| | M0VX | @DPTR, | A | ；全扫描字送 PA 口。 |
| | INC | DPTR | | ；指向 PB 口。 |

| MOVX | A, | @DPTR | ；读入 PB 口状态。 |
| CPL | A | | ；变正逻辑,以高电平判定是否有键按下。 |
| ANL | A, | ♯0FH | ；屏蔽高 4 位。 |
| RET | | | ；返回。 |

# 第六节　单片机与数模(D/A)及模数(A/D)转换器的接口及应用

在自动检测和自动控制等领域中,经常需要对温度、速度、电压、压力等连续变化的物理量(模拟量)进行测量和控制,而计算机只能处理数字量,因此就出现了计算机信号的模/数(A/D)和数/模(D/A)转换以及计算机与 A/D 和 D/A 转换芯片的连接问题。

## 一、A/D 转换器概述

A/D 转换器用于模拟量→数字量的转换。目前应用较广的是双积分型和逐次逼近型。

**1. 双积分型**

常用双积分型 A/D 转换器有 ICL7106、ICL7107、ICL7135 等芯片,以及 MC1443、5G14433 等芯片。双积分型 A/D 转换器具有转换精度高、抗干扰性能好、价格低廉等优点,但转换速度慢。

**2. 逐次逼近型**

目前,应用较广的逐次逼近型 A/D 转换器有 ADC0801～ADC0805、ADC0808～ADC0809、ADC0813～ADC0816 等芯片。逐次逼近型 A/D 转换器特点是转换速度较快,精度较高,价格适中。

**3. 高精度,高速、超高速型**

如 ICL7104、AD575、AD578 等芯片。

## 二、常用 A/D 转换器接口及应用

**1. A/D 转换器芯片 ADC0809**

(1)内部结构及引脚

ADC0809 是 8 输入通道逐次逼近式 A/D 转换器。内部结构框图及引脚如图 7.27 和 7.28 所示。图中多路开关可选通 8 个模拟通道,允许 8 路模拟量分时输入,共用一个 A/D 转换器进行转换。地址锁存与译码电路完成对 A、B、C 3 个地址线进行锁存和译码,其译码输出用于通道选择。三态输出锁存器用于存放和输出转换后得到的数字量。

信号引脚功能如下:

①IN7～IN0——模拟量输入通道

0809 对输入模拟量的要求主要有:信号单极性,电压范围 0～5V(VCC＝＋5V)。另外,模拟量输入在 A/D 转换过程中其值不应变化,因此,对变化速度快的模拟量,在输入前应增加

采样保持电路。

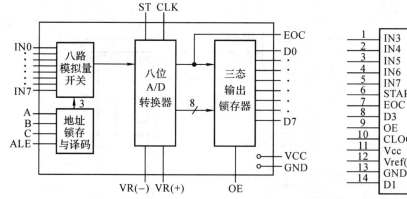

图 7.27　ADC0809 内部逻辑结构

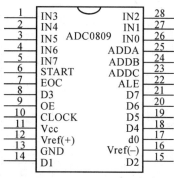

图 7.28　ADC0809 引脚图

②A、B、C——地址线表

A 为低位地址,C 为高位地址,用于对模拟量输入通道进行选择,引脚在图中为 ADDA、ADDB 和 ADDC。其地址状态与通道对应关系见表 7.7。

③ALE——地址锁存允许信号

对应 ALE 上跳沿,A、B、C 地址状态送入地址锁存器中。

④START——转换启动信号

START 上跳沿时,所有内部寄存器清 0;START 下跳沿时,开始进行 A/D 转换;在 A/D 转换期间,START 应保持低电平。

⑤D7~D0——数据输出线

为三态缓冲输出形式,可以和单片机的数据线直接相连。

⑥OE——输出允许信号

用于控制三态输出锁存器使 A/D 转换器输出转换得到的数据。OE=0,输出数据线呈高电阻;OE=1,输出转换得到的数据。

⑦CLK——时钟信号

ADC0809 内部没有时钟电路,所需时钟信号由外界提供。通常使用频率为 500kHz 的时钟信号。

⑧EOC——转换结束状态信号

EOC=0,正在进行 A/D 转换;EOC=1,转换结束。

使用时,该状态信号既可作为查询的状态标志,又可以作为中断请求信号使用。

• Vcc——+5V 电源

• Vr——参考电源

参考电源用来与输入的模拟信号进行比较,作为逐次逼近的基准。

(2)MCS-51 单片机与 ADC0809 接口

图 7.29 为 8051 单片机与 ADC0809 连接方案之一。

由图 7.29 可知,对 8 个模拟输入通道 IN0~IN7 采用线选法。低 3 位地址线 A0、A1、A2

表 7.7　通道选择表

| C | B | A | 选择的通道 |
|---|---|---|---|
| 0 | 0 | 0 | IN0 |
| 0 | 0 | 1 | IN1 |
| 0 | 1 | 0 | IN2 |
| 0 | 1 | 1 | IN3 |
| 1 | 0 | 0 | IN4 |
| 1 | 0 | 1 | IN5 |
| 1 | 1 | 0 | IN6 |
| 1 | 1 | 1 | IN7 |

分别与 ADC0809A、B、C 端相连，P2.6＝1 选中 0809 芯片。因此，8 个模拟通道地址为：4000H～4007H（地址不是唯一的）。

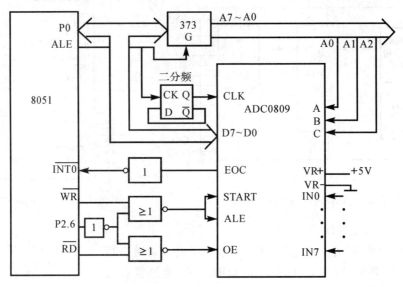

图 7.29  8051 与 ADC0809 芯片连接

图 7.29 中，有关信号时序配合波形如图 7.30(a)、(b)所示。

图 7.30(a)为执行 MOVX @DPTR，A 指令时，8051 从 P2.6 和 $\overline{WR}$ 端发出的相应信号以及 0809 的 ALE 和 START 端收到的相应信号；

图 7.30(b)为执行 MOVX A,@DPTR 指令时，8051 发出的相应信号以及 0809 收到的相应信号。

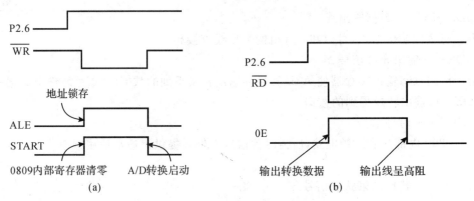

图 7.30  0809 启动及数据输出时序配合

由以上讨论可得如下结果：

①ADC0809 有 8 个模拟量输入通道，每个通道都对应每一个口地址，可采用线选法或译码法进行编址。

②图 7.29 所对应的启动 A/D 转换，相应启动指令为：

MOV        DPTR，  ♯4000H

MOVX      @DPTR，A              ；使 P2.6＝1 且 $\overline{WR}$＝0。

③读 A/D 转换后，数据相应读取指令为：

```
MOV        DPTR,   #4000H
MOVX       A,       @DPTR   ;使P2.6=1且RD=0。
```

当0809内部完成数据转换后,EOC=1,表示本次A/D转换结束,该信号反相后可向CPU发出中断申请。CPU也可定期查询EOC状态了解A/D转换是否完成。

由于0809内部没设置时钟电路,须由8051发出的ALE信号二分频后作为0809时钟信号(0809时钟频率通常为500kHz)。

综上所述,启动和读取图7.29中通道0(4000H)参考程序如下:

```
MOV        DPTR,   #4000H
MOVX       @DPTR, A                ;启动0809。
            .
            .
MOV        DPTR,   #4000H         ;
MOVX       A,       @DPTR         ;读取通道0转换后数据。
```

### 2. A/D转换器芯片 MCP3204

(1)概述

MCP3204 A/D转换器是Microchip公司总结了以往模拟器件厂商生产模数转换器(ADC)的经验,将其在单片微功耗技术的经验应用于A/D转换器而开发出高性价比的12位逐次逼近型(SRA)A/D转换器。

该A/D转换器具有以下特点:

① 单电源工作,工作电压范围宽,可在2.7~5.5V电压间工作;

② 功耗低,激活工作电流仅为400$\mu$A,而维持工作电流仅0.5$\mu$A;

③ 工作方式灵活,单端输入工作方式和准差分输入工作方式可通过命令设置,其中,准差分输入工作方式能有效抑制输入端共模干扰的影响;

④ 与微处理器采用SPI接口总线通讯,为微处理器节约了口线,同时,也使数据采集更加方便;

⑤ 几乎无外围器件,从而减少了由于外围器件而引入的干扰和误差,同时也提高了可靠性;

⑥ ESD保护,所有管脚均能随4kV静电释放;

⑦ 转换速度可达100kHz;

⑧ 适应温度范围宽,−40~85℃。

由于其极低的功耗和灵活的工作方式,它适宜于各种电池供电系统、便携式仪表、数据采集系统和传感器接口的应用。

(2)内部结构和引脚功能

MCP3204主要由输入通道选通开关、采样保持单元、数据转换器(DAC)、比较器、12位逐次逼近寄存器(SAR)、控制逻辑单元和移位寄存器等部分组成,如图7.31所示。

MCP3204的转换原理是:通过比较器,利用已知的标准电压与被测电压进行比较,当被测电压与标准电压相等时,则该标准电压即为A/D转换的结果。标准电压是按照二进制编码变化的可变量,通常它是由逐次逼近寄存器(SAR)和DAC产生的。SAR用于产生一个二进制编码的数字量,DAC将这个数字量转换成模拟电压即为标准电压。SAR的位数决定了A/D转换器的分辨率,同时,SAR的位数又决定了A/D转换器完成一次转换过程中标准电压与被测电压比较的次数,也就是说决定了完成一次A/D转换的所需要的时间。每次进行A/D转

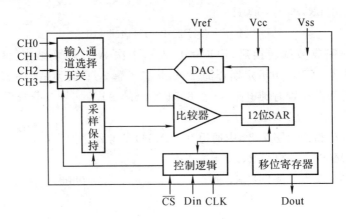

图 7.31　MCP3204 内部结构图

换的通道号通过控制逻辑选取,而转换后的二进制数据则通过移位寄存器串行输出。

转换后输出的数据＝$(4096 \times V_{IN})/V_{ref}$。

其中:$V_{IN}$是从 CH0~CH3 输入的模拟电压,$V_{REF}$是输入参考电压。

图 7.32 是 MCP3204 双列直插封装型式引脚分布图。

信号引脚功能如下:

① CH0~CH3:模拟信号输入端;

② NC:保留未用端子;

③ DGND:数字地;

④ $\overline{CS}$/SHDN:片选/关闭输入;

⑤ DIN:串行数据输入端;

⑥ DOUT:串行数据输出端;

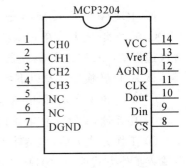

⑦ CLK:串行数据输入输出时钟;

⑧ AGND:模拟地;

图 7.32　MCP3204 引脚图

⑨ VREF:参考电压输入端;

⑩ VCC:供电电源正端。

(3)MCS-51 单片机与 MCP3204 接口

MCP3204 具有标准 SPI 串行总线接口,其操作时序如图 7.33 所示。

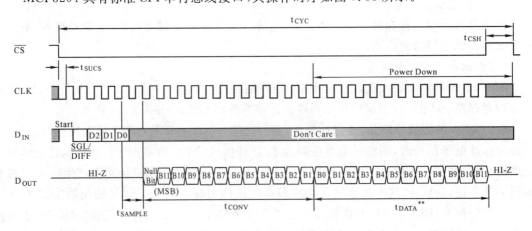

图 7.33　MCP3204 操作时序

　　由图 7.33 可知,当片选信号由高变低,且 DIN 为高电平时,第一个时钟脉冲 CLK 的上升沿的到来将构成一个数据交换起始位(Start 位),此时 MCP3204 才能接收微处理器发出的命令。若不满足上述条件,MCP3204 将对 DIN 输入的数据不予理会;这时,仅 DIN 输入有效,而 DOUT 输出呈高阻状态。在起始位后,MCP3204 接收的是输入方式选择位(SGL/DIFF 位),此位将决定该 A/D 转换器输入方式是单端输入还是差分输入,紧接此后输入的 3 位数据选择模拟输入通道号,具体如表 7.8 所示。

表 7.8　MCP3204 的控制命令

| 控制位选择 | | | | 输入方式 | 通道选择 |
|---|---|---|---|---|---|
| SGI/DIFF | D2 | D1 | D0 | | |
| 1 | × | 0 | 0 | 单端输入 | CH0 |
| 1 | × | 0 | 1 | 单端输入 | CH1 |
| 1 | × | 1 | 0 | 单端输入 | CH2 |
| 1 | × | 1 | 1 | 单端输入 | CH3 |
| 0 | × | 0 | 0 | 差分输入 | CH0＝IN+ <br> CH1＝IN− |
| 0 | × | 0 | 1 | 差分输入 | CH0＝IN− <br> CH1＝IN+ |
| 0 | × | 1 | 0 | 差分输入 | CH2＝IN+ <br> CH3＝IN− |
| 0 | × | 1 | 1 | 差分输入 | CH2＝IN− <br> CH3＝IN+ |

注:×为任意值

　　当输入完 4 位命令数据后,MCP3204 将开放选通通道开始对其电压值进行采样,这个过程将需要 1.5 个时钟周期去完成。采样时钟后,下一时钟的下降沿在 DOUT 上将输出一个无效的 0,紧接着时钟的下降沿 DOUT 将依次输出转换后的二进制数据,其顺序是由最高位到最低位(B11～B0),共 12 位数据,这样便完成了一次 A/D 转换周期。

　　需要注意的是:首先当 MCP3204 接收命令数据时,时钟 CLK 的上升沿有效;当 MCP3204 输出转换后的数据时,时钟 CLK 的下降沿有效。其次,当采样结束后,读取所有 12 位转换数据必须在 1.2ms 时间内完成,否则将影响转换精度。

　　由上所述,MCP3204 和单片机之间数据交换最直接、最有效的方法是利用单片机的 SPI 总线接口与 MCP3204 的 SPI 接口通讯。这样,只需占用微处理器很少的资源便能很快获取转换后的数据。但是,MCS-51 系列单片机 8051 不具备 SPI 单总线接口(部分 MCS-51 单片机具备,如 AT89S8252),则需要运用单片机输入/输出口线及其软件来模拟 SPI 接口的操作,以获取 MCP3204 转换的数据。

　　图 7.34 为 8051 单片机与 MCP3204 接口的连接方案之一。

　　图 7.34 中,由高精度稳压芯片 LM336 产生基准电源＋5V(比 VCC 更加稳定,纹波更小,热稳定性好)提供给 A/D 作参考电压。

　　假设输入方式选择及通道号选择置于单片机 8051 累加器 A 中的高 4 位,输出的转换结

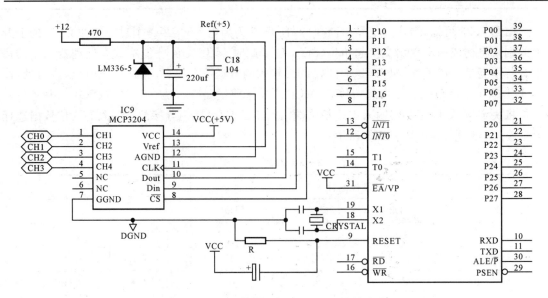

图 7.34   8051 单片机与 MCP3204 连接方案

果保存于内部 RAM 30H、31H 两个单元,30H 存高 4 位,31H 存低 8 位,则与图 7.34 相对应的采集一次 A/D 转换数据的参考程序清单如下:

```
        CLK     EQU    P1.0     ;定义接口 I/O 口线
        DOUT    EQU    P1.1
        DIN     EQU    P1.2
        CS      EQU    P1.3
        ORG     0100H           ;调用本子程序前,将输入方式选择及通道号存于累加
                                 器 A 高 4 位
ADC:    CLR     CLK             ;将 MCP3204 CLK 引脚清 0
        SETB    DIN             ;将 MCP3204 DIN 引脚置 1
        SETB    CS              ;将 MCP3204 CS 引脚置 1
        NOP                     ;保证 CS 引脚足够的高电平时间
        NOP
        CLR     CS              ;MCP3204 CS 引脚形成下降沿
        SETB CLK                ;CS 由 1 变到 0 时,第一个时钟上升沿的到来构成一个
                                 起始位
        NOP
        NOP
        MOV     R7,#04H         ;置循环初值
LP1:    CLR     CLK
        RLC     A
        MOV     DIN,C
        SETB    CLK             ;在随后的 4 个脉冲的上升沿将累加器 A 高 4 位依次
                                 传给 MCP3204,启动 A/D 转换
        DJNZ    R7,LP1
```

```
        NOP
        NOP
        CLR     CLK
        NOP
        NOP
        SETB    CLK
        NOP
        NOP
        CLR     CLK             ;MCP3204 在 DOUT 引脚输出与转换结果无关的一位 0
        NOP
        NOP
        MOV     30H,♯00H        ;用于存放转换结果的内存单元清 0
        MOV     31H,♯00H
        MOV     R7,♯12          ;置循环初值
LP2：   SETB    CLK             ;以下程序读取 12 位 A/D 转换结果
        NOP
        NOP
        CLR     CLK             ;在 CLK 下降沿时刻,MCP3204 串行输出转换结果
        MOV     C, DOUT
        MOV     A, 31H
        RLC     A
        MOV     31H, A
        MOV     A, 30H
        RLC     A
        MOV     30H, A
        DJNZ    R7,LP2          ;将转换结果移入 30H、31H 单元
        SETB    CS              ;转换结束
        RET
```

## 三、D/A 转换器概述

D/A 转换器是将数字量转换成模拟量的器件,根据转换原理可分为调频式、双电阻式、脉幅调制式、梯形电阻式、双稳流式等,其中梯形电阻式用的较为普遍。常用 D/A 器件有 DAC0832、DAC0831、DAC0830、AD7520、AD7522、AD7528、DAC82 等芯片。

## 四、典型 D/A 转换器芯片 DAC0832

### 1. 内部结构及引脚

DAC0832 是一个 8 位 D/A 转换器。单电源供电,从 +5～+15V 均可正常工作。基准电压的范围为 ±10V;电流建立时间为 $1\mu S$;CMOS 工艺;低功耗 20mW。

　　DAC0832 转换器芯片为 20 引脚,双列直插式封装,其引脚排列和内部结构框图如图 7.35 所示。

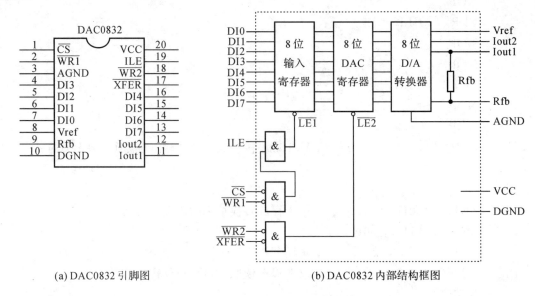

(a) DAC0832 引脚图　　　　　　　　　　(b) DAC0832 内部结构框图

图 7.35　DAC0832 引脚及内部结构图

　　该转换器由输入寄存器和 DAC 寄存器构成两级数据输入锁存。使用时数据输入可以采用两级锁存(双锁存)形式,或单级锁存(一级锁存,一级直通)形式,或直接输入(两级直通)形式。

　　此外,3 个"与"门电路组成了寄存器输出控制逻辑电路,该逻辑电路的功能是进行数据锁存控制,当 $\overline{LE}=0$ 时,输入数据被锁存;当 $\overline{LE}=1$ 时,锁存器的输出跟随输入的数据。

　　D/A 转换电路是一个 R-2R T 型电阻网络,实现 8 位数据的转换。

　　对各引脚信号说明如下:

　　①DI7～DI0:转换数据输入;

　　②$\overline{CS}$:片选信号(输入),低电平有效;

　　③ILE:数据锁存允许信号(输入),高电平有效;

　　④$\overline{WR1}$:第 1 写信号(输入),低电平有效;

　　(上述两个信号控制输入寄存器选用数据直通方式或是数据锁存方式:当 ILE=1 和 $\overline{WR1}=0$ 时,为输入寄存器直通方式;当 ILE=1 和 $\overline{WR1}=1$ 时,为输入寄存器锁存方式。)

　　⑤$\overline{WR2}$:第 2 写信号(输入),低电平有效;

　　⑥$\overline{XFER}$:数据传送控制信号(输入),低电平有效;

　　(上述两个信号控制 DAC 寄存器选用数据直通方式或是数据锁存方式:当 $\overline{WR2}=0$ 和 $\overline{XFER}=0$ 时,为 DAC 寄存器直通方式;当 $\overline{WR2}=1$ 和 $\overline{XFER}=0$ 时,为 DAC 寄存器锁存方式。)

　　⑦Iout1:电流输出 1。

　　⑧Iout2:电流输出 2。

　　(DAC 转换器的特性之一是:Iout1+Iout2=常数。)

　　⑨Rfb:反馈电阻端。DAC0832 是电流输出。为了取得电压输出,需在电压输出端接运算放大器,Rfb 即为运算放大器的反馈电阻端。运算放大器的接法如图 7.36 所示。

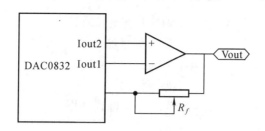

图 7.36　运算放大器接法

⑩Vref：基准电压，其电压可正可负，范围—10～＋10V。

⑪DGND：数字地。

⑫AGND：模拟地。

D/A 转换芯片输入是数字量，输出为模拟量，模拟信号极易受电源和数字信号干扰，故为减少输出误差，提高输出稳定性，模拟信号须采用基准电源和独立的地线，一般应将数字地和模拟地分开。

**2. 单缓冲方式的接口与应用**

所谓单缓冲方式是指 DAC0832 中的输入寄存器和 DAC 寄存器一个处于直通方式，另一个处于受控选通方式。例如：为使 DAC 寄存器处于直通方式，可设 $\overline{WR2}=0$ 和 $\overline{XFER}=0$；为使输入寄存器处于受控锁存方式，可将 $\overline{WR1}$ 端接 8051 $\overline{WR}$ 端，ILE＝1。CS 端可接 8051 地址译码输出，以便向 DAC0832 中输入寄存器确定地址。其他如数据线连接及地址锁存等问题不再赘述。

例如：用 DAC0832 输出一程控电压信号，典型电路连接如图 7.37 所示。

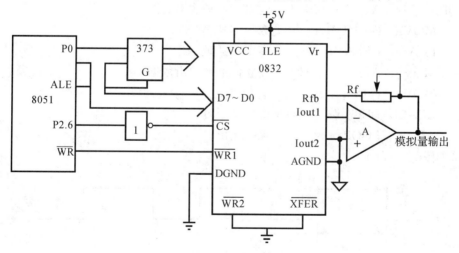

图 7.37　用 DAC0832 产生锯齿波电路

图 7.37 中，DAC0832 地址为 4000H，参考电源 Vref 接＋5V 电源。为提高系统输出精度，Vref 也可改接精密基准电源，反馈电阻 Rf 阻值可调节输出模拟电压幅度。

下面两段程序可输出不同程控电压波形。

（1）输出锯齿波电压信号

```
MOV    DPTR,♯4000H ；指向 0832 地址。
MOV    A,    ♯00H   ；初值置 0。
```

```
LOOP: MOVX  @DPTR,A        ;数字信号送 0832。
      INC    A             ;数字信号加 1。
      LCALL  DELAY         ;延时。
      AJMP   LOOP          ;循环输出。
```

执行上述程序,在运算放大器的输出端就能得到如图 7.38 所示的锯齿波。

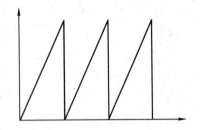

图 7.38　D/A 转换产生的锯齿波

对锯齿波的产生作如下几点说明:

①程序每循环一次,A 加 1,因此实际上锯齿波的上升边是由 256 个小阶梯构成的。但由于阶梯很小,所以宏观上看就是如图 7.38 中所表示的线性增长锯齿波。

②可通过循环程序段的机器周期数计算出锯齿波的周期。并可根据需要,通过延时的办法来改变波形周期。当延迟时间较短时,可用 NOP 指令来实现(本程序就是如此);当需要延迟时间较长时,可以使用一个延时子程序。延迟时间不同,波形周期不同,锯齿波的斜率就不同。

③通过 A 加 1,可得到正向的锯齿波;如要得到负向的锯齿波,改为减 1 指令即可实现。

④程序中,A 的变化范围是从 0 到 255,因此得到的锯齿波是满幅度的。如要求得到非满幅锯齿波,可通过计算求得数字量的初值和终值,然后在程序中通过置初值判终值的办法即可实现。

(2)输出方波电压信号

```
       MOV    DPTR,#4000H   ;指向 0832 地址。
LOOP: MOV    A,    #0FFH   ;建立高电平输出数据。
       MOVX   @DPTR,A       ;数字信号送 0832。
       LCALL  DELAY1        ;高电平延时。
       MOV    A,    #00H    ;建立低电平输出数据。
       MOVX   @DPTR,A       ;送 0832。
       LCALL  DELAY2        ;低电平延时。
       AJMP   LOOP          ;循环输出。
```

波形如图 7.39 所示。

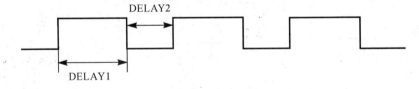

图 7.39　D/A 转换产生的方波

读者有兴趣还可改变程序用 0832 输出三角波、正弦波等波形。

(3)DAC0832 双缓冲方式应用

所谓双缓冲方式是指 DAC0832 中输入寄存器和 DAC 寄存器均处于受控选通方式。

为了实现对 0832 内部两个寄存器的控制,可根据 DAC0832 引脚功能,给两个寄存器分配不同地址。

双缓冲方式常用于多路模拟信号同时输出的应用场合,例如单片机控制 X-Y 绘图仪中

8051 与两片 DAC 0832 连接如图 7.41 所示。X-Y 绘图仪由 X、Y 两个方向的步进电机驱动,对 X-Y 绘图仪的控制需要分别给 X 通道和 Y 通道提供模拟坐标信号,另外两路坐标值须要同步输出,例如用 X-Y 绘图仪绘制如图 7.40 所示的曲线。

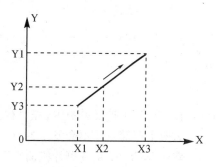

图 7.40　X-Y 绘图仪绘制的曲线

显然,要保证所绘制曲线准确光滑,X 坐标数据和 Y 坐标数据必须同步输出。

图 7.41 中两片 0832 共占用 3 个地址,假设:

①P2.7=0,P2.6=1,P2.5=1,选中Ⅰ号 DAC0832

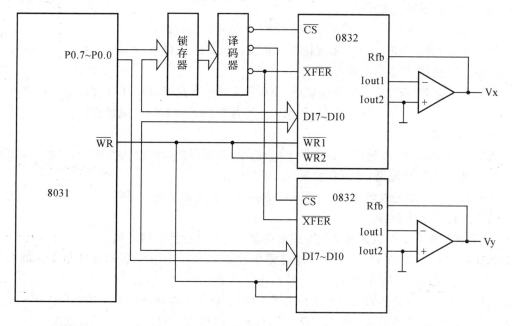

图 7.41　X-Y 绘图仪 8051 与两片 0832 连接

(输入寄存器),地址为 6FFFH;

②P2.7=1,P2.6=0,P2.5=1,选中Ⅱ号 DAC0832（输入寄存器）,地址为 AFFFH;

③P2.7=0,P2.6=0,P2.5=0,选中Ⅰ号、Ⅱ号 0832 DAC 寄存器,地址为 0FFFH。

以下为 X、Y 方向坐标数据同时从 X-Y 绘图仪步进电机输出的驱动程序:

| | | | |
|---|---|---|---|
| MOV | DPTR, | #6FFFH | ;指向Ⅰ号 0832 输入寄存器。 |
| MOV | A, | #datax | ;送 X 坐标数据。 |
| MOVX | @DPTR, | A | |
| MOV | DPTR, | #0AFFFH | ;指向Ⅱ号 0832 输入寄存器。 |
| MOV | A, | #datay | ;送 Y 坐标数据。 |
| MOVX | @DPTR, | A | |
| MOV | DPTR, | #0FFFH | ;指向Ⅰ、Ⅱ号 DAC 寄存器。 |
| MOVX | @DPTR, | A | ;X、Y 坐标数据同步输出。 |

# 思考与练习

**7-1** 在 MCS-51 扩展系统中,程序存储器和数据存储器共用 16 位地址线和 8 位数据线,为什么两个存储空间不会发生冲突?

**7-2** 叙述 MCS-51 系统单片机简单 I/O 扩展的基本原则。

**7-3** 芯片 74LS244 能用作 8051 输出 I/O 口扩展吗? 为什么? 芯片 74LS377 能用作 8051 输入 I/O 口扩展吗? 为什么?

**7-4** 8051 的 P0 口是否可无限多的扩展 74LS273 芯片? 为什么?

**7-5** 用 4 片 74LS373 作为 8031 系统输出口扩展,4 片 74LS244 作为输入口扩展,试画出连接电路,并说明扩展各口的地址。

**7-6** 试为 1 个 8031 单片机应用系统扩展 4KB 外部程序存储器,256 单元外部数据存储器,两个 8 位输入口,两个 8 位输出口,并说明各外部存储器和 I/O 口地址范围。

**7-7** 简述 8155 的内部结构。

**7-8** 现有 8051 通过 8155 连接八位共阴 LED 显示器,设段控口地址为 0301H,位控口地址为 0302H,画出连接电路,并编程实现 8155 初始化。

**7-9** 机械式按键组成的键盘,应如何消除按键抖动? 独立式按键和矩阵式按键分别具有什么特点? 适用于什么场合?

**7-10** 请叙述中断方式的键盘与查询方式的键盘其硬件和软件有何不同?

**7-11** ADC0809 与 8051 单片机接口时有哪些控制信号? 作用分别是什么? DAC0832 与 8051 单片机接口时有哪些控制信号? 作用分别是什么?

**7-12** 什么是 D/A 转换器的单缓冲工作方式? 什么是 D/A 转换器的双缓冲工作方式?

**7-13** 在一个 8051 应用系统中扩展一片 2764,地址范围 0000H~1FFFH(地址唯一)。一片 8155,地址范围:RAM:0400H~04FFH,I/O 口:0500H~0505H。一片 0809,地址范围:IN0~IN7:8000H~8007H。试画出系统连线图。

**7-14** 用 D/A 转换器 0832 产生三角波,如下图所示,编程实现。

**7-15** 试用 8051 单片机组成某水塔水位 H 监测、控制系统。当 H≤10M 时调用进水程序(JS);当 H≥15M 时调用放水程序(FS);当 10M<H<15M 时不做任何处置而返回(FH)。请画出控制系统组成示意图,选择系统主要芯片,编写程序。

# 第八章

# 8051 单片机的异步串行通信技术

## 第一节  概  述

计算机与外界的信息交换称为通信。常用通信方式有两种：并行通信与串行通信，又称并行传送和串行传送。并行传送具有传送速度快、效率高等优点，但传送多少数据位就需要多少根数据线，传送成本高；串行传送是按位顺序进行数据传送，最少仅需要一根传输线即可完成，传送距离远，但传送速度慢。串行通信又分同步和异步两种方式。同步通信中，在数据传送开始时先用同步字符来指示（常约定1～2个），并由同时传送的时钟信号来实现发送端和接收端同步，即检测到规定的同步字符后，接着就连续按顺序传送数据。这种传送方式对硬件结构要求较高。在单片机异步通信中，数据分为一帧一帧地传送，即异步串行通信一次传送一个完整字符，字符格式如图8.1所示。

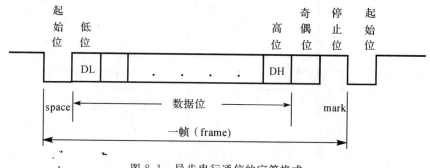

图 8.1  异步串行通信的字符格式

一个字符应包括以下信息：

①起始位：对应逻辑0（space）状态。发送器通过发送起始位开始一帧字符的传送。

②数据位：起始位之后传送数据位。数据位中，低位在前，高位在后。数据位可以是5、6、7、8位。

③奇偶校验位：奇偶校验位实际上是传送的附加位，若该位用于奇偶校验，可校检串行传送的正确性。奇偶校验位的设置与否及校验方式（奇校验还是偶校验）由用户需要确定。

④停止位：用逻辑1（mark）表示。停止位标志一个字符传送的结束。停止位可以是1、1.5或2位。

串行通信中用每秒传送二进制数据位的数量表示传送速率,称为波特率。

1 波特＝1bps(位/秒,b/s)

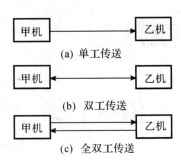

例如:数据传送速率是 240 帧/s,每帧由 1 位起始位、8 位数据位和 1 位停止位组成,则传送速率为:

$10×240＝2400b/s＝2400bps$

单片机的串行通信主要采用异步通信传送方式。在串行通信中,按不同的通信方向有单工传送和双工传送之分,如图 8.2 所示。

图 8.2(a)中,甲、乙两机只能单方向发送或接收数据;

图 8.2(b)中,甲机和乙机能分时进行双向发送和接收数据;

图 8.2 单片机串行通信方向示意

图 8.2(c)中,甲,乙两机能同时双向发送和接收数据。

# 第二节　8051 单片机串行口的基本结构

MCS-51 系列单片机串行口结构框图如图 8.3 所示。

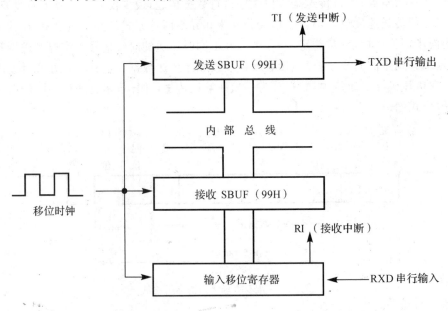

图 8.3　8051 串行口结构框图

## 一、串行口缓冲寄存器(SBUF)

图 8.3 中 SBUF 是串行口缓冲寄存器,发送 SBUF 和接收 SBUF 地址同为 99H。但由于发送 SBUF 不能接收数据,接收 SBUF 也不具有发送功能;故二者工作互不干扰。当 CPU 向 SBUF 写入时,数据进入发送 SBUF,同时启动串行发送;CPU 读 SBUF 时,实际上是读接收

SBUF 数据。

## 二、串行通信控制寄存器(SCON)

与串行通信有关的控制寄存器主要是串行通信控制寄存器 SCON。SCON 是 8051 的一个可以位寻址的专用寄存器,用于串行数据通信的控制。SCON 的单元地址 98H,位地址 9FH~98H。寄存器内容及位地址及功能如表 8.1 和 8.2 所示。

**表 8.1  串行通信控制寄存器 SCON**

| 位地址 | 9F | 9E | 9D | 9C | 9B | 9A | 99 | 98 |
|---|---|---|---|---|---|---|---|---|
| 位符号 | SM0 | SM1 | SM2 | REN | TB8 | RB8 | TI | RI |

**表 8.2  SCON 各位功能说明**

| 符号 | 功 能 说 明 |
|---|---|
| SM0、SM1 | SM0、SM1——串行口工作方式选择位:<br><br>SM0　SM1　工作方式　功　能<br>　0　　　0　　　　0　　8 位数码传送,波特率固定,为 $f_{晶振}/12$。<br>　0　　　1　　　　1　　10 位数码传送,波特率可变。<br>　1　　　0　　　　2　　11 位数码传送,波特率固定,为 $f_{晶振}/64$ 或 $f_{晶振}/32$。<br>　1　　　1　　　　3　　11 位数码传送,波特率可变。 |
| SM2 | SM2——多机通信控制位:<br>　　当串行口以方式 2 或方式 3 接收时,如 SM2=1,只有当接收到的第 9 位数据(RB8)为 1,才将接收到的前 8 位数据送入接收 SBUF,并使 RI 位置 1,产生中断请求信号;否则将接收到的前 8 位数据丢弃。而当 SM2=0 时,则不论第 9 位数据为 0 还是为 1,都将前 8 位数据装入接收 SBUF 中,并产生中断请求信号。对方式 0,SM2 必须为 0;对方式 1,当 SM2=1,只有接收到有效停止位后才使 RI 位置 1。 |
| REN | REN——允许接收位,用于对串行数据的接收进行控制:<br>　　　　REN=0,禁止接收;<br>　　　　REN=1,允许接收。<br>该位由软件置 1 或清 0。 |
| TB8 | TB8——发送数据位 8:<br>在方式 2 和方式 3 时,TB8 位存放要发送的第 9 位数据。 |
| RB8 | RB8——接收数据位 8:<br>在方式 2 和方式 3 中,RB8 位存放接收到的第 9 位数据。 |
| TI | TI——发送中断标志:<br>当方式 0 时,发送完第 8 位数据后,该位由硬件置 1。在其他方式下,于发送停止位之前由硬件置 1。因此 TI=1,表示帧发送结束。其状态既可供软件查询使用,也可请求中断。TI 位由软件清 0。 |
| RI | RI——接收中断标志:<br>当方式 0 时,接收完第 8 位数据后,该位由硬件置 1。在其他方式下,当接收到停止位时,该位由硬件置 1。因此 RI=1,表示帧接收结束。其状态既可供软件查询使用,也可以请求中断。RI 位由软件清 0。 |

另外,电源控制寄存器 PCON 中 SMOD 位可影响串行口的波特率。

当(SMOD)=1,串行口波特率加倍。

还有中断允许寄存器 IE 中的 ES 位可选择串行口中断允许或禁止。

ES=0,禁止串行口中断。

ES=1,允许串行口中断。

# 第三节　8051 单片机串行通信工作方式及应用

8051 单片机的串行通信共有 4 种工作方式:

## 一、串行工作方式 0

在方式 0 下,串行口是同步移位寄存器方式,波特率固定为 $f_{晶振}/12$。该方式主要用于 I/O 口扩展等,方式 0 传送数据时,串行数据由 RXD(P3.0)端输入或输出,而 TXD(P3.1)仅作为同步移位脉冲发生器发出移位脉冲。

串行数据的发送和接收以 8 位为一帧,不设起始位和停止位,其格式如下:

| D0 | D1 | D2 | D3 | D4 | D5 | D6 | D7 |
|----|----|----|----|----|----|----|----|

方式 0 输出数据时,向 SBUF 写入数据的指令:

MOV　SBUF,　A

或　MOV　SBUF,　XXH

即为从 RXD 端输出数据的发送启动指令。当 8 位数据全部移出后,SCON 中的 TI 位被自动置 1。

方式 0 输入数据时,使 SCON 中 REN 位置 1 指令:

SETB　REN

即为从 RXD 端输入数据启动指令。当接收到 8 位数据后 SCON 中的 RI 位被自动置 1。

方式 0 工作时往往需要外部有串入并出寄存器(输出)和并入串出寄存器(输入)配合使用。方式 0 多用于将串行口转变为并行口的使用场合,如图 8.4 所示。

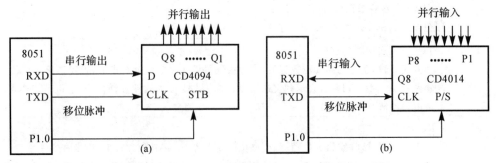

图 8.4　串行工作方式 0 与输入、输出电路的连接示例

图 8.4(a)中,CD4094 是"串入并出"移位寄存器,TXD 端输出频率为 $f_{晶振}/12$ 的固定方波

信号(移位脉冲)。在该移位脉冲的作用下,D 端串行输入数据可依次存入 CD4094 内部 8D 锁存器锁存。P1.0 为选通信号,当 P1.0＝STB 为高电平时,将内部 8D 锁存器数据并行输出。图 8.4(b)中,CD4014 为"并入串出"移位寄存器,P1～P8 为并行输入端,Q8 为串行输出端,当 P1.0＝P/S＝1,加在并行输入端 P1～P8 上的数据在时钟脉冲作用下从 Q8 端串行输出。

方式 0 的移位操作的波特率固定为单片机晶振频率 $f_{晶振}$ 的 1/12。

即　　　　　波特率＝$f_{晶振}$/12。

例如:当 $f_{晶振}$＝12MHz,波特率＝$10^6$(位/s)。

**例 8-1**　试编写从 CD4094 并行输出数据 36H 的参考程序。

**解**　参考程序如下:

```
        MOV     SCON,     #00H      ;串行口工作方式 0。
        CLR     ES                  ;禁止串行口中断。
        MOV     A,        #36H      ;传送数据送 A。
        CLR     P1.0                ;关闭并行输出。
        MOV     SBUF,     A         ;启动串行输出。
HERE:   JBC     TI,       FS        ;等待串行输出完毕。
        AJMP    HERE
FS:     SETB    P1.0                ;开启并行输出。
        RET                         ;返回。
```

# 二、串行工作方式 1

### 1. 方式 1 传送的数据格式

方式 1 传送一帧为 10 位的串行数据,包括:

1 位起始位;8 位数据位和 1 位停止位。

其帧格式为:

| 起始 | D0 | D1 | D2 | D3 | D4 | D5 | D6 | D7 | 停止 |
|------|----|----|----|----|----|----|----|----|------|

### 2. 方式 1 的波特率的确定

方式 1 的波特率是可变的,计算公式为:

$$波特率＝(2^{smod}/32)×(T1 溢出率)$$

其中　smod 为 PCON 寄存器最高位的值。

所谓定时器 T1 的溢出就是 T1 在单位时间内溢出的次数。如设 T1 为工作方式 2,那么 T1 定时时间:

$$T1_{定时}＝(2^8－X)×T_{机}＝(2^8－X)×12/f_{晶振}$$

则　　　　T1 的溢出率＝$1/T1_{定时}＝f_{晶振}/[12×(2^8－X)]$

由此可得波特率的计算公式为:

$$波特率＝(2^{smod}/32)×f_{晶振}/[12×(2^8－X)]$$

实际使用时,总是先确定波特率,再计算定时器 T1 的记数初值 X,然后进行 T1 的初始化。根据上述波特率的计算公式,可得 T1 记数初值的计算公式为:

$$X＝256－(f_{晶振}×2^{smod})/(384×波特率)$$

定时器 T1 之所以选择工作方式 2,是因为方式 2 具有自动加载功能,可避免通过程序反复装入计数初值而影响波特率的准确性。

### 3. 方式 1 数据的发送和接收

方式 1 的数据发送由一条写入单片机发送寄存器 SBUF 指令启动。8 位数据在串行口由硬件自动加入起始位和停止位组成完整的帧格式。在内部移位脉冲作用下,由 TXD 端串行输出。发送完一帧数据后,使 TXD 输出端维持"1"状态,并使 TI 标志位置 1 以通知 CPU 发送下一个字符。

接收数据由接收单片机 SCON 中的 REN 置 1 开始,随后串行口不断采样 RXD 端电平,当采样到 RXD 端电平从 1 向 0 跳变时,就认定是接收信号起始位并开始接收从 RXD 端输入的数据,并送入内部接收寄存器 SBUF 中,直到停止位到来之后,使 RI 标志位置 1 以通知 CPU 从 SBUF 中取走接收到的一帧字符。

用方式 1 传送数据时,发送前应先清 TI,接收前应先清 RI。

**例 8-2**　甲、乙两单片机拟以工作方式 1 进行串行数据通信,波特率为 1200。甲机发送,发送数据在甲机外部 RAM 1000H～101FH 单元中。乙机接收,并把接收数据依次放入乙机外部 RAM 1000H～101FH 单元中。甲、乙机晶振频率均为 6MHz。

连接方式如图 8.5 所示。

**解**　设定如下:

①甲、乙机定时用工作方式 2,即初值

$$X = 256 - \frac{6 \times 10^6 \times 1}{384 \times 1200} = 243 = F3H 。$$

②SMOD=0,即波特率不倍增;

③用查询传送方式;

④SCON=01000000B=40H。

可得甲机发送主程序如下:

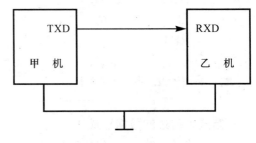

图 8.5　例 8-2 示意图

```
         ORG    0030H
         MOV    TMOD,      #20H         ;设定时器 1 工作方式 2。
         MOV    TL1,       #0F3H        ;设置定时器初值。
         MOV    TH1,       #0F3H        ;设置重装值。
         CLR    EA                      ;禁止中断。
         MOV    PCON,      #00H         ;(SMOD)=0。
         MOV    SCON,      #40H         ;设串行工作方式 1,禁止接收。
         MOV    DPTR,      #1000H       ;建立发送数据地址指针初值。
         MOV    R7,        #20H         ;建立计数指针。
         SETB   TR1                     ;启动定时器 1。
SEND:    MOVX   A,         @DPTR        ;取数据。
         MOV    SBUF,      A            ;启动数据发送操作。
         JNB    TI,        $            ;等待一帧发送完毕。
         CLR    TI                      ;清 TI 标志。
         INC    DPTR                    ;指向下一单元。
         DJNZ   R7,SEND                 ;数据块传送结束?没结束继续传送。
```

```
        CLR     TR1                     ;传送结束,停止定时器 1 工作。
        RET                             ;返回。
乙机接收参考程序如下:
        ORG     0030H
        MOV     TMOD,  #20H             ;设定时器 1 工作方式 2。
        MOV     TL1,   #0F3H            ;设置定时器初值。
        MOV     TH1,   #0F3H            ;设置重装值。
        CLR     EA                      ;禁止中断。
        MOV     PCON,  #00H             ;SMOD=0。
        MOV     SCON,  #40H             ;设串行工作方式 1。
        MOV     DPTR,  #1000H           ;建立接收地址指针初值。
        MOV     R7,    #20H             ;建立计数指针。
        SETB    TR1                     ;启动定时器。
        SETB    REN                     ;启动接收数据操作。
RECIV:  JNB     RI,     $               ;等待数据接收完毕。
        CLR     RI                      ;清 RI 标志。
        MOV     A,      SBUF            ;取数据。
        MOVX    @DPTR,     A            ;送外部 RAM。
        INC     DPTR                    ;指向下一单元。
        DJNZ    R7,     RECIV           ;数据块接收完毕? 没完继续接收。
        CLR     TR1                     ;接收完毕,停止定时器 1 工作。
        RET                             ;返回。
如改用中断方式甲机发送参考程序如下:
        ORG     0000H
        AJMP    MAIN
        ORG     0023H
        LJMP    ASEND                   ;建立串行中断口地址。

        ORG     0030H
MAIN:   MOV     SP,    #30H             ;设置堆栈。
        MOV     TMOD,  #20H             ;设定时器 1 工作方式 2。
        MOV     TL1,   #0F3H            ;设置定时器初值。
        MOV     TH1,   #0F3H            ;设置重装值。
        MOV     PCON,  #00H             ;SMOD=0。
        MOV     SCON,  #40H             ;设串行工作方式 1。
        MOV     R7,    #1FH             ;建立计数指针。
        MOV     DPTR,  #1000H           ;建立发送地址指针初值。
        SETB    EA                      ;总中断允许。
        SETB    ES                      ;串行中断允许。
        SETB    TR1                     ;启动定时器 1。
```

```
        MOVX    A,      @DPTR           ;第一个数据送 A。
        MOV     SBUF,   A               ;启动传送数据操作。
        INC     DPTR                    ;指向下一 RAM 单元。
WAIT:   AJMP    $                       ;等待中断。
中断服务子程序:
        ORG     0100H
        CLR     TI                      ;清 TI。
ASEND:  MOVX    A,      @DPTR           ;取数据。
        MOV     SBUF,   A               ;传送数据
        INC     DPTR                    ;指向下一单元。
        DJNZ    R7,     GOON            ;传送结束? 没结束继续传送。
        CLR     EA                      ;传送结束,关闭。
        CLR     TR1
GOON:   RETI                            ;返回。
```

顺便指出,甲机以中断方式传送数据时,计数指示为 1FH 而非 20H,这是因为在启动甲机发送时已经向 SBUF 发送了一个数据。

至于乙机,既可用上述查询方式接收,也可用中断方式接收。中断方式程序设计思路与查询方式类似,不再细述。

在异步串行通讯中,接收机以波特率的 3 倍检测 RXD 端信号,检测到两次以上相同信号即为有效信号。

在实际应用中,可根据需要加入奇偶校验位一起传送,以提高传送的可靠性。

**例 8-3** 甲、乙两单片机同样以工作方式 1 进行串行数据通信,波特率为 1200。甲机发送,发送数据在甲机外部 RAM 1000H～101FH 单元中,在发送之前先将数据块长度发送给乙机,发送完后,向乙机发送一个累加校验和。乙机接收,乙机首先接收数据长度,然后接收数据,并把接收数据依次放入乙机外部 RAM 1000H～101FH 单元中,接收完毕后进行一次累加和校验,数据全部接收完毕时向甲机送出状态字,表示传送状态。甲、乙机晶振频率均为 6MHz。

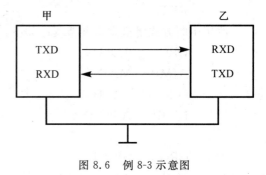

图 8.6 例 8-3 示意图

连接方式见图 8.6。

**解** 设定如下:

①波特率约定为 1200,以定时器 T1 为波特率发生器,T1 用工作方式 2(SMOD)＝0,波特率不倍增。

则初值:

$$X = 256 - \frac{6 \times 10^6 \times 1}{384 \times 1200} = 243 = F3H$$

②设置 R5 为累加和寄存器,R6 为数据块长度寄存器。

③用查询传送方式。

④串行口为工作方式 1,允许接收,

即　SCON＝01010000B＝50H

可得甲机发送主程序如下:

```
            ORG     0030H
            MOV     TMOD,  ＃20H          ;设定时器 1 工作方式 2。
            MOV     TL1,   ＃0F3H         ;设置定时器初值。
            MOV     TH1,   ＃0F3H         ;设置重装值。
            SETB    TR1                  ;启动定时器 1。
            MOV     PCON,  ＃00H          ;(SMOD)＝0。
            MOV     SCON,  ＃50H          ;设串行工作方式 1,允许接收。
AGAIN: MOV    DPTR,  ＃1000H        ;建立发送数据地址指针初值。
            MOV     R6,    ＃20H          ;数据块长度送 R6。
            MOV     R5,    ＃00H          ;累加和寄存器清 0。
            MOV     SBUF,  R6            ;先发送长度值。
L1:     JBC     TI,    L2            ;等待发送结束。
            AJMP    L1
L2:     MOVX    A,     @DPTR         ;取数据块中数据。
            MOV     SBUF,  A             ;发送数据。
            ADD     A,     R5            ;数据累加。
            MOV     R5,    A             ;累加和送 R5。
            INC     DPTR                 ;地址加 1。
L3:     JBC     TI,    L4            ;等待一帧数据发送完毕。
            AJMP           L3
L4:     DJNZ    R6,    L2            ;判断数据块是否发送完,若未完继续
发送。
            MOV     SBUF,  R5            ;数据块发送完毕,发累加和校验码。
L5:     JBC     TI,    L6            ;等待发送累加和码结束。
            AJMP    L5
L6:     JBC     RI,    L7            ;接收从乙机发来的结果标志码。
            AJMP    L6
L7:     MOV     A,     SBUF
            JZ      L8                   ;若标志码为 00H,表示接收正确,返回;
                                         否则重发。
            AJMP    AGAIN                ;发送有错,重发。
L8:     RET
```

乙机接收参考程序如下:

```
            ORG     0030H
            MOV     TMOD,  ＃20H          ;设定时器 1 工作方式 2。
            MOV     TL1,   ＃0F3H         ;设置定时器初值。
            MOV     TH1,   ＃0F3H         ;设置重装值。
```

|         | SETB  | TR1   |       | ; 启动 T1。 |
|---------|-------|-------|-------|------------|
|         | MOV   | PCON, | ＃00H | ; SMOD＝0。 |
|         | MOV   | SCON, | ＃50H | ; 设串行工作方式1,允许接收。 |
| AGAIN： | MOV   | DPTR, | ＃1000H | ; 建立接收地址指针初值。 |
| L0：    | JBC   | RI,   | L1    | ; 接收发送长度值。 |
|         | AJMP  | L0    |       |            |
| L1：    | MOV   | A,    | SBUF  |            |
|         | MOV   | R6,   | A     | ; 取发送长度值送 R6。 |
|         | MOV   | R5,   | ＃00H | ; 累加和寄存器清0。 |
| WAIT：  | JBC   | RI,   | L2    | ; 接收数据。 |
|         | AJMP  | WAIT  |       |            |
| L2：    | MOV   | A,    | SBUF  |            |
|         | MOVX  | @DPTR, | A    | ; 将所接收数据送数据区。 |
|         | INC   | DPTR  |       | ; 指向下一单元。 |
|         | ADD   | A,    | R5    | ; 累加。 |
|         | MOV   | R5,   | A     |            |
|         | DJNZ  | R6,   | WAIT  | ; 若数据接收未完继续。 |
| L3：    | JBC   | RI,   | L4    | ; 数据接收完毕,接收甲机的累加校验码。 |
|         | AJMP  | L3    |       |            |
| L4：    | MOV   | A,    | SBUF  | ; 取甲机累加和校验码。 |
|         | XRL   | A,    | R5    | ; 与本机累加和进行校验。 |
|         | JZ    | L7    |       | ; 若校验正确转 L7。 |
|         | MOV   | SBUF, | ＃0FFH | ; 校验出错,回送校验出错标志码 FFH, 表示要求甲机重发。 |
| L5：    | JBC   | TI,   | L6    | ; 回送 FFH。 |
|         | AJMP  | L5    |       |            |
| L6：    | AJMP  | AGAIN |       | ; 重新接收。 |
| L7：    | MOV   | SBUF, | ＃00H | ; 回送校验正确标志码 00H。 |
| L8：    | JBC   | TI,   | L9    | ; 回送。 |
|         | AJMP  | L8    |       |            |
| L9：    | RET   |       |       | ; 接收完成,返回。 |

## 三、串行工作方式 2

方式 2 是 11 位为一帧的串行通信方式,即 1 位始位、9 位数据位和 1 位停止位。其中第 9 位数据既可作奇偶校验位,也可作控制位使用。其帧格式为:

| 起始 | D0 | D1 | D2 | D3 | D4 | D5 | D6 | D7 | D8 | 停止 |
|------|----|----|----|----|----|----|----|----|----|------|

附加第 9 位(D8)由软件置 1 或清 0。方式 2 发送时,单片机自动将 SBUF 中 8 位数据加上 SCON 中 TB8 作为第 9 位数据进行发送。接收时,单片机将接收到的前 8 位数据送入

SBUF,而在 SCON 中 RB8 位中存放第 9 位数据。方式 2 波特率只有两种,用公式表示:

$$波特率=(2^{smod}/64)\times f_{晶振}$$

当 SMOD＝0,波特率为 $f_{晶振}/64$

当 SMOD＝1,波特率为 $f_{晶振}/32$

### 四、串行工作方式 3

方式 3 通信过程与方式 2 完全相同。区别仅在于方式 3 的波特率可通过设置定时器 T1 的工作方式和初值来设定(与串行工作方式 1 波特率设定方法相同)。

顺便指出,由于方式 1 和方式 3 的波特率设置较为灵活,在单片机串行通信中得到广泛应用。

## 第四节　单片机多机通信原理

单片机多机通信是指一台主机和多台从机之间的通信。串行通信控制寄存器 SCON 中设有多机通信控制位 SM2(SCON.5)。串行口以方式 2 或方式 3 接收时,若 SM2＝1,则仅当接收到的第 9 位数据为 1 时,才将数据送入接收缓冲器 SBUF,并置位 RI 发出中断请求信号,否则将丢失信息;而当 SM2＝0 时,则无论第 9 位是 0 还是 1,都能将数据装入 SBUF,并产生中断请求信号。根据这个特性,便可实现主机与多个从机之间的串行通信。

图 8.7 为 8051 多机通信连接示意图,图中一片 8051 为主机,其余 8051 为从机。

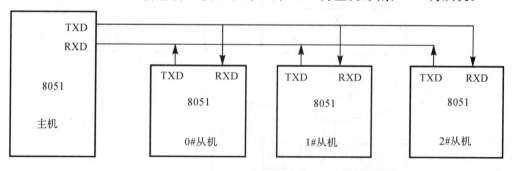

图 8.7　多机通信连接示意

以主机向从机发送数据为例,在编程前,可先定义各从机通信地址,设三个从机地址分别为 00H、01H 和 02H。主机和从机在初始化程序中将串行口工作方式设定为 11 位异步通信方式(方式 2 或方式 3),且置位 SM2 及允许串行口中断。在主机和某一指定从机通信之前,先向所有从机发出所选从机的地址,即联络通信命令,接着才发送数据或命令。

在主机发送地址时,地址数据标识位 TB8(即发送的第 9 位数据)设置 1 以表示地址信息,各从机接收到主机发来的地址信息后,则置位本机接收中断标志 RI,中断后判断主机送来的地址与本从机是否相符。若为本地址,则将本机 SM2 位清 0,准备与主机进行数据通信。没选中的从机则保持 SM2＝1 状态,接着主机发送数据帧(TB8＝0 表示),各从机同时收到了数据帧,而只有已选中的从机(SM2＝0)才能产生中断并接收该数据,其余从机因收到第 9 位数据

RB8＝0 且本机 SM2＝1,所以将数据丢掉。这就实现了主机和从机的一对一通信。通信只能在主、从机之间进行,如若在两个从机之间进行,需通过主机作中介。

多机通信举例:

**例 8-4** 现有 1 台主机与 10 台从机进行双向通信。从机地址为:00H~09H。设主、从机以方式 3 进行串行通信,波特率为 1200,$f_{晶振}$ 为 6MHz。

下面以主机发送数据,从机接收数据为例说明。

①主机设定有关寄存器的内容

R1:存放主机发送的数据块首地址;

R2:存放接收数据的从机地址;

R3:存放主机发送数据块的长度。

②通信命令约定

"01H":表示主机发送数据,从机接收数据;

"02H":表示主机接收数据,从机发送数据。

主机通信程序流程图如图 8.8 所示。

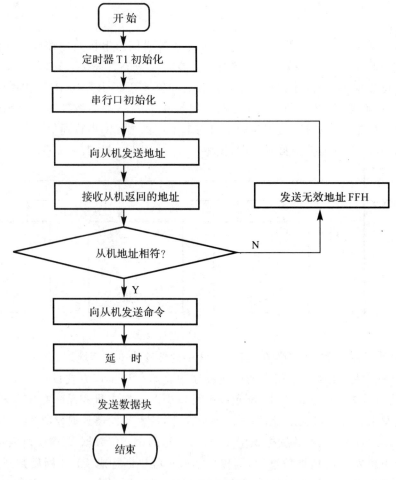

图 8.8 例 8-4 主机发送通信程序流程图

③主机程序

MAIN: MOV TMOD, ♯20H ;定时器 T1 设置工作方式 2。

|  | MOV | TL1, | #0F3H | ;T1 置初值。 |
|---|---|---|---|---|
|  | MOV | TH1, | #0F3H |  |
|  | SETB | TR1 |  | ;启动 T1。 |
|  | MOV | PCON, | #00H | ;波特率不倍增。 |
|  | MOV | SCON, | #0D8H | ;串行口设置工作方式 3,REN 置 1,可以接收数据,TB8 置 1,表示发送地址信息。 |
| SADDR: | MOV | A, | R2 | ;取出目标从机地址。 |
|  | MOV | SBUF, | A | ;发送从机地址。 |
|  | JNB | RI, | $ | ;等待从机应答。 |
|  | CLR | TI |  |  |
|  | CLR | RI |  | ;接收到从机应答,RI 清 0。 |
|  | MOV | A, | SBUF | ;取出从机应答数据(从机地址)。 |
|  | XRL | A, | R2 | ;核对应答地址。 |
|  | JZ | MSEND |  | ;若地址相符转发送命令。 |
|  | SETB | TB8 |  | ;地址不相符,置地址标志,以便重发地址。 |
|  | MOV | SBUF, | #0FFH | ;发送无效地址,使所有从机 SM2 置 1。 |
|  | SJMP | SADDR |  | ;重发地址。 |
| MSEND: | CLR | TB8 |  | ;地址相符,准备发送命令、数据等。 |
|  | MOV | SBUF, | #01H | ;发送命令,要求从机接收数据。 |
|  | LCALL | DELAY10 |  | ;延迟 10ms。 |
| MAGAIN: | MOV | SBUF, | @R1 | ;主机发送数据。 |
|  | JNB | TI, | $ | ;等待一个字符发送完。 |
|  | CLR | TI |  | ;本字符发送完毕,准备发送下一个字符。 |
|  | INC | R1 |  | ;发送数据区地址指针加 1,指向下一单元。 |
|  | DJNZ | R3, | MAGAIN | ;数据块未发送完,继续发送。 |
|  | RET |  |  | ;发送完毕,返回。 |

以 #08H 号从机接收为例,设定如下:

R1:存放从机接收数据块存储区首地址;

R2:存放从机接收数据块长度。

从机通信程序流程图如图 8.9 所示。

④从机通信程序:

|  | MOV | TMOD, | #20H | ;T1 设置工作方式 2。 |
|---|---|---|---|---|
|  | MOV | TL1, | #0F3H | ;置初值。 |
|  | MOV | TH1, | #0F3H |  |
|  | SETB | TR1 |  | ;启动 T1。 |
|  | MOV | PCON, | #00H | ;波特率不倍增。 |
|  | MOV | SCON, | #0F0H | ;本机串行口设置工作方式 3,SM2 置 1, |

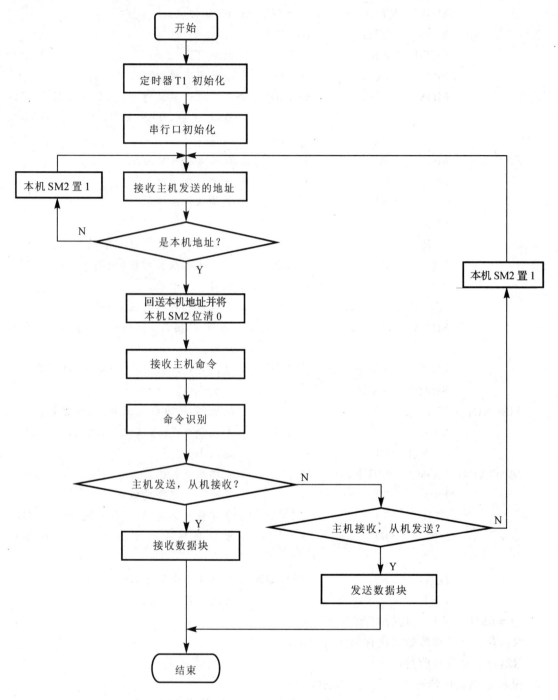

图 8.9　例 8-4 从机通信程序流程图

|  |  |  |  | 准备接收地址信息。 |
| WAIT: | JNB | RI, | $ | ;等待主机联络。 |
|  | CLR | RI |  | ;接收到主机地址信息,清 RI,准备接收<br>下一数据。 |
|  | MOV | A, | SBUF | ;取出接收到的地址信息。 |
|  | XRL | A, | #08H | ;与本机比较。 |

| | JZ | SADDR | | ;是本机地址,转发送本机地址程序。 |
| | SETB | SM2 | | ;本机 SM2 置 1,以便重新接收地址。 |
| | AJMP | WAIT | | ;不是本机地址,再重新联络。 |
| SADDR: | MOV | SBUF, | #08H | ;发送本机地址,供主机核对。 |
| | JNB | TI, | $ | |
| | CLR | TI | | |
| | CLR | SM2 | | ;准备接收命令。 |
| | JNB | RI, | $ | ;接收主机发送的命令。 |
| | CLR | RI | | |
| | MOV | A, | SBUF | ;取出命令。 |
| | XRL | A, | #01H | ;检查命令。 |
| | JZ | RECIV | | ;若为本机接收数据命令,转接收程序。 |
| | XRL | A, | #02H | ;再次检查命令。 |
| | JZ | SEND | | ;若为本机发送数据命令,转发送程序。 |
| | SETB | SM2 | | ;本机 SM2 置 1。 |
| | AJMP | WAIT | | ;命令无效,返回待命状态。 |
| RECIV: | JNB | RI, | $ | ;接收一个字符。 |
| | CLR | RI | | ;准备下次接收。 |
| | MOV | @R1, | SBUF | ;存接收数据。 |
| | INC | R1 | | ;修改接收数据区指针。 |
| | DJNZ | R2, | RECIV | ;若数据接收未完,继续接收。 |
| | SETB | SM2 | | ;数据接收完毕,SM2 重新置 1。 |
| | RET | | | ;返回。 |
| SEND: | (略) | | | |

应当指出,以上介绍了多机通信的一个简单示例,实际应用时还应考虑命令校核、数据校核等问题,以求提高通信的可靠性。同时,波特率的设定还要考虑所选择的通信介质等。篇幅有限,不再细述。

# 思考与练习

**8-1** 什么是串行通信的波特率?

**8-2** 若 8051 单片机 $f_{晶振} = 11.059\text{MHz}$,需用波特率 2400,试计算定时器 T1 的记数初值。

**8-3** MCS-51 单片机的串行口 4 种工作方式各有哪些特点?

**8-4** MCS-51 单片机串行口 4 种工作方式的波特率如何确定?

**8-5** 试用 8051 串行口工作方式 0 与移位寄存器组成 6 位 LED 静态显示电路,并编程输出字符"89C51P"。

**8-6** 试编写程序,设串行口为工作方式 1,波特率为 1200,禁止中断,用查询法将甲机从外部 RAM 2000H 开始的 10 个数传送到乙机从 2000H 开始的外部 RAM 中去,已知晶振频

率 $f_{晶振}=11.0592\text{MHz}$。

**8-7** 甲、乙两机进行串行通信,数据区均为内部 RAM 的 50H～5FH,串行口 以方式 2 工作,要求用 TB8 作奇偶校验位一起传送,波特率为 1200, $f_{晶振}=11.059\text{MHz}$,试设计流程图并编程。

**8-8** 8051 向外部设备传送数据,串行口工作在方式 3,单片机和外设之间采用 9 位异步通信方式,波特率为 2400, $f_{晶振}=11.0592\text{MHz}$。现设将内部 RAM 的 60H～70H 中数据从串行口输出,试设计流程图并编程。

**8-9** 简述单片机多机通信的原理。

**8-10** 若将例 8-4 改成主机接收数据,♯08 号从机发送数据,试设计流程图并编程。

# 第九章

# 单片机应用举例

## 第一节　单片机数据采集系统

生产现场数据的采集也称为计算机应用系统的前向通道,是计算机实时控制技术的重要环节,在工农业生产有着广泛的应用。随着传感器技术的不断发展,许多非电量如温度、湿度、含水率、比重、位移、物体成分、色彩、力矩等都可通过相应的传感器转换成电信号,然后用 A/D 转换器得到相应的数字量送计算机处理,如图 9.1 所示。

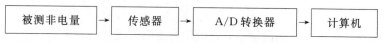

图 9.1　计算机数据采集过程示意

传感器的常用技术指标有精度、灵敏度、非线性度、滞后特性等。传感器将所测量的非电量转换成电信号输出,称为一次变换;将传感器输出的微弱电信号进行放大、滤波、补偿以及非线性特性曲线处理等,称为二次变换。对传感器的非线性特性曲线的处理,目前已有多种硬件和软件处理方法,这里仅介绍一种运用单片机技术建立非线性转换表和查表技术解决非线性问题的基本方法。

例如,已知某温度传感器的温度与输出电压及 8 位 A/D 转换器输出的特性曲线如图 9.2 所示。由图 9.2 可得:

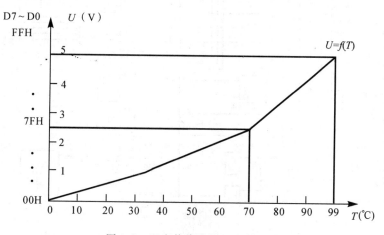

图 9.2　温度传感器的 $T$-$U$ 特性曲线

$T=0℃$, $U=0$, $D7\sim D0=00H$；

$T=10℃$, $U=0.1V$, $D7\sim D0=1AH$；

$\vdots$　　　　　　$\vdots$

$T=99℃$, $U=5V$, $D7\sim D0=FFH$。

由图 9.2 可建立温度转换表如表 9.1 所示，该转换表由 256 个存储单元组成，每个单元中存放与单元地址相对应的温度值（BCD 码）。

**表 9.1　温度转换表**

| | | |
|---|---|---|
| TABLE1＋00H | 0 | 0 |
| | 0 | 1 |
| $\vdots$ | 0 | 2 |
| | $\vdots$ | |
| TABLE1＋7FH | 7 | 1 |
| | $\vdots$ | |
| $\vdots$ | 9 | 8 |
| | 9 | 9 |
| TABLE1＋FFH | 9 | 9 |

上述温度检测系统的硬件配置可由 8051（或 89C51）、8155、ADC0809 等芯片组成，如图 9.3 所示。其中：8155 用于连接 6 位共阴 LED 显示器、74LS244 和 74LS06 为反相驱动器。

由于本系统功能较为简单，8051 内部配置的 4KB ROM 已能满足系统运行需要，无需再进行外部 ROM 扩展；8051 片内 128B 字节 RAM 单元和 8155 所带 256 字节 B RAM 单元也已够用；另外，对检测缓慢变化的温度值，A/D 转换器前面无须再加数据采样保持电路。由图 9.3 可得存储器等有关地址分配如下：

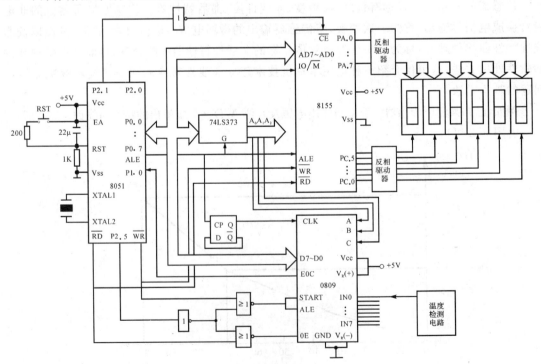

图 9.3　8051 数据采集系统硬件逻辑框图

ROM：0000H～0FFFH（4KB）

RAM：00H～7FH（128 单元内部 RAM）

　　　　0200H～02FFH（256 单元外部 RAM）

0809 各模拟量输入通道：

2000H～2007H(IN0～IN7)

8155 各口地址：

　　0300H　　　　控制寄存器

　　0301H　　　　A 口

　　0302H　　　　B 口

　　0303H　　　　C 口

　　0304H　　　　TL

　　0305H　　　　TH

设显缓区地址：

(高位)7EH～(低位)79H

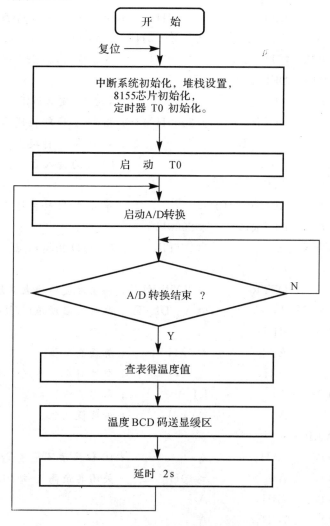

图 9.4　数据采集系统主程序流程图

图 9.4 给出上述数据采集系统的主程序流程图。

主程序在运行过程中,定时器 T0 每隔 20ms 向 CPU 发出中断请求。CPU 在响应 T0 中断请求过程中,每秒调用中断服务子程序(即 6 位 LED 动态扫描显示程序)约 50 次,显示被测温度。

由上可得相应程序如下:

```
            ORG     0000H
            AJMP    MAIN                        ;转主程序。
            ORG     000BH
            LJMP    DISP                        ;转 LED 显示中断子程序。
MAIN：      MOV     SP,         #30H            ;堆栈设置。
            MOV     TMOD,       #01H            ;T0 初始化,方式 1,TR0 驱动。
            MOV     TH0,        #0D8H           ;计数初值设置(延时 20ms)。
            MOV     TL0,        #0F0H
            SETB    EA                          ;开中断。
            SETB    ET0                         ;允许 T0 中断。
            MOV     DPTR,       #0300H          ;指向 8155 命令寄存器。
            MOV     A,          #00000101B      ;8155 初始化,口 A,口 C 为
            MOVX    @DPTR,      A               ;基本输出,禁止中断。
            LCALL   DELAY1                      ;延时 1s。
            SETB    TR0                         ;启动 T0,定时调用中断显示子程序 DISP。
AGAIN：     MOV     DPTR,       #2000H          ;指向 A/D 转换器 IN0 通道。
            MOVX    @DPTR,      A               ;启动 A/D 转换。
            SETB    P1.0                        ;P1.0 为输入方式。
HERE：      MOV     A,P1
            JNB     ACC.0,HERE                  ;等待 A/D 转换结束。
            MOV     DPTR,       #2000H
            MOVX    A,          @DPTR           ;取 A/D 转换数据。
            MOV     R0,         A               ;保存。
            MOV     DPTR,       #TABLE1         ;指向温度转换表首址。
            MOVC    A,          @A+DPTR         ;取对应温度值(BCD 码)。
            MOV     R1,         A               ;暂存。
            ANL     A,          #0FH            ;屏蔽高 4 位。
            MOV     79H,        A               ;个位显示字符送 79H 单元。
            MOV     A,          R1              ;取温度值。
            ANL     A,          #0F0H           ;屏蔽低 4 位。
            SWAP    A
            MOV     7AH,        A               ;10 位显示字符送 7AH 单元。
            MOV     A,          #10H            ;关闭其余高 4 位 LED 显示。
            MOV     7BH,        A
            MOV     7CH,        A
            MOV     7DH,        A
```

```
        MOV     7EH,        A
        LCALL   DELAY2                  ;延时 2s。
        LJMP    AGAIN                   ;继续检测。
```
LED 显示中断服务子程序如下：
```
        ORG     00A0H
DISP:   CLR     EA                      ;关中断。
        CLR     TR0                     ;暂时停止 T0 工作。
        PUSH    ACC                     ;现场保护。
        PUSH    01H                     ;存 R1 内容。
        PUSH    DPL
        PUSH    DPH
        MOV     R1,         #79H        ;指向显缓区首址。
        MOV     R2,         #01H        ;从右面第一位开始显示。
        MOV     A,          R2
LD0:    MOV     DPTR,       #0303H      ;指向位控口。
        MOVX    @DPTR,      A           ;位控码送位控口。
        MOV     A,          @R1         ;取显示字符。
        MOV     DPTR,       #TABLE2     ;指向字符代码表首址。
        MOVC    A,          @A+DPTR     ;取字符相应编码。
        MOV     DPTR,       #0301H      ;指向段控口。
        MOVX    @DPTR,      A           ;段控码送段控口。
        ACALL   DELAY3                  ;延时 1ms。
        INC     R1                      ;指向下一显示单元。
        MOV     A,          R2          ;取当前位控码。
        JB      ACC.5,      LD1         ;是否扫描到最左面一位?
        RL      A                       ;否，左移一位。
        MOV     R2,         A           ;继续扫描显示。
        AJMP    LD0
LD1:    POP     DPH                     ;恢复现场。
        POP     DPL
        POP     01H
        POP     ACC
        MOV     TH0,        #0D8H       ;重新设置初值。
        MOV     TL0,        #0F0H
        SETB    EA                      ;开中断。
        SETB    TR0                     ;重新启动 T0。
        RETI                            ;中断返回。
```
**说明：**

①在实际应用中，可根据需要用滤波法获得 A/D 转换数据(如多次读取 A/D 转换数据取其平均值)。

②程序中没有用到的高 4 位 LED,在具体应用中可根据需要显示其他字符,或增加显示位数。

③DELAY1、DELAY2、DELAY3 分别为延时 1s、2s、1ms 子程序。

④考虑 74LS244 的反相因素,TABLE2 采用共阳 LED 数字形代码表,如表 9.2 所示。

**表 9.2　十六进制数字形代码表(共阳)**

| | | | |
|---|---|---|---|
| TABLE2＋00H | C | 0 | 0 |
| TABLE2＋01H | F | 9 | 1 |
| ⋮ | ⋮ | ⋮ | ⋮ |
| TABLE2＋0EH | 8 | 6 | E |
| TABLE2＋0FH | 8 | E | F |
| TABLE2＋10H | F | F | 空白(不显示) |

# 第二节　电机转速测量

转速是工程上一个常用参数。转速测量的方法很多,采用霍尔元件测量转速是较为常用的测量方法。例如:美国 SPRAGUE 公司生产的 3000 系列霍尔开关传感器 3010T 采用三端平塑封装,具有工作电压范围宽、外围电路简单、输出电平与各种数字电路兼容、可靠性好等优点。

霍尔器件测量电机转速的方法是:根据霍尔效应原理,将一块永久磁钢固定在电机转轴上转盘的边沿,在转盘附近安装一个霍尔器件,电机旋转时受磁钢转动的影响,霍尔器件输出相应脉冲信号,其频率和转速成正比,如图 9.5 所示。

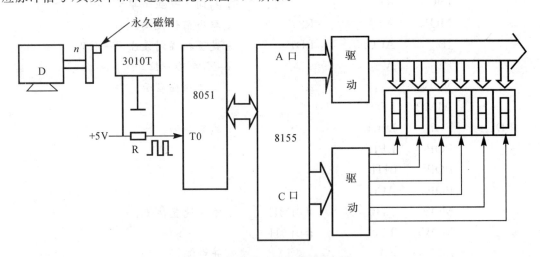

图 9.5　利用霍尔器件测量电机转速

下面,根据图 9.5 电路编写一程序,实时测试电机的平均转速(转/分)并显示。

设 8155 芯片中 A 口地址为 0301H,C 口为 0303H,显缓区为 79H~7EH,T0 为计数工作方式,假定每隔 1s 从 T0 中取出所计脉冲数,乘 60 后进行的二进制数→十进制数转换,转换后的 BCD 码转速数(转/分)送显缓区,并反复调用显示子程序,实时显示转速。

　　程序流程图如图 9.6 所示。

　　・程序如下：

```
        ORG   0000H
        AJMP MAIN
        ORG   0040H
MAIN：MOV SP,      #30H        ；堆栈设置。
        CLR   EA                    ；禁止中断。
        MOV TMOD, #00000101B；T0 初始化。
AGAIN：MOV TH0,    #00H        ；T0 内计数
                                            器清 0。

        MOV   TL0,      #00H
        MOV DPTR,   #0300H
        MOV A,        #05H
        MOVX     @DPTR, A
        SETB TR0                 ；启动 T0。
        LCALL     DELAY1     ；延时 1s。
        CLR   TR0               ；停止 T0 工作。
        MOV A,        TL0      ；取计数值。
        MOV 50H,     A          ；保存。
        MOV B,        #60D
        MUL AB                  ；T0 内容乘 60。
        MOV R0,       B          ；高 8 位送 R0。
        MOV R1,       A          ；低 8 位送 R1。
        LCALL     ZHUAN      ；二→十转换。
        MOV 79H,     R4        ；低位 BCD 码送 79H。
        ANL   79H,     #0FH    ；屏蔽高 4 位。
        MOV A,        R4
        ANL   A,        #0F0H  ；屏蔽 R4 内容低 4 位。
        SWAP A                   ；高低 4 位互换。
        MOV 7AH,     A          ；送显缓区 7AH。
        MOV 7BH,     R3        ；R3 内容依次送 7BH,7CH。
        ANL   7BH,     #0FH
        MOV A,        R3
        ANL   A,        #0F0H
        SWAP A
        MOV 7CH,     A
        MOV 7DH,     R2        ；R2 内容依次送 7DH,7EH。
        ANL   7DH,     #0FH
        MOV A,        R2
        ANL   A,        #0F0H
```

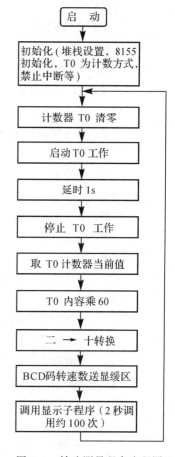

图 9.6　转速测量程序流程图

```
        SWAP  A
        MOV  7EH,    A
        LCALL   DISPLAY        ;调用显示子程序。
        LJMP  AGAIN            ;继续测量。
```

二→十转换子程序如下：

入口：

R0,R1:存放待转换的二进制无符号整数；

R0:高 8 位；

R1:低 8 位。

出口：

R2,R3,R4:分别存放转换后的 BCD 码；

R2:高位 BCD 码；

R4:低位 BCD 码。

```
        ORG    0200H
ZHUAN:PUSH   ACC                ;现场保护。
        MOV    R2,      #00H    ;R2、R3、R4 清 0。
        MOV    R3,      #00H
        MOV    R4,      #00H
        MOV    R5,      #10H    ;设置计数指针循环 16 次。
LP0:    CLR    C                ;CY 位清 0。
        MOV    A,       R1      ;取低 8 位二进制数。
        RLC    A                ;左移(乘 2 运算),最高位→CY。
        MOV    R1,      A       ;送回 R1。
        MOV    A,       R0      ;取高 8 位二进制数。
        RLC    A                ;左移(乘 2 运算)最高位→CY,
                                ;低 8 位的进位位 CY 内容进 R0 最低位。
        MOV    R0,      A       ;8 位的进位位进 R0 最低位。
        MOV    A,       R4      ;取 R4 内容。
        ADDC   A,       R4      ;带进位位加法运算。
        DA     A                ;十进制调整。
        MOV    R4,      A       ;结果送 R4。
        MOV    A,       R3      ;取 R3 内容。
        ADDC   A,       R3      ;带进位位加。
        DA     A                ;十进制调整。
        MOV    R3,      A       ;结果送 R3。
        MOV    A,       R2      ;取 R2 内容。
        ADDC   A,       R2      ;带进位位加。
        DA     A                ;十进制调整。
        MOV    R2,      A       ;结果送 R2。
        DJNZ   R5,      LP0     ;转换结束? 没结束继续转换。
```

```
            POP      ACC                    ;结束,恢复现场。
            RET                             ;返回。
DISPLAY 显示子程序如下:
            ORG      0250H
DISPLAY:MOV     R0,          #64H      ;设置计数指针。
    LP1:LCALL    DISPLAY1              ;调扫描显示子程序。
            LCALL    DELAY2               ;延时 20ms。
            DJNZ     R0,          LP1      ;调用 100 次完成?
            RET                             ;返回。
```

**说明:**

①LED 显示子程序 DISPLAY1 与上一节所述内容相同,不再细述。DELAY1 为延时 1s 子程序,DELAY2 为延时 20ms 子程序。

②上述转速测量方法及程序是一种测量从数百转/分至数千转/分电动机转速的基本方法,对低速和超高速转速的测量需适当改变计数取样时间及计数方式等,不再详细讨论。

③二→十转换子程序采用的方法是:设一个整数 A 的二进制表达式为:

$$A=a_m \cdot 2^m+a_{m-1} \cdot 2^{m-1}+\cdots+a_1 \cdot 2+a_0$$
$$=[\cdots(a_m \cdot 2+a_{m-1}) \cdot 2+\cdots+a_1] \cdot 2+a_0$$

因此在二→十转换子程序中:

第一步　　计算:$a_m \cdot 2+a_{m-1}$

第二步　　计算:$(a_m \cdot 2+a_{m-1}) \cdot 2+a_{m-2}$

$\vdots$　　　　　$\vdots$

第十六步　计算:$A=[\cdots(a_m \cdot 2+a_{m-1}) \cdot 2+\cdots+a_1] \cdot 2+a_0$,同时在计算过程中不断进行十进制调整,最后可得整数 A 的十进制数结果(BCD 码)。

# 第三节　步进电机控制系统设计

## 一、步进电机驱动方式

本节讨论单片机步进电机控制系统,由三相步进电机工作原理可知,这类步进电机通常有 3 种通电工作方式:

①三相单三拍　┌→A→B→C→┐

②三相双三拍　┌→AB→BC→CA→┐

③三相六拍　┌→A→AB→B→BC→C→CA→┐

假设:按以上顺序通电,步进电机正转;按相反方向通电,步进电机反转。

例如:用单片机的 P1.0、P1.1、P1.2 分别控制步进电机的 A、B、C 相绕组,由控制方式找出控制模型,分别列于表 9.3、9-4、9-5 中。

表 9.3　三相单三拍

| 节 拍 | | 通电相 | 控 制 模 型 | |
|---|---|---|---|---|
| 正转 | 反转 | | 二 进 制 | 十 六 进 制 |
| 1 | 3 | A | 00000001 | 01H |
| 2 | 2 | B | 00000010 | 02H |
| 3 | 1 | C | 00000100 | 04H |

表 9.4　三相双三拍

| 节 拍 | | 通电相 | 控 制 模 型 | |
|---|---|---|---|---|
| 正转 | 反转 | | 二 进 制 | 十 六 进 制 |
| 1 | 3 | AB | 00000001 | 03H |
| 2 | 2 | BC | 00000110 | 06H |
| 3 | 1 | CA | 00000101 | 05H |

表 9.5　三相六拍

| 节 拍 | | 通电相 | 控 制 模 型 | |
|---|---|---|---|---|
| 正转 | 反转 | | 二 进 制 | 十 六 进 制 |
| 1 | 6 | A | 00000001 | 01H |
| 2 | 5 | AB | 00000011 | 03H |
| 3 | 4 | B | 00000010 | 02H |
| 4 | 3 | BC | 00000110 | 06H |
| 5 | 2 | C | 00000100 | 04H |
| 6 | 1 | CA | 00000101 | 05H |

由上可得硬件电路如图 9.7 所示。

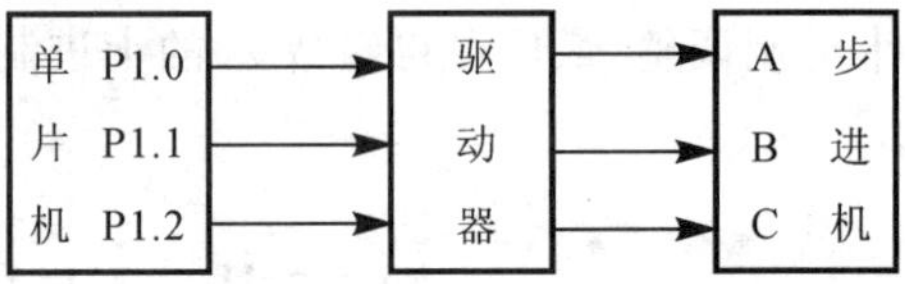

图 9.7　单片机控制三相步进电机硬件电路

## 二、软件设计

由步进电机工作原理可知,步进电机控制程序的设计主要包括:

①判断旋转方向;

②顺序送出控制脉冲;

③脉冲是否送完;

④恒速还是变速;

⑤变速时要判断是升速还是降速等。

下面,主要介绍恒速系统控制程序设计。转向标志存放在程序状态寄存器用户标志位 F1(D5H)中,当 F1 为 0 时,步进机正转,反之步进机反转。步进机要走的步数放在 R4 中,以三相六拍工作方式为例,正转控制字及单元分配表见表 9.6,反转控制字及单元分配见表 9.7。

表 9.6　正转模型单元分配表

| 内存字节地址 | 20H | 21H | 22H | 23H | 24H | 25H | 26H |
|---|---|---|---|---|---|---|---|
| 控制模型数据 | 01H | 03H | 02H | 06H | 04H | 05H | 00H |

**表 9.7 反转模型单元分配表**

| 内存字节地址 | 27H | 28H | 29H | 2AH | 2BH | 2CH | 2DH |
|---|---|---|---|---|---|---|---|
| 控制模型数据 | 01H | 05H | 04H | 06H | 02H | 03H | 00H |

步进电机的工作频率(转速)由送至步进机三相绕组的脉冲频率决定。在此设脉冲序列由定时器 T0 中断来产生,故调整定时器 T0 的定时时间即可调节步进机的转速。

图 9.8 为定时器中断方式输出控制脉冲的控制程序流程图。

程序清单如下:

主程序:

```
        ORG     0000H
        MOV     R4,     #N      ；设步长计数器。
        CLR     C
        ORL     C,      0D5H    ；转向标志为 1 则转。
        JC      ROTE            ；C＝1,转 ROTE。
        MOV     R0,     #20H    ；正转模型首址送 R0。
        AJMP    PH
ROTE：  MOV     R0,     #27H    ；反转模型首址送 R0。
PH：    MOV     TMOD,   #01H    ；T0 定时器工作方式 1。
        MOV     TL0,    #XL     ；T0 赋初值。
        MOV     TH0,    #XH
        SETB    TR0             ；启动 T0。
        SETB    ET0             ；允许 T0 中断。
        SETB    EA              ；CPU 开中断。
LOOP：  MOV     A,      R4      ；等待中断。
        JNZ     LOOP            ；若步长计数器(A)≠0,继续进给。
        CLR     EA              ；进给完毕,关中断。
        SJMP    HERE            ；结束。
```

中断服务子程序:

```
        PUSH    ACC             ；保护现场。
        MOV     A,      @R0
        MOV     P1,     A       ；输出控制模型字。
        DEC     R4              ；步长减 1。
        INC     R0              ；地址增 1。
        MOV     A,      #00H    ；是结束标志转。
        ORL     A,      @R0
        JZ      TPL
TOR：   MOV     TL0,    #XL     ；赋初值。
        MOV     TH0,    #XH     ；赋初值。
        POP     ACC             ；恢复现场。
        RETI                    ；从中断返回。
TPL：   MOV     A,      R0      ；恢复模型首址。
```

```
CLR    C
SUBB   A,      ＃06H
MOV    R0,     A
AJMP   TOR
```

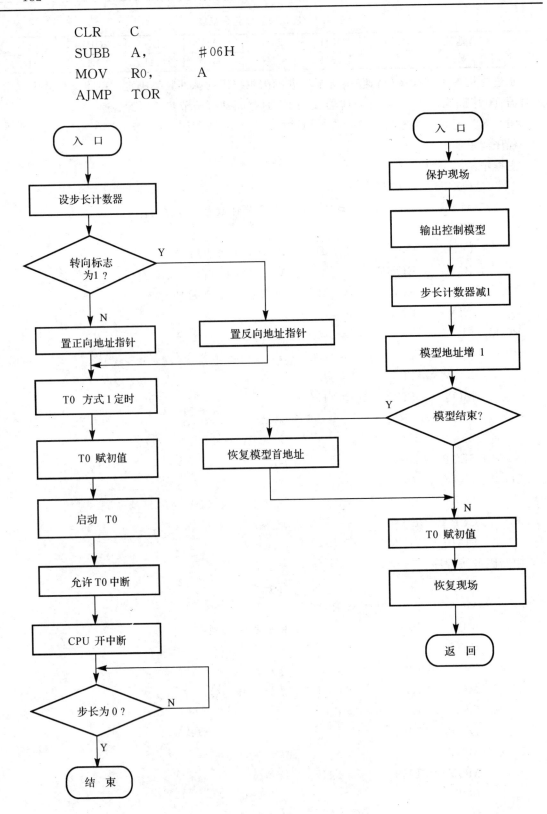

图 9.8  定时器中断控制程序流程图

# 第四节　机器人"三觉"机械手信号处理及控制算法

## 一、概述

多功能机器人在生产及生活领域有着广泛的用途。具有"三觉"(接近觉、接触觉、滑觉)传感器的机械手控制系统的关键问题是如何快速、准确地检测各感觉传感器发出的信号,并排除各种干扰信号,及时进行决策处理,保证机械手在抓举不同质地及重量的物体时充分体现其自适应功能。进一步说,如何快速、准确地检测现场各传感器所提供的各路信息,以便控制系统及时做出决策处理,这一点其实也是计算机实时控制领域中经常遇到的问题。

### 1. 信号特点及检测处理

作为控制对象的"三觉"机械手,其接近觉传感器是利用光电效应,接触觉和滑觉传感器是运用 DVDF 薄膜的压电效应开发成功的产品。根据生产方提供的技术资料,"三觉"传感器输出的响应信号分别如图 9.9(a)、(b)、(c)所示。

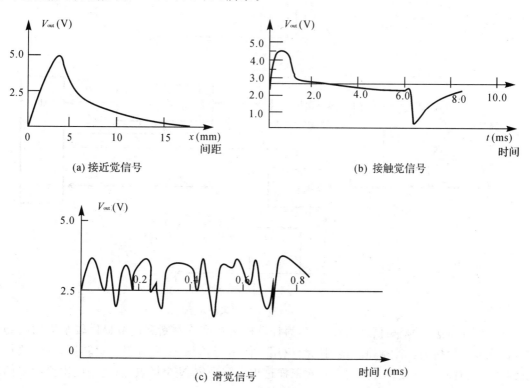

图 9.9　机械手"三觉"输出信号波形

根据上述"三觉"传感器提供的信号特点,在检测控制系统设计中,大致可采用以下三种信号检测及判别方案:

（1）采用门限（阈值）电平判别电路

这种方法类似于计算机中按键开关信号识别原理（见第七章），即在硬件电路中设置一门限电平 $V_T$，当输入信号 $V_i$ 电平在 $t_0$ 时刻超过该门限电平 $V_T$ 时，检测系统启动，经延时 $\Delta t$ 后再检测，若输入信号 $V_i$ 仍然高于门限电平 $V_T$，则判定为有效输入信号，如图 9.10 所示。

该方案比较简单，在要求不高的场合也可采用，但由于该方法只能采集 $t_0$ 和 $t_1$ 时刻的输入信息，所采集信息量偏少，对脉冲类干扰信号辨别能力不够理想，容易造成误动作。

对本方案的具体实施方法留作习题。

（2）采用 A/D 转换器对信号进行采样处理

如图 9.11 所示，该方案的基本思路是当输入信号到来时（可由一门限电平 $V_T$ 判别），由判别

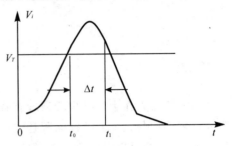

图 9.10　门限（阈值）电平判别电路示意

电路输出正脉冲信号而使计算机启动采样保持 A/D 转换电路，然后将被测信号波形信息较完整地输入到计算机存储器中，再根据输入信号的特征进行判断处理。例如对接触觉信号采用均值判断处理，对滑觉信号采用方差判断处理。

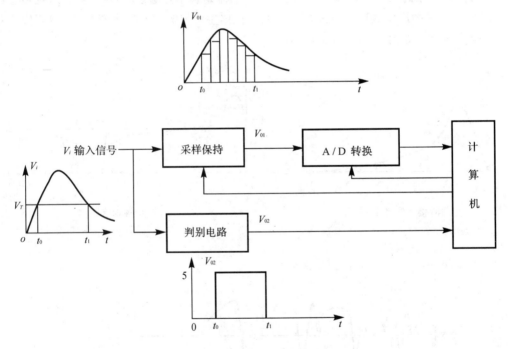

图 9.11　A/D 转换器采样示意

该方案的特点是采集信息比较完整，为计算机进行准确判断和决策提供较全面的现场信息，在许多工程检测及控制领域得到广泛应用。但由于 A/D 转换需要一定转换时间，故检测及判断速度有时不够理想。假如在一次采样过程中需采集 $N$ 个样点，忽略一些次要因素的时间延迟，所需时间大致为：

$$T_N = N \times T_{A/D} + N \times T_{CPU}$$

式中　$T_N$——$N$ 次采样总时间；

　　　$T_{A/D}$——单次采样中 A/D 转换器转换全过程所需时间；

$T_{CPU}$——计算机单次采样处理所需时间。

在大多数情况下,$T_{A/D}$占了检测时间的主要部分,因此在某些需要快速检测的场合受到一定限制。例如对上述"三觉"传感器,接触觉信号有效信号持续时间为 1.5～2ms,若 A/D 转换时间 $T_{A/D}$ 为 30～50$\mu$s,CPU 采样一次的指令开销时间大约为 10$\mu$s,那么方案 2 在 1.5～2ms 内则大致能采集 30～40 个样点。具体实施方法也留作习题。

(3)采用两级门限电平检测及采样

该方案的基本思路是对输入信号的脉冲有效宽度和幅值范围进行采样及判断处理,如图 9.12 所示。

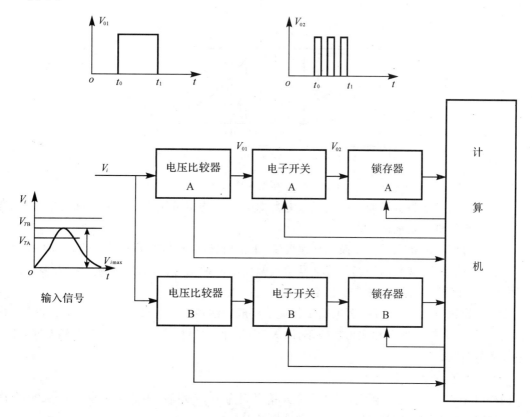

图 9.12　两级门限电平采样示意

图 9.12 中电压比较器 A 的门限(阈值)电平设定为 $V_{TA}$,电压比较器 B 的门限电平为 $V_{TB}$,$V_{TB}$ 整定值大于正常输入信号峰值 $V_{imax}$。电子开关和锁存器的作用主要是采样、保持及清 0,保证计算能够有效地采集输入信号。通道 B 的作用主要是识别幅值大于 $V_{TB}$ 的干扰信号。现分别就下列三种信号输入时检测系统的功能讨论如下:

① 对正常有效信号 $V_i$,当输入信号幅值大于 $V_{TA}$ 时,通道 A 触发启动,计算机对其采样并处理。

② 对幅值大于 $V_{TB}$(通道 B 门限电平)的干扰信号,通道 A 和通道 B 同时触发启动,无论该干扰信号脉宽如何,计算机通过通道 B 对其检测采样处理后容易识别是干扰信号。

③ 对幅值小于 $V_{TB}$ 而接近正常信号幅值的干扰信号,只要其脉宽不等于(大于或小于)正常信号脉宽,也容易被计算机通过模糊控制等技术识别并排除。

具体做法是:

　　先根据正常信号幅值确定门限电平 $V_{TA}$ 和 $V_{TB}$，并结合波形分析及实测结果确定该信号高于 $V_{TA}$，即触发电压比较器翻转输出高电平使采样值为"1"的持续时间 $\Delta t$，并根据 $\Delta t$ 计算（或实测）出当 $V_i$ 大于 $V_{TA}$ 时的有效采样数 N（如图 9.13 所示），并将该采样值 N 作为软件模糊控制的"基准"。软件采样范围 $\Delta t_C$ 设定稍大于 $\Delta t$，这样当被测信号中大于 $V_{TA}$ 的信号持续时间大于或小于正常信号的 $\Delta t$ 时，采样电路采集的高电平样点数将大于或小于基准数 N，由此即可判定为干扰信号而加以排除。

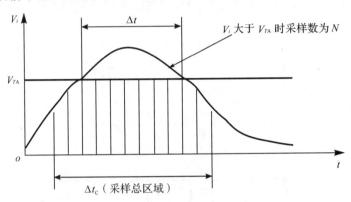

图 9.13　限时采样示意

　　事实上，上述电路所不能识别的仅仅是脉宽与幅值均接近正常信号的干扰信号，而此类干扰信号出现的概率是极低的。

　　方案 3 最明显的特点是检测及采样速度快，采集信息比较全面，具有较强的识别干扰信号能力（实践表明：绝大多数的现场干扰信号为大幅度窄脉冲信号。因此，实际上在大多数情况下，用通道 A 即可识别并排除该类干扰信号）。

　　由于电压比较器、电子开关等电路工作速度一般是纳秒（$10^{-9}$ s）数量级，与微秒（$10^{-6}$ s）数量级的 CPU 指令执行速度相比可忽略不计，故检测时间主要取决于 CPU 指令开销时间，即 N 次采样所需时间大致为：

$$T_N = N \times T_{CPU}$$

　　同样对 1.5～2ms 的接触觉信号，指令开销时间为 $10\mu s$ 左右，因此可采集 150～200 个样点，这显然提高了检测及采样速度，增加了采集样点数量。

## 二、算法

　　现采用单片机检测及处理上述"三觉"机械手各路传感器的输出信号，例如 AT89C52 作为主机，晶振频率 6MHz，采样速率为 80～120 点/ms。单片机的功能是作为机器人控制系统的下位机，通过上述电压比较、电子开关、锁存电路通道检测"三觉"传感器的输入信号。当单片机收到来自上位机的手爪动作指令（紧爪）后，即驱动手爪电机快速夹紧；当检测到接近信号时即降低夹紧速度；当检测到接触信号时即输出预夹紧脉冲并发出紧到位信号，而后在手爪升降过程中自动检测并处理滑移信号，使手爪始终处于"自我调节，自动适应"的工作状态，可靠地抓举物体，直至下一条手爪动作指令到来。

　　每当单片机检测到来自各通道的传感器输入信号后，即启动采样及判别程序，检测并判断是否为传感器有效输入信号，排除干扰信号，确认信号有效后即发出相关动作指令。当然，由于各传感器发出的信号特征各不相同,故在采样速率设置、电压比较门限电平设置、采样分析等方面有所不同。

系统软件流程框图(算法)分别如图 9.14 和 9.15 所示。

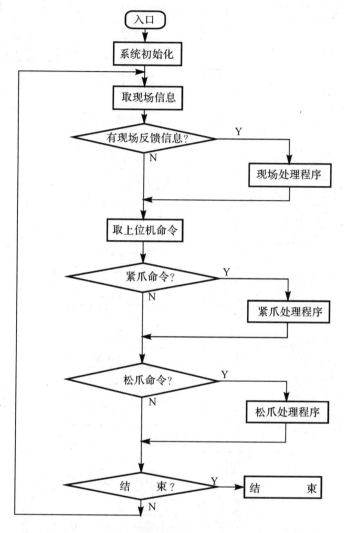

图 9.14 主程序流程图

**1. 主程序流程图(算法)**

图 9.14 为主程序流程图。在图 9.14 中,现场反馈信息主要指急停报警信号、系统复位信号以及有关行程开关状态信号等;来自上位机命令主要是上位机对手爪的动作指令,例如可采用上位机仅发出命令后即等待相关手爪动作结束回答信号的方式,这样做的好处是,手爪状态信息检测及处理速度快,反应及时,效果良好。

**2. 手爪夹紧及"三觉"传感器信号检测、采样、处理程序流程图(算法)**

图 9.15 为手爪夹紧及"三觉"传感器信号检测、采样及处理程序流程图。这里采用顺序分析方法依次采样、分析接近觉、接触觉以及滑觉信号并作相应处理。

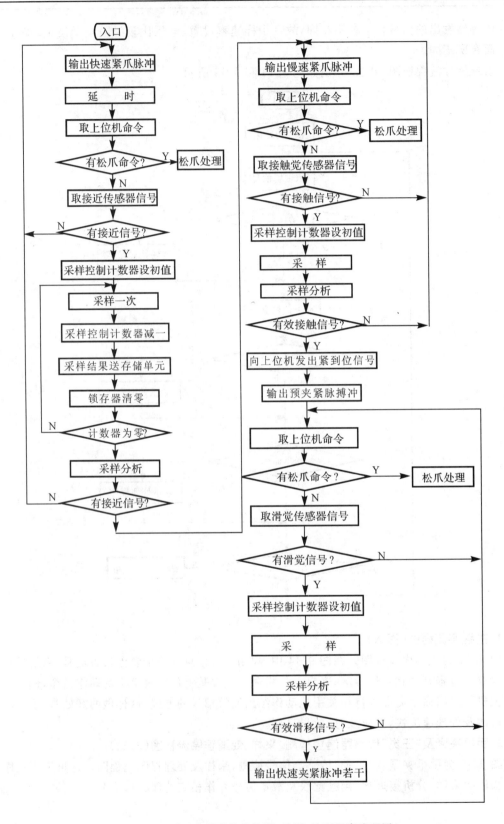

图 9.15　手爪夹紧及信号检测、采样、处理程序流程图

### 三、说明

①其他若干辅助程序,如松爪程序、急停报警处理程序、延时程序等并不十分复杂,与"三觉"传感器信号快速检测及采样处理原理关系不大,故不再介绍。

②本节所述"三觉"机械手单片机检测及控制系统经研制成功后运行表明:系统反应相当灵敏可靠,表现了良好地自适应调节功能和抗干扰性能。限于篇幅等原因,详细程序清单等不再介绍,读者在从事类似课题开发研制工作时,也可借鉴本节所叙述的有关内容,运用单片机技术自行设计相应算法及控制程序等。

# 思考与练习

**9-1** 本章第一节所述的查表法处理非线性信号有什么优点? 还有哪些处理非线性信号的方法?

**9-2** 对本章所述数据采集系统还有什么方法可以显示被测数据?

**9-3** 对线性指标良好的传感器可采用什么方法进行数据采集处理?

**9-4** 试选用合适的光电传感器设计一单片机电机转速测量系统,被测转速范围为 $750\sim3000$ r/min,4 位 LED 显示器输出。

**9-5** 试用 8051 单片机设计一频率计,被测频率范围为 $10$ Hz$\sim10$ KHz,6 位 LED 显示器输出。

**9-6** 为提高 A/D、D/A 转换器的转换精度,工程中经常需要采用多于 8 位的 A/D、D/A 转换器。请查阅有关资料了解一种 12 位 A/D 转换器(如 A/D754 或 A/D774B 等)的工作原理,并设计 8051 单片机与 12 位 A/D 转换器的连接电路及 A/D 转换算法。

**9-7** 请查阅资料了解 12 位 D/A 转换器 DAC1208 的工作原理,并设计 8051 与 DAC1208 的连接电路及转换算法。

**\*9-8** 对本章第四节所述"三觉"机械手传感器输出的信号,试采用门限电平检测法(方法一)设计一单片机检测及控制系统和相应算法,并分析其抗干扰能力。

**\*9-9** 对本章第四节所述"三觉"机械手传感器输出的信号,试采用 A/D 转换器检测方法(方法二)设计一单片机检测及控制系统和相应算法,并根据所选 A/D 转换芯片和主机晶振频率,分析其采样速率。

# 第十章

# 单片机与字符式液晶显示模块连接技术

## 第一节 字符式液晶显示模块简介

### 一、内部结构

字符式液晶显示模块为智能式显示器件。常用型号有 EA-D 系列、H25 系列、LM 系列等。其中:ED-A 系列显示模块(以下简称模块)主要由 3 部分组成:液晶显示面板、CMOS 驱动器和 CMOS 控制器。引脚排列及内部结构图如图 10.1(a)、(b)、(c)所示。

### 二、字符编码

模块内有 96 个 ASCII 字符和 92 个特殊字符的字库,此外还有 16 个地址供用户自己编写和产生其他形式的字符,见表 10.1。

**表 10.1 显示模块字符编码表(部分)**

| 低位 \ 高位 | 0000 | 0010 | 0011 | 0100 | 0101 | 0110 | 0111 | 1010 | 1011 | 1100 | 1101 | 1110 | 1111 |
|---|---|---|---|---|---|---|---|---|---|---|---|---|---|
| ×××0000 | CGRAM (1) | | 0 | @ | P | \ | | | 一 | タ | 三 | | α | P |
| ×××0001 | (2) | ! | 1 | A | Q | a | q | 口 | ア | チ | ム | a | q |
| ×××0010 | (3) | ' ' | 2 | B | R | b | r | Γ | イ | リ | メ | β | θ |
| ×××0011 | (4) | ♯ | 3 | C | S | c | s | 」 | ウ | テ | モ | ε | ∞ |

从模块字符编码表可看出,EA-D 系列显示模块能显示数字、西文、日语的假名和简单的汉字等。对选中的字符,只要将其 8 位编码数据送入显示存储器(DDRAM)即可。例如空格编码 20H,字符"R"的编码 52H 等。

表 10.1 中,第一列有 16 个地址(实际只有 8 个编码区),那是用户自定义字符编码区(CGRAM),编码范围从 00H~07H(08H~0FH)。

表中第二列到最后一列是固定字符编码区(CGROM),共有 192 个,供用户随意调用,每

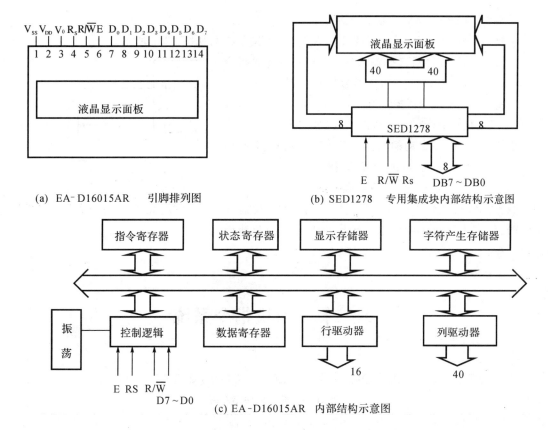

(a) EA-D16015AR　引脚排列图

(b) SED1278　专用集成块内部结构示意图

(c) EA-D16015AR　内部结构示意图

图 10.1　EA-D16015AR 液晶显示模块

个字符本身占用 5×7 个点阵,另加一行光标显示控制行,共占用 5×8 个点阵。

综上所述,编码表中共有 16×8 个字节的 CGRAM 单元和 192×8 个字节的 CGROM 单元。

## 三、显示地址

模块中设有显示存储器(DDRAM)单元,DDRAM 地址与显示屏幕一一对应,若向 DDRAM 的某一单元写入一个字符的编码后,该字符即在对应位置上显示出来。

EA-D16015AR 的显示屏幕可理解为由 8×100 点阵组成,若每个字符采用 5×8 个点阵显示,则屏幕共分为 8/8＝1 行和 100/5＝20 列。EA-D16015AR 显示地址分配如表 10.2 所示。

**表 10.2　EA-D 16015AR 显示地址分配表**

| 显示位置 | 1 | 2 | 3 | 4 | 5 | 6 | 7 | 8 | 9 | 10 | 11 | 12 | 13 | 14 | 15 | 16 |
|---|---|---|---|---|---|---|---|---|---|---|---|---|---|---|---|---|
| DDRAM 地址 | 00 | 01 | 02 | 03 | 04 | 05 | 06 | 07 | 40 | 41 | 42 | 43 | 44 | 45 | 46 | 47 |

请注意:上述模块 DDRAM 中第 8 个字符地址和第 9 个地址不连续。

## 四、模块引脚功能介绍

引脚 1:VSS,地线输入端。

引脚 2：VDD，＋5V 电源输入端。

引脚 3：V0，显示面板亮度调节输入端，亮度调节线路如图 10.2 所示。

引脚 4：RS，寄存器选择输入端。RS＝0，选通指令寄存器；RS＝1，选通数据寄存器。

引脚 5：R/$\overline{W}$，读/写控制线。R/$\overline{W}$＝0，将数据写入模块；R/$\overline{W}$＝1，从模块读出数据。

引脚 6：E，模块启动输入端。E＝0，未启动；E＝1，模块启动，可进行读/写操作。

引脚 7～14：D7～D0，八位数据总线。

数据总线可选择 4 位或 8 位总线操作，用 4 位总线操作时，仅用 D7～D4，4 位总线操作速度比 8 位总线操作高一倍。

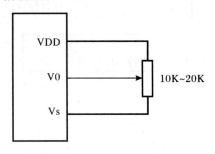

图 10.2　亮度调节线路

# 第二节　模块指令系统

模块的预置及显示功能均由指令实现，共有 11 条指令，如表 10.3 所示。

表 10.3　显示模块指令表

| 指　令 | RS | R/$\overline{W}$ | D7 | D6 | D5 | D4 | D3 | D2 | D1 | D0 |
|---|---|---|---|---|---|---|---|---|---|---|
| 清　显　示 | 0 | 0 | 0 | 0 | 0 | 0 | 0 | 0 | 0 | 1 |
| 光 标 返 回 | 0 | 0 | 0 | 0 | 0 | 0 | 0 | 0 | 1 | * |
| 置输入模式 | 0 | 0 | 0 | 0 | 0 | 0 | 0 | 1 | I/D | S |
| 显示开/关控制 | 0 | 0 | 0 | 0 | 0 | 0 | 1 | D | C | B |
| 光标或字符移动 | 0 | 0 | 0 | 0 | 0 | 1 | S/C | R/L | * | * |
| 置 功 能 | 0 | 0 | 0 | 0 | 1 | IF | N | F | * | * |
| 置字符发生存储器地址 | 0 | 0 | 0 | 1 | 字符发生存储器地址（ACG） | | | | | |
| 置数据存储器地址 | 0 | 0 | 1 | 显示数据存储器地址（ADD） | | | | | | |
| 读忙标志或地址 | 0 | 1 | BF | 计数器地址（AC） | | | | | | |
| 写数到 CGRAM 或 DDRAM | 1 | 0 | 要写的数 | | | | | | | |
| 从 CGRAM 或 DDRAM 读数 | 1 | 1 | 读出的数据 | | | | | | | |

## 一、表 10.3 中，所用的符号说明

①I/D＝1/0：增量/减量；

②S＝1：整个显示屏移动；

③S/C＝1/0：显示屏移动/光标移动；

④R/L＝1/0：右移/左移；

⑤IF＝1/0：8 位数据/4 位数据；

⑥N＝1/0：2 行/1 行；

⑦F＝1/0：5×10 点阵/5×7 点阵；

⑧BF＝1/0:忙/闲标志；

⑨DDRAM:显示数据存储器；

⑩CGRAM:字符产生存储器；

⑪ACG:字符产生存储器地址；

⑫ADD:显示数据存储器地址,它与光标地址一一对应；

⑬AC:显示数据存储器地址和字符产生存储器地址使用的地址计数器；

⑭ * :无关项。

# 二、指令简要说明

## 1. 清显示指令

| | RS | R/$\overline{W}$ | D7 | D6 | D5 | D4 | D3 | D2 | D1 | D0 |
|---|---|---|---|---|---|---|---|---|---|---|
| 编码 | 0 | 0 | 0 | 0 | 0 | 0 | 0 | 0 | 0 | 1 |

该命令实际上是将空格编码 20H 写入 DDRAM 的所有单元,并将地址计数器 AC 清 0,显示光标返回起始位置。

## 2. 光标返回命令

| | RS | R/$\overline{W}$ | D7 | D6 | D5 | D4 | D3 | D2 | D1 | D0 |
|---|---|---|---|---|---|---|---|---|---|---|
| 编码 | 0 | 0 | 0 | 0 | 0 | 0 | 0 | 0 | 1 | * |

该命令将 AC 内容清 0,光标回到起始位置,DDRAM 中内容保持不变。

## 3. 置输入模式命令

| | RS | R/$\overline{W}$ | D7 | D6 | D5 | D4 | D3 | D2 | D1 | D0 |
|---|---|---|---|---|---|---|---|---|---|---|
| 编码 | 0 | 0 | 0 | 0 | 0 | 0 | 0 | 1 | I/D | S |

I/D＝0,DDRAM 地址减 1,显示器光标左移。

I/D:在对 DDRAM 作读、写操作时,I/D＝1,DDRAM 地址加 1,显示器光标加 1。而对 CCRAM 作读、写操作时,地址加、减与 DDRAM 相同,但与光标无关。S＝0,内容不移动。

S:屏幕内容移动控制,S＝1,内容移动,当 I/D＝0,左移;I/D＝1,右移。

## 4. 显示开关控制

| | RS | R/$\overline{W}$ | D7 | D6 | D5 | D4 | D3 | D2 | D1 | D0 |
|---|---|---|---|---|---|---|---|---|---|---|
| 编码 | 0 | 0 | 0 | 0 | 0 | 0 | 1 | D | C | B |

D:D＝0,显示器关闭。

　D＝1,显示器打开。

C:C＝0,不显示光标。

　C＝1,显示光标。

B:B＝0,不闪烁。

　B＝1,光标或字符闪烁。

## 5. 光标或显示屏移动命令

| | RS | R/$\overline{W}$ | D7 | D6 | D5 | D4 | D3 | D2 | D1 | D0 |
|---|---|---|---|---|---|---|---|---|---|---|
| 编码 | 0 | 0 | 0 | 0 | 0 | 0 | S/L | R/L | * | * |

该命令使显示屏或光标移动,而不进行读、写操作,具体移动情况由 D3、D2 状态确定,见表 10.4:

**表 10.4　移动命令**

| D3(S/L) | D2(R/L) | 操　作 |
|---|---|---|
| 0 | 0 | 光标左移,AC 减 1。 |
| 0 | 1 | 光标右移,AC 加 1。 |
| 1 | 0 | 显示屏左移,光标随显示屏移动,AC 不变。 |
| 1 | 1 | 显示屏右移,光标随显示屏移动,AC 不变。 |

### 6. 置功能命令

| 编码 | RS | R/$\overline{\text{W}}$ | D7 | D6 | D5 | D4 | D3 | D2 | D1 | D0 |
|---|---|---|---|---|---|---|---|---|---|---|
| | 0 | 0 | 0 | 0 | 1 | IF | N | F | * | * |

IF:接口数据线长度控制参数。IF=0,数据以 4 位数据长度(D7~D4)传送;IF=1,数据以 8 位数据长度(D7~D0)传送。

4 位传送时,传送速度提高 1 倍。

N、F:显示屏控制参数。控制功能如表 10.5 所示。

**表 10.5　控制功能**

| N | F | 显示行数 | 字符点阵 | 占空因数 |
|---|---|---|---|---|
| 0 | 0 | 1 | 5×7 | 1/16 |
| 0 | 1 | 1 | 5×10 | 1/11 |
| 1 | 0 | 2 | 5×7 | 1/16 |
| 1 | 1 | 2 | 5×7 | 1/16 |

### 7. 建立 CGRAM 地址命令

| 编码 | RS | R/$\overline{\text{W}}$ | D7 | D6 | D5 | D4 | D3 | D2 | D1 | D0 |
|---|---|---|---|---|---|---|---|---|---|---|
| | | | | 高位 | | | | | | 低位 |
| | 0 | 0 | 0 | 1 | A | A | A | A | A | A |

该命令将 6 位(D5~D0)CGRAM 地址送入 AC,以便下一步 CGRAM 进行读、写操作。

### 8. 建立 DDRAM 地址命令

| 编码 | RS | R/$\overline{\text{W}}$ | D7 | D6 | D5 | D4 | D3 | D2 | D1 | D0 |
|---|---|---|---|---|---|---|---|---|---|---|
| | | | | 高位 | | | | | | 低位 |
| | 0 | 0 | 1 | A | A | A | A | A | A | A |

该命令将 7 位 DDRAM 地址送入 AC,以便下一步对 DDRAM 进行读、写操作。

### 9. 读忙标志 BF 和地址命令

| 编码 | RS | R/$\overline{\text{W}}$ | D7 | D6 | D5 | D4 | D3 | D2 | D1 | D0 |
|---|---|---|---|---|---|---|---|---|---|---|
| | | | | 高位 | | | | | | 低位 |
| | 0 | 1 | BF | A | A | A | A | A | A | A |

读指令 BF(模块忙标志)和当前 AC 内容。

该指令可通过测试忙标志协调计算机与显示模块间时序的配合,另外也可读出当前 AC 的内容。

### 10. 对 CGRAM 或 DDRAM 进行读、写操作命令

| | | 高位 | | | | | | | 低位 |
|---|---|---|---|---|---|---|---|---|---|
| 编码 | RS | R/$\overline{W}$ | D7 | D6 | D5 | D4 | D3 | D2 | D1 | D0 |
| | 1 | 0 | D | D | D | D | D | D | D | D |

该命令将 8 位数据写入 CGRAM 或 DDRAM。具体是写入 CGRAM 还是写入 DDRAM 则由最近送入 AC 的地址是 CGRAM 地址还是 DDRAM 地址确定。

### 11. 对 CGRAM 或 DDRAM 进行读操作命令

| | | 高位 | | | | | | | 低位 |
|---|---|---|---|---|---|---|---|---|---|
| 编码 | RS | R/$\overline{W}$ | D7 | D6 | D5 | D4 | D3 | D2 | D1 | D0 |
| | 1 | 1 | D | D | D | D | D | D | D | D |

该命令从 CGRAM 或 DDRAM 读出 8 位数据。具体是读 CGRAM 还是读 DDRAM 内容由最近的建立地址指令确定(同指令 10)。

# 第三节　模块与 8051 单片机的连接

模块与单片机连接主要考虑以下三点:

①单片机若为 CMOS 芯片,则不用加总线驱动器等电平转换电路;若为 TTL 芯片,则需配电平转换电路。

②模块读、写控制线为单线,对读、写控制线分开的单片机,须加读、写信号转换电路。

③根据对模块确定的编码地址,选择对应的译码电路。

图 10.3 为模块与 80C51 单片机的最简连接电路,图中采用了线选寻址。

在图 10.3 中显然有:

P2.6＝0,模块未选通;

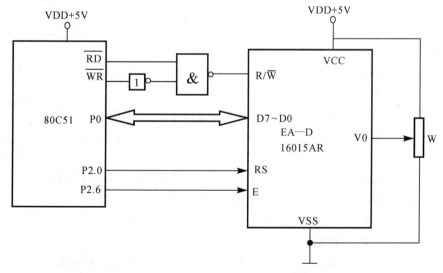

图 10.3　80C51 与液晶显示模块连接

P2.6＝1,模块选通;

P2.0＝0,选中指令寄存器;

P2.0＝1,选中数据寄存器。

因此,模块中指令寄存器地址为 4000H,数据寄存器地址为 4100H。

# 第四节　模块字符显示举例

以下是在显示屏幕上显示"READY"字符的初始化控制字及程序清单。

**1. 模块功能控制字 38H**

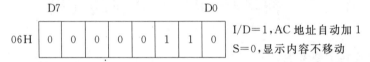

D7　　　　　　　　　　D0

38H | 0 | 0 | 1 | 1 | 1 | 0 | 0 | 0 |　IF＝1,8 位数据操作
NF＝10,5×8 点阵

**2. 输入模式控制字 06H**

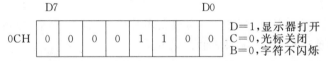

D7　　　　　　　　　　D0

06H | 0 | 0 | 0 | 0 | 0 | 1 | 1 | 0 |　I/D＝1,AC 地址自动加 1
S＝0,显示内容不移动

**3. 显示开关控制字 0CH**

D7　　　　　　　　　　D0

0CH | 0 | 0 | 0 | 0 | 1 | 1 | 0 | 0 |　D＝1,显示器打开
C＝0,光标关闭
B＝0,字符不闪烁

综上可得初始化功能为:

从 03H 开始显示 READY 字符,8 位数据传送,采用 5×8 点阵,地址自动加 1,显示字符不移动,关闭光标,字符不闪烁。

以下为模块的初始化程序:

```
START： PUSH    DPL
        PUSH    DPH
        PUSH    ACC
        MOV     DPTR,    ＃4000H  ;建立命令寄存器地址。
        MOV     A,       ＃38H    ;建立模块控制字 38H。
        MOVX    @DPTR,   A        ;送命令寄存器。
        LCALL   WAIT             ;等待,使模块完成上述操作。
        MOV     A,       ＃06H    ;设置输入模式控制字 06H。
        MOVX    @DPTR,   A        ;送命令寄存器。
        LCALL   WAIT             ;等待。
        MOV     A,       ＃0CH    ;设置显示开关控制字 0CH。
        MOVX    @DPTR,   A
```

```
        LCALL   WAIT
        MOV     A,      #01H    ；清屏幕。
        MOVX    @DPTR,  A
        LCALL   WAIT
        POP     ACC
        POP     DPH
        POP     DPL
        RET                     ；返回。
```

初始化完成后，即可显示有关字符，以下为显示"READY"5 个字符的程序清单。

```
READY： PUSH    DPL
        PUSH    DPH
        PUSH    ACC
        MOV     DPTR,   #4000H  ；建立命令寄存器地址。
        MOV     A,      #03H    ；建立 DDRAM 地址初值 03H。
        MOVX    @DPTR,  A
        LCALL   WAIT            ；等待。
        MOV     A,      #52H    ；调"R"字符编码 52H。
        LCALL   LOAD            ；将 A 中当前字符编码送 DDRAM 单元。
        MOV     A,      #45H    ；调"E"字符编码 45H。
        LCALL   LOAD            ；送下一 DDRAM 单元。
        MOV     A,      #41H    ；调"A"字符编码 41H。
        LCALL   LOAD
        MOV     A,      #44H    ；调"D"字符编码。
        LCALL   LOAD
        MOV     A,      #59H    ；调"Y"字符编码。
        LCALL   LOAD
        POP     ACC
        POP     DPH
        POP     DPL
        RET
LOAD：  MOV     DPTR,   #4100H  ；建立数据寄存器地址。
        MOVX    @DPTR,  A       ；当前字符编码内容送数据寄存器，并使
                                 DDRAM 地址自动加 1。
        LCALL   WAIT
        RET                     ；返回。
```

上述程序由于可直接调用模块原有字符编码，故程序较为简单。

# 第五节　自定义字符显示

要定义一个自定义字符,首先是将自定义字符的数据送入某 CGRAM(自定义字符),再将该 CGRAM 的编码送入 DDRAM 即可显示。例如:我们要显示一个"工"字,用 5×7 点阵,字符点阵为"1"时点亮,见图 10.4。

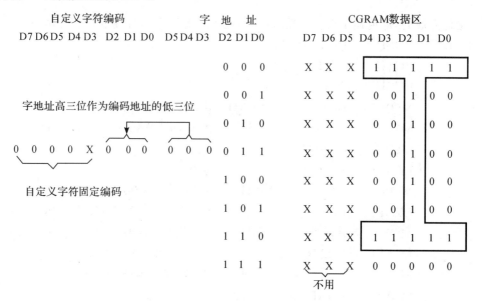

图 10.4　自定义字符"工"字编码

由图 10.4 可得:

①CGRAM 数据区中高 3 位不用(D7～D5)。

②每个字符由 8 个存储单元组成,其中前 7 行构成字符点阵排列,第八行为光标控制行。当第八行数据为 0 时,显示光标;当第八行数据为 1 时,不显示光标。

例如:上述 8 个存储单元内容分别为:1FH、04H、04H、04H、04H、04H、1FH、00H,构成了自定义字符"工"字的数据信息。

③自定义字符的编码由高 5 位固定编码(D7 D6 D5 D4 D3＝0 0 0 0 X)和低 3 位 (D2 D1 D0)组成,因此每次最多可有 8 个自定义字符可供调用(即 D2 D1 D0 从 0 0 0 到 1 1 1 变化)。

④在将自定义数据信息依次送入 CGRAM 后,再将该字符编码送入指定的 DDRAM 即可显示该字符。

以下是建立自定义字符"工"字的参考程序。

```
BUILD:  PUSH    DPL
        PUSH    DPH
        PUSH    ACC
        MOV     DPTR,   #4000H ；建立命令寄存器地址。
        MOV     A,      #40H   ；D6=1,建立 CGRAM 地址命令,
                               设 CGRAM 地址初值为 00H。
```

```
        MOVX    @DPTR，A
        LCALL   WAIT
        MOV     A，      #1FH    ;"工"第一行字符点阵数据 1FH 送
                                    CGRAM
        LCALL   LOAD
        MOV     A，      #04H    ;送第二行至第八行数据。
        LCALL   LOAD
        MOV     A，      #04H
        LCALL   LOAD
        MOV     A，      #04H
        LCALL   LOAD
        MOV     A，      #04H
        LCALL   LOAD
        MOV     A，      #04H
        LCALL   LOAD
        MOV     A，      #1FH
        LCALL   LOAD
        MOV     A，      #00H
        LCALL   LOAD
        POP     ACC
        POP     DPH
        POP     DPL
        RET                     ;返回。
```

显示参考程序如下：

```
GONG：  PUSH    DPL
        PUSH    DPH
        PUSH    ACC
        MOV     DPTR，   #4000H ;建立命令寄存器地址。
        MOV     A，      #88H    ;D7=1,建立 DDRAM 地址命令，
                                 ;设 DDRAM 地址初值为 08H。
        MOVX    @DPTR，A
        LCALL   WAIT
        MOV     A，      #00H    ;"工"字符的地址编码送 DDRAM。
        LCALL   LOAD
        POP     ACC
        POP     DPH
        POP     DPL
        RET                     ;返回。
```

应当指出,在每次调用 LOAD 子程序时,由于事先建立的地址初值不同,所以操作对象也不同,在自定义字符建立子程序 BUILD 中,由于事先建立了 CGRAM 地址初值,故那时

LOAD 子程序是访问 CGRAM;而在显示子程序 GONG 中,由于事先建立了 DDRAM 地址初值,故这时 LOAD 子程序改而访问 DDRAM,两者不可混淆(这一 点在模块指令系统中已有说明)。

　　如果要自定义另外 7 个字符并显示,思路与上相同,只是 CGRAM 数据及 DDRAM 地址有所不同。

# 思考与练习

**10-1**　请通过市场调查了解当前比较成熟的字符显示器件产品,并分析该产品与 8051 的连接方法。

**10-2**　试叙述 8051 与 EA-D16051AR 模块连接的注意事项,并说明理由。

**10-3**　试编程用 EA-D16051AR 显示字符"PASS"。

**10-4**　试编程用 EA-D16051AR 自定义中文字符"天"。

# 第十一章

# 单片机应用系统可靠性技术概论

近年来,单片机在工业控制、通信、交通、军工等各个领域的应用越来越广泛。单片机技术的应用大大提高了产品的质量,有效地提高了生产效率。但是,单片机应用系统的工作环境往往相当复杂及恶劣,尤其是系统周围的电磁环境,这对系统的可靠性与安全性构成了极大的威胁。对于单片机应用系统而言,可靠性水平是最重要的质量指标。在单片机应用系统设计的每一个环节,都应该将可靠性作为首要的设计准则。

影响单片机系统可靠安全运行的主要因素主要来自系统内部和外部的各种电气干扰,并受系统结构设计、元器件选择、安装、制造工艺影响。这些都构成单片机系统的干扰因素,这些干扰信号可能扰乱单片机系统的正常执行,如:计数器可能由于干扰信号而出现计数不准;由于干扰信号的影响,可能使指令信号失常;存储器或寄存器的数据可能由于受干扰而改变。干扰严重时,还可能使微处理器不能正常工作,损坏控制系统甚至危及人身安全。因此,抗干扰是保证单片机应用系统正常、稳定、可靠运行的必需措施。

## 第一节　干扰的种类、传播途径及抑制的常用方法

干扰(噪声)是指有用信号以外的杂散信号,这些杂散信号会引起有用信号畸变,使数据传输错误或控制系统失灵,致使系统或设备的运行发生故障。

常用的抗干扰措施有硬件措施和软件措施。硬件措施如果得当,可将绝大部分干扰拒之门外,但仍然会有少数干扰进入单片机应用系统,故软件措施作为第二道防线必不可少。由于软件抗干扰措施是以 CPU 的开销为代价的,如果没有硬件消除绝大多数干扰,CPU 将疲于奔命,无暇顾及正常工作,严重影响系统的工作效率和实时性。因此,一个成功的抗干扰系统是由硬件和软件相结合构成的。

### 一、干扰的种类

#### 1. 按干扰的来源分类

按干扰的来源,可以将干扰划分为内部干扰和外部干扰。

①内部干扰:内部干扰是由系统自身结构和制造工艺等内部因素造成的。

②外部干扰:外部干扰与系统结构无关,它是由与微机测控系统本身不相干的外部环境和

现场条件产生的。

**2. 按干扰作用的方式分类**

按干扰作用的方式,可以将干扰划分为常态干扰和共模干扰。

①常态干扰:常态干扰是叠加在被测信号上的干扰。常态干扰可能是信号源的一部分,也可能是由长线引入的。由于它和信号所处地位相同,因此又称为串模干扰,也叫正态干扰,如图 11.1 所示。

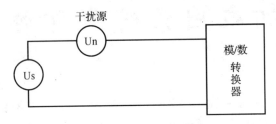

图 11.1　串模干扰示意图

②共模干扰:共模干扰是单片机应用系统模拟量输入通道的 A/D 转换器、运算放大器等器件的两个输入端上共有的干扰电压。由于计算机和被测信号相距较远,被测信号的参考地(模拟地)和计算机输入信号的参考地(模拟地)之间往往存在一定的电位差,这个电位差 Ucm 就是 A/D 转换器、运算放大器等器件的两个输入端共有的干扰电压,如图 11.2 所示。

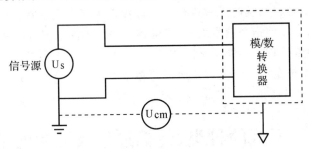

图 11.2　共模干扰示意图

# 二、干扰的传播途径及方式

干扰的传播路径指干扰从干扰源传播到敏感器件的通路或媒介。

干扰信号加害于单片机应用系统的主要途径有:交流电源系统、输入/输出通道、接地系统、电磁感应、静电感应、电磁感应、输入/输出信号传输线等。如图 11.3 所示。

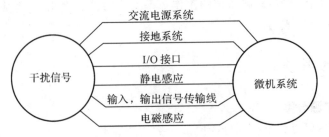

图 11.3　干扰的传播路径示意

干扰源产生的干扰信号是通过一定的耦合通道才对单片机系统产生作用的。因此,我们有必要看看干扰源和被干扰对象之间的传递方式。

干扰的耦合方式无非是通过导线、空间、公共线等等,细分下来,主要有以下几种:

**1. 直接耦合**

这是最直接的方式,也是系统中存在最普遍的一种方式。电磁干扰信号通过导线直接传导到被干扰电路而对电路造成干扰。例如干扰信号通过电源线侵入单片机应用系统。对于这种形式,最有效的方法就是加入滤波去耦电路有效地抑制电磁干扰信号的侵入。

**2. 公共阻抗耦合**

公共阻抗耦合也是常见的耦合方式,这种形式常常发生在两个电路电流有共同通路的情况下。单片机应用系统中两个设备间的共地阻抗干扰就是一个例子。为了防止这种耦合,通常在电路设计上就要考虑,使干扰源和被干扰对象间没有公共阻抗。

**3. 电容耦合**

电容耦合又称电场耦合或静电耦合,是由于分布电容的存在而产生的耦合。某个导体上的信号电压通过分布电容使其他导体的电位受到影响。

**4. 电磁感应耦合**

电磁感应耦合又称磁场耦合,是由于分布电磁感应而产生的耦合。

**5. 漏电耦合**

漏电耦合是纯电阻性的,在绝缘受损时就会发生。

## 三、抑制干扰的基本原则

所谓抗干扰是指把窜入单片机应用系统的干扰衰减至一定的幅度以内,保证系统能够正常工作或者达到要求的测量控制精度。抑制干扰有下面三个基本原则:

**1. 消除干扰源**

有些干扰,尤其是内部干扰,可以通过人为努力消除。如通过改进制造工艺、合理布线、改进焊接技术、降温、实现参数匹配等,就有可能消除由线间感应、杂散电容、多点接地等造成的电位差、热噪音等的内部干扰。把干扰源屏蔽起来,也是一种消除干扰源的有效方法。

**2. 远离干扰源**

距离干扰源越远,干扰就衰减得越弱,单片机应用系统、计算机房,包括有终端设备的操作室都应尽可能地远离干扰源,如远离强电场、强磁场等。

**3. 防止干扰窜入**

干扰都是通过一定的途径进入单片机应用系统中的,如果在干扰的进入途径上采取有效措施,就可能使单片机应用系统避免干扰的入侵。事实上,抑制干扰的措施主要是针对防止干扰窜入进行的。

# 第二节　单片机系统硬件抗干扰技术

单片机应用系统主要由硬件和软件两部分组成。单片机的硬件系统主要由单片机、存储器、I/O 接口、译码器、总线驱动器、模拟量输入/输出通道、数字量输入/输出通道、检测元件、执行元件及显示电路、键盘电路等外部电路、电源等组成。

　　硬件抗干扰技术是单片机系统系统设计时首选的抗干扰措施,它能有效抑制干扰源,阻断干扰传输通道。常用的硬件设计抗干扰措施如下:

## 一、选择性价比优良的元器件与单片机型号

　　①现在市场上出售的元器件种类繁多,有些元器件可用,但性能不佳;有些元器件极易受到干扰。因此,在选择关键元器件如译码器、键盘扫描控制器、RAM 等时,最好选用性能稳定的工业级产品。

　　②单片机的选择不光要考虑硬件配置、存储容量等,更要选择抗干扰性能较强的单片机,在目前使用的多种类型的单片机中,AVR 系列单片机的抗干扰能力较强。

　　③单片机系统的各 IC 芯片现在通常选用 CMOS 电路,这样各个器件之间不存在负载匹配问题,提高了系统工作的可靠性,降低了系统的功耗,还可实现功耗管理。但有时系统需要 TTL 和 CMOS 两种电路混合使用,由于两者要求的信号电平不一样,因此一定要注意电平、电流及负载的匹配问题。

　　④时钟是高频的噪声源,对系统的内外都能产生干扰。因此,在速度能满足要求的前提下,应尽量降低单片机的晶振频率和选用低速数字电路。现在单片机的时钟频率可在较宽范围内任意选择,如 Atmel 公司的 AT89 系列单片机可在 0~40MHz 选择。在不影响系统速度的前提下,时钟频率选低一些为好。这样可降低系统对其他元器件工作速度的要求,降低系统的功耗,从而降低系统成本和提高系统的可靠性。当系统频率选择较高时,要考虑其他元器件与主机的速度匹配。工业上常用的单片机的时钟频率大都为 12MHz 左右。

　　⑤单片机接口负载匹配问题。单片机与 I/O 接口之间存在负载匹配问题。以 Intel 公司的 MCS-51 系列单片机 8051 为例,其并行 I/O 口的负载能力是有限的。P0 口能驱动 8 个 LSTTL 电路,P1~P3 口能驱动 4 个 LSTTL 电路。硬件设计时应仔细核对其负载,使其不超过总负载能力的 70%。若负载过重,则需要增加驱动器,或者用 CMOS 电路代替 TTL 电路。当 I/O 口需带较大负载时,可在其输出端增设放大电路。另外要说明的是,不同厂家的不同型号的单片机 I/O 口的负载能力是不一样的,有些自带 I/O 口驱动器,有 LED 驱动能力(20mA)。

## 二、抑制电源干扰

　　单片机系统中的各个单元都需要使用直流电源。而直流电源一般是市电电网的交流电经过变压、整流、滤波、稳压后产生的,因此,电网上的各种干扰便会引入系统。单片机系统中最主要、危害最严重的干扰来源于交流电源系统的污染。随着大工业的迅速发展,交流电源污染问题日趋严重。在我国,理想的交流电应该是频率为 50Hz 的正弦波。但事实上,由于负载的变动,大功率用电设备如电动机、感应电炉、鼓风机等的启停造成电源电压波动,在正弦波上出现尖峰脉冲。这种尖峰脉冲,幅值可达几十甚至几千伏,持续时间可达几 ms 之久,容易造成计算机死机或程序"跑飞",甚至会损坏硬件,对系统危害极大。

**1. 电源干扰主要类型**

①浪涌、下陷（$\Delta t$ 微秒量级）。由于设备接地不良，在分支线路上千万电压降和零线偏高、零电位过大也会造成火线与地线、零线与地线之间形成浪涌、下陷等干扰电压。

②尖峰电压（$\Delta t$ 毫秒量级）。无线电发射、电弧等辐射源也可在输电线中引起很高的尖峰电压。继电器等电器开关触点的通断可在电网中引起 600V 左右的尖峰电压。地线过长，受空间电磁场的干扰，也会在电网中引起尖峰电压。

**2. 电源系统抗干扰措施**

电源做得好，整个电路的抗干扰问题就解决了一大半。许多单片机对电源噪声很敏感，要给单片机电源加滤波电路或稳压器，以减小电源噪声对单片机的干扰。

①隔离变压器：高频噪声通过变压器是靠初、次级线圈间寄生电容耦合。因此，应采用带屏蔽层的隔离变压器或超隔离变压器来抑制电源的高频噪声，并且屏蔽层应可靠接地，以提高抗干扰的能力。

②低通滤波器：由谐振频谱分析可知，电源系统的干扰源大部分是高次谐波。因此，可以采用低通滤波技术滤去高次谐波，让 50Hz 基波通过，以改善电源波形。在低压下，当滤波电路载有大电流时，宜采用小电感和大电容构成滤波网络；当滤波电路处于高电压下工作时，则应采用小电容和允许的最大电感构成滤波网络。

③双 T 滤波器：在整流环节之后，可采用双 T 滤波器来消除 50Hz 工频干扰。双 T 滤波器的特点是对某一固定频率的干扰具有很高的抑制比，偏离该频率后抑制比迅速减小，滤波效果好，主要用于滤除工频干扰。

④采用分散独立功能块供电：当一台微机控制系统有多块逻辑电路板时，为了防止板与板之间的相互干扰，可以以短线的方式向每块印刷线路板并行供电，每块板上应装一块三端稳压集成块（如 7805、7812 等）单独进行过压保护。这样，就不会因为某个板块出现故障而使整个系统受到牵连，同时也减少了公共阻抗的相互耦合以及与公共电源的相互耦合。

# 三、I/O 通道的抗干扰措施

干扰信号进入单片机系统的另一个重要途径就是 I/O 通道。

**1. 模拟量输入/输出(I/O)通道**

单片机应用系统中通常要对一个或多个模拟信号进行采样，并将其通过 A/D 转换成数字信号进行处理。为了提高测量精度和稳定性，不仅要保证传感器本身的转换精度、传感器供电电源的稳定、测量放大器的稳定、A/D 转换基准电压的稳定，而且要防止外部电磁感应噪声的影响，如果处理不当，微弱的有用信号可能完全被无用的噪音信号淹没。在许多信号变化比较慢的采样系统中，如人体生物电（心电图、脑电图）采样、地震波记录等，影响最大的是 50Hz 的工频干扰。因此，对工频干扰信号的抑制是保证测量精度的重要措施之一。

**2. 数字量输入/输出(I/O)通道**

数字输出信号可作为系统被控设备的驱动信号（如继电器等），数字输入信号可作为设备的响应回答和指令信号（如行程开关、启动按钮等）。数字信号接口部分是外界干扰进入单片机系统的主要通道之一。

因此，I/O 通道抗干扰措施对系统的影响是十分重要的，通常采取下列措施。

①硬件滤波：在信号加入到输入通道之前，可采用硬件低通滤波器滤除交流干扰。常用的

低通滤波器有 RC 滤波器、LC 滤波器及有源滤波器。RC 滤波器结构简单,成本低,也不需要调整。但它的串模抑制比不够高,一般需要 2～3 级才能达到规定的滤波要求。LC 滤波器的串模抑制比较高,但是存在电感成本高、体积大的缺点。有源滤波器对低频干扰具有很好的抑制作用,其原理是产生一个与干扰信号幅值相等、相位相反的反馈信号,在滤波器的输入端进行叠加,从而将干扰信号消除。有源滤波器常用来滤除频率低于 50Hz 的干扰信号。如图 11.4 所示。

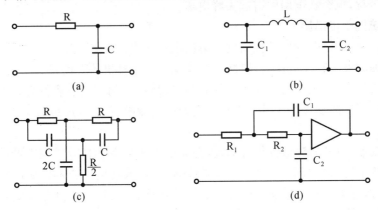

图 11.4(a)　常用滤波器原理图

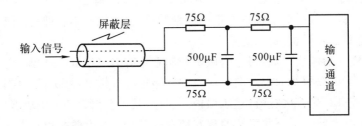

图 11.4(b)　两级阻容滤波网络原理图

②采用差动方式传送信号:利用差动方式传送信号是抑制共模噪声的一个有效方法。由于差动放大器只对差动信号起放大作用,而对其共模电压不起放大作用,因此能够抑制共模噪声的干扰,具有良好的抑制共模噪声的能力。

③采用屏蔽信号线:在精度要求高、干扰严重的场所,应当采用屏蔽信号线。常用的屏蔽层有铜网、铜带迭卷、铝聚酯树脂迭卷等,其中以铝聚酯树脂迭卷屏蔽效果最好,干扰衰减比可达 6610:1。

表 11-1　常用屏蔽信号线的类型及对干扰的抑制作用

| 屏蔽结构 | 干扰衰减比 | 屏蔽效果(dB) | 备　注 |
|---|---|---|---|
| 铜网(密度85%) | 103:1 | 40.3 | 可挠性好,可近距离使用 |
| 铜带迭卷90% | 376:1 | 51.5 | 带焊药,易接地,通用性好 |
| 铝聚酯树脂带迭卷 | 6610:1 | 76.4 | 为便于接地,应使用电缆沟 |

④采用双绞线传送信号:双绞线每一个小环路上感应的电势会互相抵消,能有效地抑制串模干扰,可以使干扰抑制比达到 30～40dB。节距越小,对串模干扰的抑制比越高。实际应用中应当采用五类或超五类双绞线。

表 11-2　双绞线节距对串模干扰的抑制效果

| 节距 | 干扰衰减比 | 屏蔽效果(dB) |
| --- | --- | --- |
| 100 | 14:1 | 23 |
| 75 | 71:1 | 37 |
| 50 | 121:1 | 41 |
| 25 | 141:1 | 43 |
| 并行线 | 1:1 | 0 |

⑤隔离技术：采用光电、磁电、继电器等隔离措施。光电隔离的目的是割断两个电路的电联系，使之相互独立，从而割断噪声从一个电路进入另一个电路的通路。常用的光电隔离器件是光电耦合器。如图 11.5 所示。

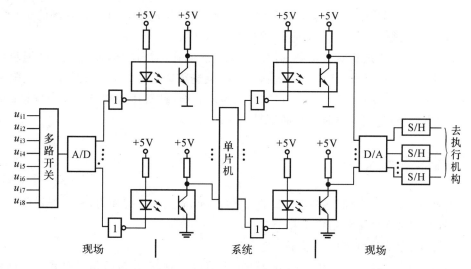

图 11.5　光电隔离示意图

光电耦合器的输入阻抗很低（100～1000Ω），而干扰源的内阻一般很大（100～1000）kΩ，因而能够馈送到光电耦合器输入端的干扰噪声电压值极低。光电耦合器的感光二极管有一定的电流阀，即使干扰电压幅值相对很高也将被抑制。而且光电耦合器的输入/输出寄生电容很小（0.5～2pF），绝缘电阻很大（100～10000MΩ），因此输出系统内部的各种干扰很难通过光电耦合器反馈到输入系统中去。使用光电耦合器还消除了地线环绕，不受磁场影响，响应速度快，因此具有很高的抗干扰能力。

需要注意的是，在光电耦合器的输入部分和输出部分必须分别采用独立的电源。如果两侧共用一个电源，就会在两侧形成公共地线回路，使光电隔离作用失去意义。最好选用隔离型 DC—DC 电源。

⑥过压保护电路：在输入/输出通道上应采用一过压保护电路，以防引入高电压伤害单片机系统。过压保护电路由限流电阻和稳压管组成，限流电阻选择要适宜，太大会引起信号衰减，太小起不到保护稳压管的作用。稳压管的选择也要适宜，其稳压值以略高于最高传送信号电压为宜，太低将对有效信号起限幅效果，使信号失真。步进电机驱动电路即采用过压保护电路。

## 四、接地技术

实践证明,单片机系统设备的抗干扰能力与系统的接地方式有很大关系,接地技术往往是抑制噪音的重要手段。单片机系统既有模拟电路又有数字电路,因此数字地与模拟地要分开,最后只在一点相连,如果两者不分,则会互相干扰。良好的接地可以在很大程度上抑制系统内部噪音耦合,防止外部干扰的侵入,提高系统的抗干扰能力。设备的金属外壳等要安全接地;屏蔽用的导体必须良好接地。

## 五、屏蔽

以金属板、金属网或金属盒构成的屏蔽体能有效地对付电磁波、电场、磁场的干扰。屏蔽体以反射和吸收方式来削弱干扰,从而形成对干扰的屏蔽。

对付电磁波干扰的最有效方法是选用高导磁材料制作的屏蔽体,使电磁波经屏蔽体壁的低磁阻磁路通过,而不影响屏蔽体内的电路。屏蔽电场或辐射场时,宜选铜、铝等电阻率小的金属材料作屏蔽体;屏蔽低频磁场时,宜选磁钢、坡莫合金、铁氧体等磁导率高的材料;屏蔽高频磁场时,则应选择铜、铝等电阻率小的材料。

## 六、硬件监控电路

在单片机系统中,为了保证系统可靠、稳定地运行,增强抗干扰能力,需要配置硬件监控电路,硬件监控电路从功能上包括以下几个方面:

①上电复位:保证系统加电时能正确地启动;

②掉电复位:当电源失效或电压降到某一电压值以下时,产生复位信号对系统进行复位;

③数据保护:当电源或系统工作异常时,对数据进行必要的保护,如写保护、后备电池切换等;

④电源监测:供电电压出现异常时,给出报警指示信号或中断请求信号;

⑤硬件看门狗:当处理器遇到干扰或程序运行混乱产生"死锁"时,对系统进行复位。

有些著名的半导体厂商已将上述这些功能集成到一起,如 MAXIM 公司的 MAX1232、MAX690、MAX706 等。

### 1. MAX1232 的结构原理

程序运行监视器 WDT 是一种软、硬件结合的抗程序"跑飞"措施。WDT 硬件主体是一个用于产生定时 T 的计数器或单稳触发器,该计数器或单稳触发器基本独立运行,其定时输出端接至 CPU 的复位线而其定时清 0 则由 CPU 控制。在正常情况下,程序启动 WDT 后,周期性地将 WDT 清 0,WDT 的定时溢出就不会如同睡眠一般不起任何作用。在受到干扰的异常情况下,CPU 时序逻辑被破坏,程序执行混乱,不可能周期性地将 WDT 清 0。这样,当 WDT 的定时溢出时,其输出使系统复位,CPU 摆脱因一时干扰而陷入的瘫痪状态。有关 WDT 的程序一般放在程序的定时中断中,也可放在被循环执行的监控程序处。WDT 的定时选择要依情况而定,一般从毫秒级到秒级,设计完善的 WDT 电路都分设不同的定时供用户选择。定时时间的选择应该给正常程序运行的周期留下足够的余量,以防止程序在某一分支的执行时间较长,使 WDT 误动作。定时时间选择过长也不好,WDT 响应不灵敏,万一系统受到干扰损失比较大。目前有不少专用的 WDT 芯片可供选用,有些单片机芯片也设置了 WDT。可以说,WDT 是现场微机化测控系统必备的一项功能。但 WDT 只是一种被动的抗干扰措施,它只能在一定程度上减少干扰造成的损失,只要 WDT 动作,正常测控进程即被破坏。

MAX1232 微处理器监控电路,给微处理器提供辅助功能、电源供电监控功能。MAX1232 通过监控微处理器系统电源供电及监控软件的执行来增强电路的可靠性,它提供一个反弹的(无锁的)手动复位输入。

当电源过压或欠压时,MAX1232 将提供至少 250ms 宽度的复位脉冲,其中的容许极限能用数字式的方法来选择 5% 或 10% 的容限,这个复位脉冲也可以由无锁的手动复位输入。MAX1232 有一个可编程的监控定时器(即 Watchdog)监督软件的执行,该 Watch-dog 可编程为 150ms、600ms 或 1.2s 的超时设置。

图 11.6(a)给出了 MAX1232 的引脚图,图 11.6(b)给出了 MAX1232 的内部结构框图。

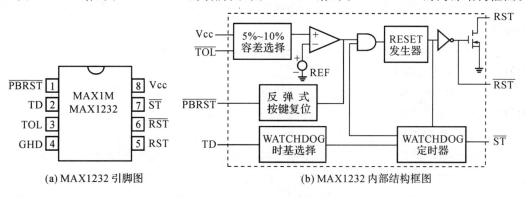

(a) MAX1232 引脚图　　　　(b) MAX1232 内部结构框图

图 11.6　MAX1232 引脚图及内部结构框图

图中:

• $\overline{PBRST}$:按键复位输入。反弹式低电平有效输入,忽略小于 1ms 宽度的脉冲,确保识别 20ms 或更宽的输入脉冲。

• TD:时间延迟,时基选择输入。

　　　　TD=0V 时,　　tTD=150ms;

　　　　TD 悬空时,　　tTD=600ms;

　　　　TD=Vcc 时,　　tTD=1.2s。

• TOL:容差输入。接地时选取 5% 的容差;接 Vcc 时选取 10% 的容差。

• $\overline{RST}$(高):复位输出,高电平有效。RST 产生复位条件:若 Vcc 下降低于复位电压阀值时,则产生复位输出;若 PBSET 按下,则产生复位输出;若在最小暂停周期内,ST 未选通,则产生复位输出;若在加电源期间,则产生复位输出。

• $\overline{RST}$(低):复位输出,低电平有效。产生条件同上。

• $\overline{ST}$:选通输入,Watchdog 定时器输入。

Vcc:+5V 电源。GND:地。

**2. MAX1232 的主要功能**

利用 MAX1232 组成的 Watchdog 和电源监控电路如图 11.7 所示。

①电源监控。电压检测器监控 Vcc,当 Vcc 低于所选择的容限时,输出并保持复位电平。

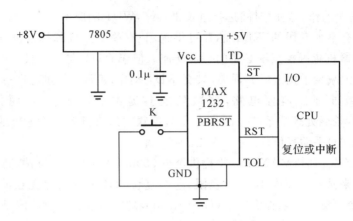

图 11.7　MAX1232 组成的 Watchdog 和电源监控电路

当 Vcc 恢复到容许极限内,复位输出信号至少保持 250ms 的宽度,才允许电源供电并使微处理器稳定工作。

②按钮复位输入。PBRST 端靠手动强制复位输出。当 PBSET 升高达到大于一定的电压值后,复位输出保持 250ms。

③监控定时器。微处理器在一定的时间内触发 ST 端。如果 ST 在一个最小超时间隔内,没被触发,复位输出至少保持 250ms 的宽度。

**3. 掉电保护和核复运行**

电网瞬间断电或电压突然下降将使单片机应用系统陷入混乱状态,电网电压恢复正常后,单片机应用系统难以恢复正常。掉电信号由监控电路 MAX1232 检测得到,加到微处理器(CPU)的外部中断输入端。软件中将掉电中断规定为高级中断,使系统能够及时对掉电做出反应。在掉电中断服务子程序中,首先进行现场保护,把当时的重要状态参数、中间结果、某些专用寄存器的内容转移到专用的、有后备电源的 RAM 中。其次是对有关外设做出妥善处理,如关闭各输入输出口,使外设处于某一个非工作状态等。最后必须在专用的有后备电源的 RAM 中某一个或两个单元做上特定标记,即掉电标记。为保证掉电子程序能顺利执行,掉电检测电路必须在电源电压下降到 CPU 最低工作电压之前就提出中断申请,提前时间为几百微秒至数毫秒。

当电源恢复正常时,CPU 重新上电复位,复位后应首先检查是否有掉电标记,如果没有,按一般开机程序执行(系统初始化等)。如果有掉电标记,不应将系统初始化,而应按掉电中断服务子程序相反的方式恢复现场,以一种合理的安全方式使系统继续未完成的工作。

## 七、单片机系统印制板电路抗干扰措施

印制电路板(PCB)是电子产品中电路元件和器件的支撑件,它提供电路元件和器件之间的电气连接。随着电子技术的飞速发展,PCB 的密度越来越高,PCB 设计的好坏对抗干扰能力影响很大。因此,在进行 PCB 设计时,必须遵守 PCB 设计的一般原则,并应符合抗干扰设计的要求。

①关键器件放置。在器件布置方面与其他逻辑电路一样,应把相互有关的器件尽量放得靠近些,这样可以获得较好的抗噪声效果。时钟发生器、晶振和 CPU 的时钟输入端都易产生

噪声,要相互靠近些;CPU复位电路、硬件看门狗电路要尽量靠近CPU相应引脚;易产生噪声的器件、大电流电路等应尽量远离逻辑电路,如有可能,应另外做电路板。特别应注意晶振布线,晶振与单片机引脚尽量靠近,用地线把时钟区隔离起来,晶振外壳接地并固定。

②用地线把数字区与模拟区隔离。数字地与模拟地要分离,最后在一点接于电源地。A/D、D/A芯片布线也以此为原则。D/A、A/D转换电路要特别注意地线的正确连接,否则干扰影响将很严重。D/A、A/D芯片及采样芯片均提供了数字地和模拟地,分别有相应的管脚。在线路设计中,必须将所有器件的数字地和模拟地分别相连,但数字地与模拟地仅在一点上相连。

③配置去耦电容,电路板上每个IC芯片VCC和GND之间都要并接一个$0.01\sim0.1\mu F$的高频电容,以减小IC对电源的影响。应注意高频电容的布线,连线应靠近电源端并尽量粗短,否则,等于增大了电容的等效串联电阻,会影响滤波效果。

④布线时避免90度折线,减少高频噪声发射。

⑤单片机和大功率器件的地线要单独接地,以减小相互干扰。大功率器件尽可能放在电路板边缘。

⑥布线时尽量减少回路环的面积,以降低感应噪声。

⑦布线时,电源线和地线要尽量粗。除减小压降外,更重要的是降低耦合噪声。

⑧集成块与插座接触可靠,用双簧插座,最好集成块直接焊在印制板上,防止器件接触不良故障。

⑨电源线加粗,合理走线、接地,三总线应分开,以减少互感振荡。

⑩独立系统结构,减少接插件与连线,提高可靠性,减少故障率。

⑪易受杂散信号干扰处接一个0.01F的树脂电容到机体外壳,使杂散信号的尖峰毛刺被该电容旁路。

⑫没有使用到的端口引脚(尤其是PO口)应接到一个固定逻辑电位上(0或1),以免受到外界静电干扰,导致CPU运行失常而产生"死机"。

⑬有条件的采用四层以上印制板,中间两层为电源极地。

# 第三节 单片机系统软件抗干扰技术

为了提高单片机应用系统的可靠性,除了硬件抗干扰措施外,还需要进一步借助于软件措施来克服某些干扰。在单片机应用系统中,如能正确地采用软件抗干扰措施,可大大提高控制系统的可靠性。通常采用的软件抗干扰技术有模拟量输入信号数字滤波技术、开关量的软件抗干扰技术、指令冗余技术、软件陷阱技术、软件看门狗技术等。软件抗干扰方法具有简单、灵活方便、耗费低等特点,在单片机系统中被广泛应用。下面分别加以介绍。

## 一、模拟量输入信号数字滤波技术

数字滤波是在对模拟信号多次采样的基础上,通过软件算法提取最逼近真值数据的过程。数字滤波的算法灵活,可选择权限参数,其效果往往是硬件滤波电路无法达到的。

## 二、开关量的软件抗干扰技术

### 1.开关量信号输入抗干扰措施

开关量信号主要来自各种开关型状态传感器,如操作按纽、电气触点、限位开关等,对这些信号不能使用前面介绍的数字滤波法。干扰信号多呈毛刺状,而且作用时间短,而开关量信号作用时间相对要长得多。根据这一特点,在采样某一开关量信号时,可多次重复采样,直到连续两次或两次以上采样结果完全一致为有效。如果多次采样后,信号始终变化不定,则说明干扰严重,就应停止采样,并且发出报警信号。

如果开关量信号超过 8 个,可按 8 个一组进行分组处理,也可定义多字节信息暂存区,按类似方法处理。在满足实时性要求的前提下,如果在各次采集数字信号之间接入一段延时,效果会好一些,就能对抗较宽的干扰。

### 2.开关量信号输出抗干扰措施

输出设备的惯性与干扰的耐受能力有很大关系,惯性大的输出设备(如各类电磁执行机构)对毛刺干扰有一定的耐受能力。惯性小的设备(如通讯口)耐受能力小,需要输出抗干扰。为了防止受开关量输出信号控制的输出设备受干扰产生误动作,最有效的方法是不断重复输出开关量输出信号,并且在可能的条件下,输出的重复周期越短越好。外设接受一个错误的信息后,还来不及做出有效的反映,下一个正确的输出信号又到来了,就可以及时防止错误动作的发生,克服干扰的影响。对于一些重要的输出设备,最好建立检测通道,CPU 可以检测通道来确定输出结果的正确性。

## 三、指令冗余技术

CPU 受到干扰后,程序产生"跑飞",往往将一些操作数当作指令来执行,引起程序混乱。当程序弹飞到某一单字节指令上时,便自动纳入正轨。当程序弹飞到某双字节指令上时,可能继续出错。当程序弹飞到 3 字节指令上时,出错的机会更大。在一些关键的地方人为地插入一些单字节空操作指令(NOP),这就是指令冗余技术。当程序"跑飞"到某条 NOP 指令上时,就不会发生将操作数作为指令码执行的错误,而是在连续执行几个空操作后,继续执行后面的程序,使程序恢复正常运行。指令冗余会降低系统的效率,但在绝大多数情况下,CPU 还不至于忙到不能多执行几条指令的程度,故这种方法还是被广泛采用。

在一些对程序流向起决定作用的指令之前插入两条 NOP 指令,以保证"跑飞"的程序迅速纳入正轨。在某些对系统工作状态重要的指令前也可插入两条 NOP 指令,以保证正确执行。指令冗余技术可以减少程序"跑飞"的次数,使其很快纳入程序轨道。

## 四、软件陷阱技术

采用"指令冗余"使"跑飞"的程序恢复正常运行是有条件的。首先,"跑飞"的程序必须落到程序区,其次,必须执行所设置的冗余指令。如果"跑飞"的程序落到非程序区(如 EPROM 中未使用的空间或某些数据表格等),则冗余指令就无能为力了。更完善的方法是设置"软件陷阱"。所谓"软件陷阱"就是 1 条引导指令,强行将捕获的程序引向一个指定的地址,在那里有一段专门对程序出错进行处理的程序。假设该出错处理程序的入口地址为 ERR,则软件陷阱即为 1 条无条件转移指令,为了加强其捕捉效果,一般还在其前面加两条 NOP 指令,因此真正的软件陷阱由 3 条指令构成:

NOP

NOP

JMP ERR

一般软件陷阱安排在以下 4 种位置。

**1. 未使用的中断量区**

例如 MCS-51 单片机的中断向量区为 0003H～002FH,如果所设计的智能化测量控制仪表未使用完全部的中断向量区,则可在剩余的中断向量区安排"软件陷阱",以便能捕捉到错误的中断。例如某设备使用了两个外部中断 INT0、INT1 和 1 个定时器中断 T0,它们的中断服务子程序入口地址分别为 FUINT0、FUINT1 和 FUT0,则可按下面的方式来设置中断向量区。

```
                ORG 0000H
0000H START：    LJMP MAIN          ;引向主程序入口
0003H           LJMP FUINT0        ;INT0 中断服务程序入口
0006H           NOP                ;冗余指令
0007H           NOP
0008H           LJMP ERR           ;陷阱
000BH           LJMP FUT0          ;T0 中断服务程序入口
000EH           NOP                ;冗余指令
000FH           NOP
0010H           LJMP ERR           ;陷阱
0013H           LJMP FUINT1        ;INT1 中断服务程序入口
0016H           NOP                ;冗余指令
0017H           NOP
0018H           LJMP ERR           ;陷阱
001BH           LJMP ERR           ;未使用 T1 中断,设陷阱
001EH           NOP                ;冗余指令
001FH           NOP
0020H           LJMP ERR           ;陷阱
0023H           LJMP ERR           ;未使用串行口中断,设陷阱
0026H           NOP                ;冗余指令
0027H           NOP
0028H           LJMP ERR           ;陷阱
002BH           LJMP ERR           ;未使用 T2 中断,设陷阱
002EH           NOP                ;冗余指令
002FH           NOP
0030H           MAIN：…            ;主程序
```

### 2. 未使用的大片 ROM 空间

例如智能化测量控制仪表中使用的 EPROM 芯片一般都不会使用完其全部空间,对于剩余未编程的 EPROM 空间,一般都维持其原状,即其内容为 0FFH。0FFH 对于 MCS-51 单片机的指令系统来说是一条单字节的指令:MOV R7,A。如果程序"跑飞"到这一区域,则将顺序向后执行,不再跳跃(除非又受到新的干扰)。因此在这段区域内每隔一段地址设一个陷阱,就一定能捕捉到"跑飞"的程序。

### 3. 数据表格

由于表格的内容与检索值有一一对应的关系,在表格中间安排陷阱会破坏其连续性和对应关系,因此只能在表格的最后安排陷阱。如果表格区较长,则安排在最后的陷阱不能保证一定能捕捉到飞来的程序的流向,有可能在中途再次"跑飞"。

### 4. 程序区(关键部位)

程序区是由一系列的指令所构成的,不能在这些指令中间任意安排陷阱,否则会破坏正常的程序流程。但是在这些指令中间常常有一些断点,正常的程序执行到断点处就不再往下执行了,如果在这些地方设置陷阱就有能有效地捕获"跑飞"的程序。例如在一个根据累加器 A 中内容的正、负和 0 的情况进行三分支的程序,软件陷阱安排如下:

```
            JNZ XYZ
            …                   ;零处理
            …
            AJMP   ABC          ;断裂点
            NOP
            NOP
            LJMP   ERR          ;陷阱
XYZ：       JB ACC.7,UVW
            …                   ;正数处理
            …
            AJM   PABC          ;断裂点
            NOP
            NOP
            LJMP   ERR          ;陷阱
UVW：       …                   ;负数处理
            …
ABC：       MOV   A,R2           ;取结果
            RET                 ;断裂点
            NOP
            NOP
            LJMP   ERR
```

由于软件陷阱都安排在正常程序执行不到的地方,故不影响程序执行效率。在 EPROM 容量允许的条件下,"软件陷阱"多设置一些为好。

## 五、软件看门狗技术

看门狗的作用就是防止程序发生死循环,或者说程序"跑飞"。硬件看门狗是利用了一个定时器来监控主程序的运行。也就是说在主程序的运行过程中,要在定时时间到之前对定时器进行复位。如果出现死循环,或者说 PC 指针不能回来,那么,定时时间到后就会使单片机复位。

软件看门狗技术工作原理与硬件看门狗工作原理类似,只不过是用软件的方法实现。以 51 系列单片机为例,在 51 单片机中有两个定时器,可以用这两个定时器来对主程序的运行进行监控。对 T0 设定一定的定时时间,当产生定时中断的时候对一个变量进行赋值,而这个变量在主程序运行的开始已经有了一个初值,设定的定时值要小于主程序的运行时间,这样在主程序的尾部对变量的值进行判断,如果值发生了预期的变化,就说明 T0 中断正常,如果没有发生变化则使程序复位。

T1 用来监控主程序的运行,给 T1 设定一定的定时时间,在主程序中对其进行复位。如果不能在一定的时间里对其进行复位,T1 的定时中断就会使单片机复位。在这里,T1 的定时时间设定需大于主程序的运行时间,给主程序留有一定的裕量。而 T1 的中断正常与否 再由 T0 定时中断子程序来监视。这样,构成了一个循环:T0 监视 T1,T1 监视主程序,主程序监视 T0,从而保证系统的稳定运行。

## 六、睡眠抗干扰

CMOS 型的 51 系列单片机具有睡眠状态,此时只有定时/计数系统和中断系统处于工作状态。这时 CPU 对系统三总线上出现的干扰不会作出任何反应,从而大大降低系统对干扰的敏感程度。

分析系统软件后发现,CPU 很多情况下是在执行一些等待指令和循环检查程序。这时 CPU 虽没有重要工作,但却是清醒的,很容易受干扰。让 CPU 在没有正常工作时休眠,必要时再由中断系统来唤醒它,之后又处于休眠。采用这种安排之后,大多数 CPU 可以有 50%～95% 的时间用于睡眠,从而使 CPU 受到随机干扰的威胁大大降低,同时降低了 CPU 的功耗。

# 思考与练习

**11-1**　根据干扰的作用方式,干扰可以分为哪两类? 它们是根据什么原则划分的?

**11-2**　干扰是如何传入单片机应用系统中的?

**11-3**　本章介绍的各种抗干扰技术,哪些是用于抑制共模干扰的? 哪些是用于抑制串模干扰的?

**11-4**　"软件陷阱"应如何设置?

**11-5**　有哪些干扰可以用软件方法加以抑制?

**11-6**　试叙述"看门狗"技术的工作原理,MAX1232 有哪些主要功能?

**11-7**　试用其他的集成电路芯片自行设计一个硬件"看门狗"电路。

# 附录I 计算机数的运算基础

## 一、进位计数制及相互转换

### (一)进位计数制

按进位的原则进行计数的方法称为进位计数制,简称进位制。人们日常生活中习惯使用十进制,而二进制便于实现、存储、传输,所以计算机中采用二进制。但二进制不易书写和阅读,因此又引入了八进制和十六进制。

(1)十进制(后缀或下标 D 表示)

十进制计数原则:逢十进一

十进制的基数为:10

十进制的数码为:0 1 2 3 4 5 6 7 8 9

十进制数第 $K$ 位的权为:$10^k$

(第 $K$ 位的权为基数的 $K$ 次方,第 $K$ 位的数码与第 $K$ 位权的乘积表示第 $K$ 位数表示的值)。

例如:$8846.78 = 8 \times 10^3 + 8 \times 10^2 + 4 \times 10^1 + 6 \times 10^0 + 7 \times 10^{-1} + 8 \times 10^{-2}$

该数共出现 3 次数码 8,但各自的权不一样,故其代表的值也不一样。

(2)二进制(后缀或下标 B 表示)

二进制计数原则:逢二进一

二进制的基数为:2

二进制的数码为:0 1

二进制数第 $K$ 位的权为:$2^K$

例如:$11010101.01B = 1 \times 2^7 + 1 \times 2^6 + 0 \times 2^5 + 1 \times 2^4 + 0 \times 2^3 + 1 \times 2^2$
$$+ 0 \times 2^1 + 1 \times 2^0 + 0 \times 2^{-1} + 1 \times 2^{-2}$$
$$= 213.25D$$

$N$ 位二进制数可以表示 $2^N$ 个数。例如 3 位二进制数可以表示 8 个数,如附表 1 所示。

附表 1

| 二 进 制 数 | 000 | 001 | 010 | 011 | 100 | 101 | 110 | 111 |
|---|---|---|---|---|---|---|---|---|
| 相应的十进制数 | 0 | 1 | 2 | 3 | 4 | 5 | 6 | 7 |

(3)八进制(后缀或下标 O 表示)

八进制计数原则:逢八进一

八进制的基数为:8

八进制的数码为:0 1 2 3 4 5 6 7

八进制数第 $K$ 位的权为:$8^K$

例如:$127O = 1 \times 8^2 + 2 \times 8^1 + 7 \times 8^0 = 87D$

（4）十六进制（后缀或下标 H 表示）

十六进制计数原则：逢十六进一

十六进制的基数为：16

十六进制的数码为：0 1 2 3 4 5 6 7 8 9 A B C D E F

十六进制第 K 位的权为：$16^k$

例如：$64.4H = 6 \times 16^1 + 4 \times 16^0 + 4 \times 16^{-1} = 100.25D$

十六进制数、二进制和十进制数的对应关系如附表2所示。

**附表 2**

| 二 进 制 数 | 0000 | 0001 | 0010 | 0011 | 0100 | 0101 | 0110 | 0111 |
|---|---|---|---|---|---|---|---|---|
| 十 进 制 数 | 0 | 1 | 2 | 3 | 4 | 5 | 6 | 7 |
| 十六进制数 | 0 | 1 | 2 | 3 | 4 | 5 | 6 | 7 |
| 二 进 制 数 | 1000 | 1001 | 1010 | 1011 | 1100 | 1101 | 1110 | 1111 |
| 十 进 制 数 | 8 | 9 | 10 | 11 | 12 | 13 | 14 | 15 |
| 十六进制数 | 8 | 9 | A | B | C | D | E | F |

## （二）不同进位制之间的转换

（1）二进制数转换为十进制数

转换原则：按权展开求和。

例如：
$$10001101.11B = 1 \times 2^7 + 0 \times 2^6 + 0 \times 2^5 + 0 \times 2^4 + 1 \times 2^3 + 1 \times 2^2$$
$$+ 0 \times 2^1 + 1 \times 2^0 + 1 \times 2^{-1} + 1 \times 2^{-2}$$
$$= 141.75D$$

八进制、十六进制转换为十进制数也同样遵循该原则，不再单独介绍了。

（2）十进制数转换为二进制数

十进制数转换为二进制数的原则如下：

①整数部分：除基取余，逆序排列；

②小数部分：乘基取整，顺序排列。

**例 1** 将十进数 186 和 0.8125 转换成二进制数。

因此：186D = 10111010B

0.8125D = 0.1101B

**注意**：当十进制小数不能用有限位二进制小数精确表示时，根据精度要求，采用"0 舍 1 入"法，取有限位二进制小数近似表示。

十进制数转换为八进制，十六进制数同样遵循该原则。

（3）二进制数转换为十六进制数

由于十六进制的基数16是2的幂 $2^4$，所以二进制与十六进制之间的转换是十分方便的，二进制转换为十六进制的原则是：

整数部分从低位到高位 4 位一组不足补零，直接用十六进制数表示；

小数部分从高位到低位 4 位一组不足补零，直接用十六进制数表示。

**例 2**　将二进制数 10011110.00111 转换成十六进制数。

$$\underset{9}{\underline{1001}}\quad\underset{E}{\underline{1110}}\quad\cdot\quad\underset{3}{\underline{0011}}\quad\underset{8}{\underline{1000}}$$

所以，10011110.00111B＝9E.38H

（4）十六进制数转换为二进制数

十六进制数转换为二进制数的原则是：十六进制数中的每一位用 4 位二进制数来表示。

**例 3**　将十六进制数 A87.B8 转换为二进制数。

$$\underset{\underline{1010}}{A}\quad\underset{\underline{1000}}{8}\quad\underset{\underline{0111}}{7}\quad\cdot\quad\underset{\underline{1011}}{B}\quad\underset{\underline{1000}}{8}$$

所以，A87.B8H＝101010000111.10111000B

顺便指出，八进制的基数 8 同样是 2 的幂 $2^3$，因此二进制与八进制之间的转换也遵循以上的原则，只是将原则中的 4 位改成 3 位。

**例 4**　将二进制数 11010110.110101B 转换成八进制数。

将八进制数 746.42O 转换成二进制数。

$$\underset{3}{\underline{011}}\;\underset{2}{\underline{010}}\;\underset{6}{\underline{110}}\cdot\underset{6}{\underline{110}}\;\underset{5}{\underline{101}}\qquad\underset{\underline{111}}{7}\;\underset{\underline{100}}{4}\;\underset{\underline{110}}{6}\cdot\underset{\underline{100}}{4}\;\underset{\underline{010}}{2}$$

所以，11010110.110101B＝326.65O，746.42O＝111100110.100010B

### （三）二进制数和十六进制数运算

（1）二进制数的运算

| 加法法则 | 乘法法则 |
|---|---|
| 0＋0＝0 | 0×0＝0 |
| 0＋1＝1 | 0×1＝0 |
| 1＋0＝1 | 1×0＝0 |
| 1＋1＝0(进位 1) | 1×1＝1 |

**注意**：二进制数加法运算中 1＋1＝0(进位 1)和逻辑运算中 1∨1＝1 的含义不同。

（2）十六进制数的运算

十六进制数的运算遵循"逢十六进一"的原则。

①十六进制加法

十六进制数相加，当某一位上的数码之和 S 小于 16 时与十进制数同样处理；如果数码之和大于 16 时，则应该用 S 减 16 及进位 1 来取代 S。

**例 5**

$$\begin{array}{r}0\,8\,A\,3\,H\\ +\,4\,B\,8\,9\,H\\ \hline 5\,4\,2\,C\,H\end{array}$$

②十六进制减法

十六进制减法也与十进制数类似，够减时直接相减，不够减时服从向高位借 1 为 16 的原则。

**例 6**

$$
\begin{array}{r}
0\,5\,C\,3\,H \\
-3\,D\,2\,5\,H \\
\hline
C\,8\,9\,E\,H
\end{array}
$$

十六进制数的乘除运算同样根据"逢十六进一"的原则处理,这里不再细述。

# 二、计算机中数和字符的表示

## (一)计算机中有符号数的表示

计算机中的数是用二进制来表示的,有符号数中的符号也是用二进制数值来表示。二进制数码中的最高位为"0"表示"＋"号,"1"表示"－"号,这种符号数值化之后表示的数称为机器数,它表示的数值称为机器数的真值。

为将减法变为加法,以方便运算,简化 CPU 的硬件结构,机器数可有三种表示方法:原码、反码和补码。

(1)原码

最高位为符号位,符号位后表示该数的绝对值。

例如:

[＋112]原＝01110000B

[－112]原＝11110000B

其中:最高位为符号位,后面的 7 位是数值(字长为 8 位,若字长为 16 位,则后面 15 位为数值)。

原码表示时,＋112 和－112 的数值位相同,符号位不同。

说明:

① 0 的原码有如下两种表示法:

- [＋0]原＝00000000B
- [－0]原＝10000000B

② N 位原码的表示范围为:$1-2^{N-1} \sim 2^{N-1}-1$。

例如,8 位原码表示的范围为:－127～＋127。

(2)反码

最高位为符号位,正数的反码与原码相同,负数的反码为其正数原码按位求反。

例如:　[＋112]反＝01110000B

　　　　[－112]反＝10001111B

说明:

① 0 的反码有两种表示法:

- [＋0]反＝00000000B
- [－0]反＝11111111B

② N 位反码表示的范围为:

$$1-2^{N-1} \sim 2^{N-1}-1 。$$

例如,8 位反码表示的范围为:－127～＋127。

③ 符号位为 1 时,其后不是该数的绝对值。

例如,反码 11100101B 的真值为$-27$,而不是$-101$。

(3)补码

最高位为符号位,正数的补码与原码相同;负数用 $2^N-|X|$ 来表示,其中 $N$ 为字长。负数的补码的计算为其正数补码按位求反再加 1,按位求反加 1 也称为"求补"运算。

例如:　[$+112$]$_补$＝01110000B

[$-112$]$_补$＝10001111B＋1＝10010000B＝$2^8-112$

事实上,补码数具有以下特性:

$$[x]_补 \xrightarrow{\text{求补运算}} [-X]_补 \xrightarrow{\text{求补运算}} [X]_补$$

说明:

① 0 的补码只有一种表示法:[$+0$]＝[$-0$]＝00000000B。

② N 位补码所能表示的范围为:$-2^{N-1} \sim 2^{N-1}-1$。

例如,8 位补码表示的范围为:$-128 \sim +127$。

③ 八位机器数中:[$-128$]$_补$＝10000000B,[$-128$]$_原$ 和 [$-128$]$_反$ 不存在。

④ 符号位为 1 时,其后不是该数的绝对值。

例如,补码 11110010B 的真值为$-14$,而不是$-114$。

有符号数采用补码表示时,就可以将减法运算转换为加法运算。因此,计算机中有符号数均以补码表示。

例如:

$X=84-16=(+84)+(-16) \rightarrow [X]_补=[+84]_补+[-16]_补$

$(+84)_补$＝01010100B

$(-16)_补$＝11110000B

$$\begin{array}{r} 0\ 1\ 0\ 1\ 0\ 1\ 0\ 0\ \text{B} \\ +\ 1\ 1\ 1\ 1\ 0\ 0\ 0\ 0\ \text{B} \\ \hline 0\ 1\ 0\ 0\ 0\ 1\ 0\ 0\ \text{B} \end{array}$$

$\swarrow$

1

所以,[$X$]$_补$＝01000100B,即 $X=68$。

在字长为 8 位的机器中,第 7 位的进位自动丢失,但这不会影响运算结果。

机器中这一位并不是真正丢失,而是保存在程序状态字 PSW 中的进位标志 Cy 中。

又如:$X=48-88=(+48)+(-88) \rightarrow [X]_补=[+48]_补+[-88]_补$

[$+48$]$_补$＝00110000B

[$-88$]$_补$＝10101000B

$$\begin{array}{r} 0\ 0\ 1\ 1\ 0\ 0\ 0\ 0\ \text{B} \\ +\ 1\ 0\ 1\ 0\ 1\ 0\ 0\ 0\ \text{B} \\ \hline 1\ 1\ 0\ 1\ 1\ 0\ 0\ 0\ \text{B} \end{array}$$

所以,[$X$]$_补$＝11011000B,很容易求得 11011000B＝[$-40$]$_补$,即 $X=-40$。

为进一步说明补码如何将减法运算转换为加法运算,可以举一日常的例子:对于钟表,它所能表示的最大数为 12 点,我们把它称之为模,即一个系统的量程或所能表示的最大的数。若当前标准时间为 6 点,而现有的一只表指示为 9 点,可以有两种调时方法:

① $9-3=6$(倒拨)

② $9+9=6$(顺拨)

即　$9+9=9+(12-3)=12+9-3$

　　因此,对某一确定的模,减去小于模的一个数,总可以用加上其模与该数之差(即补码)来代替。故引入补码后,减法就可以转换为加法。例如,对八位二进制数,模是 $2^8=256D$,读者可自行验证,不再细述。

　　补码表示的数还具有以下特性:

$[X+Y]_{补}=[X]_{补}+[Y]_{补}$

$[X-Y]_{补}=[X]_{补}+[-Y]_{补}$

　　附表 3 为 $N=8$ 和 $N=16$ 时 $N$ 位补码表示的数的范围。

附表 3　N 位二进制补码数的表示范围

| 十进制数 | 二进制数 | 十六进制数 | 十进制数 | 十六进制数 |
|---|---|---|---|---|
| $N=8$ | | | $N=16$ | |
| +127 | 01111111 | 7F | +32767 | 7FFF |
| +126 | 01111110 | 7E | +32766 | 7FFE |
| ⋮ | ⋮ | | ⋮ | ⋮ |
| +2 | 00000010 | 02 | +2 | 0002 |
| +1 | 00000001 | 01 | +1 | 0001 |
| 0 | 00000000 | 00 | 0 | 0000 |
| −1 | 11111111 | FF | −1 | FFFF |
| −2 | 11111110 | EE | −2 | FFFE |
| ⋮ | ⋮ | | ⋮ | ⋮ |
| −126 | 10000010 | 82 | −32766 | 8002 |
| −127 | 10000001 | 81 | −32767 | 6002 |
| −128 | 10000000 | 80 | −32768 | 8000 |

## (二)无符号数

　　在某些情况下,处理的全是正数时,就不必再保留符号位。我们把最高有效位也作为数值处理,这样的数称之为无符号数。8 位无符号数表示的范围为:0~255。

　　计算机中最常用的无符号数是表示存储单元地址的数。

## (三)字符表示

　　字母、数字、符号等各种字符(例如键盘输出的信息或打印输出的信息都是按字符方式输出)按特定的规则,用二进制编码在计算中表示。字符的编码方式很多,普遍采用的是美国标准信息交换码 ASCII 码。

　　ASCII 码是 7 位二进制编码。计算机中用一个字节表示一个 ASCII 码字符,最高位默认为 0,可用作校验位,参见附表 4。

### 附表 4　美国标准信息交换码 ASCII 字符表

| 低位<br>高位 | 0<br>0000 | 1<br>0001 | 2<br>0010 | 3<br>0011 | 4<br>0100 | 5<br>0101 | 6<br>0110 | 7<br>0111 | 8<br>1000 | 9<br>1001 | A<br>1010 | B<br>1011 | C<br>1100 | D<br>1101 | E<br>1110 | F<br>1111 |
|---|---|---|---|---|---|---|---|---|---|---|---|---|---|---|---|---|
| 0<br>0000 | NUL | SON | STX | ETX | EOT | ENQ | ACK | BEL | BS | HT | LF | VT | FF | CR | SO | SI |
| 1<br>0001 | DLE | DCI | DC2 | DC3 | DC4 | SYN | ETB | SYN | CAN | EM | SUB | ESC | FS | GS | RS | US |
| 2<br>0010 | SP | ! | ” | # | $ | % | & | , | ( | ) | * | + | , | — | 。 | / |
| 3<br>0011 | 0 | 1 | 2 | 3 | 4 | 5 | 6 | 7 | 8 | 9 | : | : | < | = | > | ? |
| 4<br>0100 | @ | A | B | C | D | E | F | G | H | I | J | K | L | M | N | O |
| 5<br>0101 | P | Q | R | S | T | U | V | W | X | Y | Z | [ | \\ | ] | ↑ | ← |
| 6<br>0110 | 、 | a | b | c | d | e | f | g | h | I | j | k | l | m | n | o |
| 7<br>0111 | p | q | r | s | t | u | v | w | x | y | z | { | 1 | } | | DEI |

## ●课程试卷 A 及参考答案

**一、填空题(每空格 2 分,共计 40 分)**

(1)编程语言按使用层次可分为_____、_____和高级语言。

(2)MCS-51 系列单片机的指令,按指令长度可分为单字节指令,双字节指令和_____指令。

(3)单片机系统复位后,PSW=00H,因此片内 RAM 寄存区的当前寄存器是第_____组,8 个寄存器的地址为_____~_____。

(4)计算机算法常用的基本结构由顺序结构、_____和_____等组成。

(5)假定 SP=60H,ACC=30H,B=70H,执行下列指令:

    PUSH    ACC

    PUSH    B

后,SP 的内容为_____,61H 单元的内容为_____,62H 单元的内容为_____。

(6)中断过程由中断请求、_____、_____、中断返回 4 个阶段组成。

(7)异步串行通信的帧格式由_____位、_____位、_____位和_____位组成。

(8)单片机 N 位地址总线可产生_____个连续地址编码。

(9)MCS-51 单片机访问片外存储器时,利用_____信号锁存来自_____口的低 8 位地址信号。

**二、选择题(每小题 2 分,共计 20 分)**

(1)8031 单片机内部 ROM 的容量是_____。

    A. 128 个单元    B. 4K 个单元    C. 256 个单元    D. 没有内部 ROM

(2)ADC0809 是_____的 A/D 转换器件。

    A. 双积分型    B. 逐次逼近型    C. 高精度型    D. 高速型

(3)8051 单片机外接 12MHz 的晶振,则一个机器周期的时间为_____。

    A. $1\mu s$    B. $2\mu s$    C. $4\mu s$    D. $0.5\mu s$

(4)8051 单片机定时器工作方式 2 是指_____的工作方式。

    A. 8 位    B. 8 位自动重装    C. 13 位    D. 16 位

(5)下列那个内部 RAM 存储单元可以位寻址_____。

    A. 地址为 08H 的单元        B. 地址为 50H 的单元

    C. 地址为 29H 的单元        D. 地址为 1FH 的单元

(6)8051 定时/计数器是否计数溢出,可采用等待中断的方法进行处理,也可通过对_____的查询方法进行判断。

    A. OV 标志    B. CY 标志    C. 中断标志    D. 奇偶标志

(7)下面 4 条指令,_____指令执行会影响标志位 Cy。

    A. ADD A，Rn       B. ANL A，Rn       C. MOV A，Rn    D. LCALL addr11

(8)对下述哪个寄存器编程用以确定 8051 外部中断的触发方式，_____。

    A. SCON          B. TCON          C. IE          D. PSW

(9)_____指令的功能是置 P1 口为输入口。

    A. MOV P1，A                B. MOV P1，♯00H

    C. MOV P1，♯0FFH            D. MOV A，P1

(10)已知某字符的共阳极显示编码是 C8H，则其共阴极显示编码是_____。

    A. 37H          B. 73H          C. C8H          D. 8CH

## 三、编程题(共 18 分)

(1)编程完成下列位操作运算(5 分)。

P1.7＝(ACC.0 ∨ 20H)∧ 40H

(2)编程将 ROM 0105H 单元内容取出，并将高 4 位同低 4 位交换，然后再送入外部 RAM 1020H 单元。(5 分)

(3)编程将外部 RAM 从 1020H 开始的 10 个字节数据传送至内部 RAM 从 50H 开始的存储区中去。(8 分)

## 四、应用题(共计 22 分)

(1)用 8051 对外部事件(脉冲)进行计数，每计满 100 个脉冲后，使内部 RAM 70H 单元内容加 1，用 T1 以方式 2 查询实现，TR1 启动。(12 分)

(2)根据下图，写出系统中 6264 的地址范围；8155 命令控制寄存器的地址、A 口、B 口、C 口的地址；8155 的 RAM 单元的地址范围。(10 分)

(与寻址无关的地址引脚均为 0 电平)

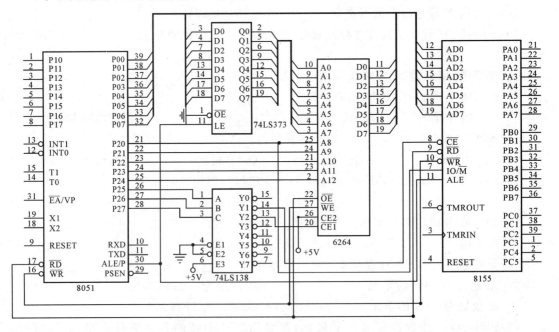

# 课程试卷 A 参考答案

**一、填空题(每空格 2 分,共计 40 分)**

(1)编程语言按使用层次可分为机器语言、汇编语言和高级语言。

(2)MCS-51 系列单片机的指令,按指令长度可分为单字节指令,双字节指令和三字节指令。

(3)单片机系统复位后,PSW＝00H,因此片内 RAM 寄存区的当前寄存器是第__0__组,8 个寄存器的地址为__00H__ ～ __07H__。

(4)计算机算法常用的基本结构由顺序结构、分支结构和循环结构等组成。

(5)假定 SP＝60H,ACC＝30H,B＝70H,执行下列指令:

　　　PUSH　　　ACC

　　　PUSH　　　B

执行指令后,SP 的内容为62H,61H 单元的内容为30H,62H 单元的内容为70H。

(6)中断过程由中断请求、中断响应、中断服务、中断返回 4 个阶段组成。

(7)异步串行通信的帧格式由起始位、数据位、奇偶校验位和停止位组成。

(8)单片机 N 位地址总线可产生__$2^N$__个连续地址编码。

(9)MCS-51 单片机访问片外存储器时,利用__ALE__信号锁存来自__P0__口的低 8 位地址信号。

**二、选择题(每小题 2 分,共计 20 分)**

(1)8031 单片机内部 ROM 的容量是__D__。

　　A. 128 个单元　　　B. 4K 个单元　　　C. 256 个单元　　　D. 没有内部 ROM

(2)ADC0809 是__B__的 A/D 转换器件。

　　A. 双积分型　　　B. 逐次逼近型　　　C. 高精度型　　　D. 高速型

(3)8051 单片机外接 12MHz 的晶振,则一个机器周期的时间为__A__。

　　A. $1\mu s$　　　B. $2\mu s$　　　C. $4\mu s$　　　D. $0.5\mu s$

(4)8051 单片机定时器工作方式 2 是指的__B__工作方式。

　　A. 8 位　　　B. 8 位自动重装　　　C. 13 位　　　D. 16 位

(5)下列那个内部 RAM 存储单元可以位寻址__C__。

　　A. 地址为 08H 的单元　　　　　　　B. 地址为 50H 的单元

　　C. 地址为 29H 的单元　　　　　　　D. 地址为 1FH 的单元

(6)8051 定时/计数器是否计数溢出可采用等待中断的方法进行处理,也可通过对__C__的查询方法进行判断。

　　A. OV 标志　　　B. CY 标志　　　C. 中断标志　　　D. 奇偶标志

(7)下面 4 条指令,第__A__条指令执行会影响标志位 Cy。

　　A. ADD A,Rn　　　　　　　　　　B. ANL A,Rn

　　C. MOV A,Rn　　　　　　　　　　D. LCALL addr11

(8)对下述哪个寄存器编程用以确定 8051 外部中断的触发方式,__B__。

　　A. SCON　　　B. TCON　　　C. IE　　　D. PSW

(9)第__C__条指令的功能是置 P1 口为输入口。

  A. MOV P1,A         B. MOV P1,♯00H

  C. MOV P1,♯0FFH       D. MOV A,P1

 (10)已知某字符的共阳极显示编码是 C8H,则其共阴极显示编码是 __A__ 。

  A. 37H     B. 73H     C. C8H     D. 8CH

## 三、编程题(共 18 分)

(1)试编程完成下列位操作运算(5 分)。

P1.7=(ACC.0 ∨ 20H)∧ 40H

解

```
MOV     C,      ACC.0
ORL     C,      20H
ANL     C,      40H
MOV     P1.7,   C
```

(2)编程将 ROM 0105H 单元内容取出,并将高 4 位同低 4 位交换,然后再送入外部 RAM 1020H 单元。(5 分)

解

```
MOV     DPTR,   ♯0105H
MOV     A,      ♯00H
MOVC    A,      @A+DPTR
SWAP    A
MOV     DPTR,   ♯1020H
MOVX    @DPTR,A
```

(3)编程将外部 RAM 从 1020H 开始的 10 个字节数据传送至内部 RAM 从 50H 开始的存储区中去。(8 分)

解

```
        MOV     R7,     ♯0AH
        MOV     R0,     ♯50H
        MOV     DPTR,   ♯1020H
LOOP：  MOVX    A,      @DPTR
        MOV     @R0,    A
        INC     DPTR
        INC     R0
        DJNZ    R7,     LOOP
```

## 四、应用题(共计 22 分)

(1)用 8051 对外部事件(脉冲)进行计数,每计满 100 个脉冲后,使内部 RAM 70H 单元内容加 1,用 T1 以方式 2 查询实现,TR1 启动。(12 分)

解

```
        ORG     0000H
        LJMP    MAIN
        MOV     SP,     ♯30H
```

```
        MOV      TMOD,  ♯60H
        MOV      TH1,   ♯9CH
        MOV      TL1,   ♯9CH
        MOV      IE,    ♯00H
        SETB     TR1
LOOP：  JBC      TF1,   LOOP1
        LJMP     LOOP
LOOP1： INC      70H
        LJMP     LOOP
```

(2)根据下图,写出系统中 6264 的地址范围;8155 命令控制寄存器的地址、A 口、B 口、C 口的地址;8155 的 RAM 单元的地址范围。(10 分)

(与寻址无关的地址引脚均为 0 电平)

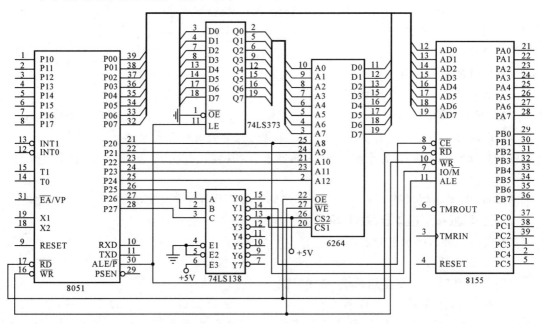

**解**　6264 的地址范围为：4000H ～ 5FFFH

8155 命令控制寄存器的地址为：2100H

A 口地址为：2101H

B 口地址为：2102H

C 口地址为：2103H

8155 的 RAM 单元的地址范围为：2000H ～ 20FFH

# ●课程试卷 B 及参考答案

**一、填空题(每空格 2 分,共计 40 分)**

(1)SP 是一个 8 位专用寄存器,用于指示_____单元地址。

(2)P1 口作为通用输入口使用时,必须先向 P1 口各端线内部寄存器中写入_____。

(3)8051 是总线结构型单片机,其总线主要由_____总线,_____总线,_____总线三部分组成。

(4)8051 单片机中有 4 个工作寄存器区,选择当前工作寄存器组是由程序状态寄存器 PSW 中的_____位的状态组合来决定。

(5)对于 6MHz 时钟频率,8051 的机器周期为_____;对于 12MHz 时钟频率,8051 的机器周期为_____。

(6)假定 SP=62H,(61H)=30H,(62H)=70H,执行下列指令:

    POP      DPH

    POP      DPL

后,DPTR 的内容为_____,SP 的内容为_____,(62H)=_____。

(7)8051 有_____个中断源,有_____个中断优先级。

(8)8051 异步串行通信有_____、_____和_____共三种传送方向形式。

(9)8051 的_____作为串行口方式 1 和方式 3 的波特率发生器。

(10)74LS138 是具有 3 个输入的译码器芯片,其输出作为片选信号时,最多可以选中_____块芯片。

(11)12 根地址线可选_____个存储单元;32KB 存储单元需要_____根地址线。

**二、选择题(每空格 2 分,共计 20 分)**

(1)计算机能直接识别的语言是_____。

    A. 汇编语言        B. 自然语言        C. 机器语言        D. 硬件和软件

(2)采用 8031 单片机应用系统,必须扩展_____。

    A. 数据存储器        B. 程序存储器        C. I/O 接口        D. 显示接口

(3)在进行 BCD 码运算时,紧跟运算指令后面的指令必须是_____指令。

    A. ADD        B. DAA        C. ADDC        D. 由实际程序确定

(4)指令 AJMP 的跳转范围是_____。

    A. 256        B. 2KB        C. 1KB        D. 64KB

(5)下列指令中,不影响堆栈指针的指令是_____。

    A. RET                    B. JB bit,rel

    C. LCALL addr16           D. RETI

(6)T0 中断的入口地址是_____。

    A. 0003H        B. 0013H        C. 000BH        D. 0023H

(7)定时器/计数器工作于方式 2,在计数溢出时,_____。

    A. 计数从零重新开始                B. 计数从初值重新开始

    C. 计数停止                      D. 需重新设置初值

(8)扩展存储器时要加锁存器 74LS373,其作用是_____。

A. 锁存寻址单元的低八位地址　　　　　　B. 锁存寻址单元的数据

C. 锁存寻址单元的高八位地址　　　　　　D. 锁存相关的控制和选择信号

(9)单片机复位后,SP、PC、I/O 口的内容为_____。

A. SP = 00H　　　PC = 0000H　　　P0 = P1 = P2 = P3 = 00H

B. SP = 00H　　　PC = 00H　　　　P0 = P1 = P2 = P3 = 00H

C. SP = 07H　　　PC = 00H　　　　P0 = P1 = P2 = P3 = FFH

D. SP = 07H　　　PC = 0000H　　　P0 = P1 = P2 = P3 = FFH

(10)串行口的工作方式由_____寄存器决定。

A. SBUF　　　　　　B. PCON　　　　　　C. SCON　　　　　　D. RI

## 三、编程题(共计 18 分)

(1)对 8051 中断系统初始化,允许 $\overline{INT0}$ 及定时器/计数器 T1 中断,并使 $\overline{INT0}$ 为低电平触发方式高优先级中断。(6 分)

(2)试编写程序将外部 RAM A000H 单元内容取出,并将其低四位清 0 后再送入外部 RAM 1250H 单元。(6 分)

(3)已知晶振频率为 12MHz,试编写延时子程序 DEY200,延时 $200\mu s$。(6 分)

## 四、综合题(共计 22 分)

(1)试编写程序,用 8051 对外部事件(脉冲)进行计数,每计满 200 个脉冲后,使内部 RAM 40H 单元内容加 1,用 T0 以方式 1 中断实现。(12 分)

(2)试用一片 6264 为 8051 单片机应用系统扩展 8K 外部 RAM,要求 6264 的地址范围:0000H～1FFFH (要求地址唯一),试画出系统扩展图。(10 分)

```
┌──────────────┐      ┌──────────────────┐      ┌──────────────────┐
│           P0 │      │  Di    373   Qi  │      │ A7-0             │
│          ALE │      │         G        │      │           6264   │
│ 8051         │      └──────────────────┘      │ D7-0             │
│              │                                 │                  │
│        P2.4-0│                                 │ A12-8            │
│          RD  │                                 │ OE          CE1  │
│          WR  │                                 │ WE               │
│              │                                 │             CE2  │
└──────────────┘                                 └──────────────────┘
```

# 课程试卷 B 参考答案

## 一、填空题(每空格 2 分,共计 40 分)

(1)SP 是一个 8 位专用寄存器,用于指示<u>堆栈栈顶单元地址</u>。

(2)P1 口作为通用输入口使用时,必须先向 P1 口各端线内部寄存器中写入 <u>1</u> 。

(3)8051 是总线结构型单片机,其总线主要由 <u>地址</u> 总线, <u>数据</u> 总线, <u>控制</u> 总线三部分组成。

(4)8051 单片机中有 4 个工作寄存器区,选择当前工作寄存器组是由程序状态寄存器 PSW 中的 <u>RS1,RS0</u> 位的状态组合来决定。

(5)对于 6MHz 时钟频率,8051 的机器周期为 <u>2μs</u> ;对于 12MHz 时钟频率,8051 的机器周期为 <u>1μs</u> 。

(6)假定 SP=62H,(61H)=30H,(62H)=70H,执行下列指令:

      POP      DPH

      POP      DPL

后,DPTR 的内容为 <u>7030H</u> ,SP 的内容为 <u>60H</u> ,(62H)= <u>70H</u> 。

(7)8051 有 <u>5</u> 个中断源,有 <u>5</u> 个中断优先级。

(8)8051 异步串行通信有<u>单工传送</u>、<u>双工传送</u>和<u>全双工传送</u>共 3 种传送方向形式。

(9)8051 的定时器 <u>T1</u> 作为串行口方式 1 和方式 3 的波特率发生器。

(10)74LS138 是具有 3 个输入的译码器芯片,其输出作为片选信号时,最多可以选中 <u>8</u> 块芯片。

(11)12 根地址线可选 <u>4096</u> 个存储单元;32KB 存储单元需要 <u>15</u> 根地址线。

## 二、选择题(每空格 2 分,共计 20 分)

(1)计算机能直接识别的语言是 <u>C</u> 。

    A. 汇编语言        B. 自然语言        C. 机器语言        D. 硬件和软件

(2)采用 8031 单片机应用系统,必须扩展 <u>B</u> 。

    A. 数据存储器        B. 程序存储器        C. I/O 接口        D. 显示接口

(3)在进行 BCD 码运算时,紧跟运算指令后面的指令必须是 <u>B</u> 指令。

    A. ADD        B. DA A        C. ADDC        D. 由实际程序确定

(4)指令 AJMP 的跳转范围是 <u>B</u> 。

    A. 256        B. 2KB        C. 1KB        D. 64KB

(5)下列指令中,不影响堆栈指针的指令是 <u>B</u> 。

    A. RET                B. JB bit,rel

    C. LCALL addr16        D. RETI

(6)T0 中断的入口地址是 <u>C</u> 。

    A. 0003H        B. 0013H        C. 000BH        D. 0023H

(7)定时器/计数器工作于方式 2,在计数溢出时, <u>B</u> 。

    A. 计数从零重新开始        B. 计数从初值重新开始

    C. 计数停止              D. 需重新设置初值

(8)扩展存储器时要加锁存器 74LS373,其作用是 <u>A</u> 。

A. 锁存寻址单元的低八位地址　　　　　　B. 锁存寻址单元的数据

C. 锁存寻址单元的高八位地址　　　　　　D. 锁存相关的控制和选择信号

(9)单片机复位后,SP、PC、I/O 口的内容为___D___。

A. SP = 00H　　　PC = 0000H　　　P0 = P1 = P2 = P3 = 00H

B. SP = 00H　　　PC = 00H　　　　P0 = P1 = P2 = P3 = 00H

C. SP = 07H　　　PC = 00H　　　　P0 = P1 = P2 = P3 = FFH

D. SP = 07H　　　PC = 0000H　　　P0 = P1 = P2 = P3 = FFH

(10)串行口的工作方式由___C___寄存器决定。

A. SBUF　　　　　　B. PCON　　　　　　C. SCON　　　　　　D. RI

### 三、编程题(共计 18 分)

(1)对 8051 中断系统初始化,允许$\overline{INT0}$及定时器/计数器 T1 中断,并使$\overline{INT0}$为低电平触发方式高优先级中断。(6 分)

解

```
MOV     IE,     #89H
MOV     TCON,   #00H
MOV     IP,     #01H
```

(2)试编写程序将外部 RAM A000H 单元内容取出,并将其低四位清 0 后再送入外部 RAM 1250H 单元。(6 分)

解

```
MOV     DPTR,   #0A000H
MOVX    A,      @DPTR
ANL     A,      #0F0H
MOV     DPTR,   #1250H
MOVX    @DPTR, A
```

(3)已知晶振频率为 12MHz,试编写延时子程序 DEY200,延时 200$\mu$s。(6 分)

解

```
DEY200:MOV     R7,   #63H
        DJNZ    R7,   $
        RET
```

### 四、综合题(共计 22 分)

(1)试编写程序,用 8051 对外部事件(脉冲)进行计数,每计满 200 个脉冲后,使内部 RAM 40H 单元内容加 1,用 T0 以方式 1 中断实现。(12 分)

解

```
ORG     0000H
LJMP    MAIN
ORG     000BH
LJMP    ZD
ORG     0030H
MAIN:
MOV     SP,     #30H
```

```
MOV       40H，      ♯00H
MOV       TMOD，     ♯05H
MOV       TH0，      ♯0FFH
MOV       TL0，      ♯38H
SETB      EA
SETB      ET0
SETB      TR0
SJMP      $
ZD：
INC       40H
MOV       TH0，      ♯0FFH
MOV       TL0，      ♯38H
RETI
```

(2)试用一片6264为8051单片机应用系统扩展8K外部RAM,要求6264的地址范围：0000H～1FFFH（要求地址唯一）,试画出系统扩展图。（10分）

**解**

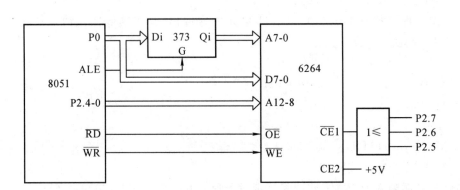

# ●课程试卷 C 及参考答案

**一、填空题(每空格 2 分,共计 40 分)**

(1)PC 是一个 16 位计数器,其内容为单片机将要执行的_____所在存储单元的地址。

(2)CY 位是进、借位标志位,也是位处理器的_____。

(3)MOV PSW,♯10H 是将 MCS-51 的工作寄存器置为第_____区。

(4)八位二进制数所能表示的无符号数的范围为_____,而补码数所能表示的范围为_____。

(5)8051 单片机片内具有_____字节的 RAM 和_____字节的 ROM。

(6)堆栈是 RAM 中划出的一个特殊的存储区,用来暂存数据和地址。它是根据_____的原则存取数据。

(7)8051 单片机有七种寻址方式,其中:MOV A,direct 属于_____寻址;MOVC A,@A+DPTR 属于_____寻址。

(8)8051 共有_____个外部中断源,它们的中断请求信号分别由引脚_____和引脚_____引入。

(9)定时器 0 和定时器 1 的中断标志分别为_____和_____。

(10)用串口扩并口时,串行接口工作方式应选为方式_____。

(11)波特率的含义为_____,其单位为_____。

(12)A/D 转换器的作用是将_____量转为_____量。

**二、选择题(每小题 2 分,共计 20 分)**

(1)MCS-51 单片机复位后,从下列哪个单元开始读取指令_____。

　　A.0003H　　　　　　B.000BH　　　　　　C.0000H　　　　　　D.0030H

(2)在 CPU 内部,反映程序运行状态或反映运算结果一些特征的寄存器是_____。

　　A.PC　　　　　　　B.PSW　　　　　　　C.A　　　　　　　　D.SP

(3)内部 RAM 10H 位所在的单元地址是_____。

　　A.20H　　　　　　B.21H　　　　　　　C.22H　　　　　　　D.23H

(4)定时器 T0 的溢出标志为 TF0,采用查询方式,若查询到有溢出时,该标志_____。

　　A.由软件清 0　　　B.由硬件自动清 0　　C.随机状态　　　　D.AB 都可以

(5)当单片机启动 ADC0809 进行模/数转换时,应采用_____指令。

　　A.MOV A,20H　　　　　　　　　　　　B.MOVX A,@DPTR

　　C.MOVC A,@A+DPTR　　　　　　　　D.MOVX @DPTR,A

(6)下列指令中,不影响堆栈指针的指令是_____。

　　A.RET　　　　　　　　　　　　　　　B.LCALL addr16

　　C.JNB bit,rel　　　　　　　　　　　　D.RETI

(7)8051 扩展程序存储器 2764 时,至少需要_____条 P2 口线。

　　A.13　　　　　　　B.4　　　　　　　　C.8　　　　　　　　D.5

(8)单片机复位后,若执行 SETB RS1 指令,此时使用_____的工作寄存器。

　　A.0 区　　　　　　B.1 区　　　　　　　C.2 区　　　　　　　D.3 区

(9)在进行串行通信时,若两机的发送与接收可以分时进行,则称为_____。

　　A. 半双工传送　　　　B. 单工传送　　　　C. 双工传送　　　　D. 全双工传送

（10）当单片机从 8051 内部 RAM 的 20H 单元中读取数据时,应使用_____类指令。

　　A. MOV A,direct　　　　　　　　B. MOVX A,@Ri

　　C. MOVC A,@A+DPTR　　　　　D. MOVX A,@DPTR

### 三、编程题(共 18 分)

（1）编写程序,使外部 RAM 中 2000H 和 3000H 单元内容互换(5 分)。

（2）已知单片机晶振频率为 6MHz,用定时器 0 方式 1 产生 20ms 定时,请编程实现其初始化(5 分)。

（3）已知 8051 内部 RAM 的 20H 单元和 30H 单元各存放了一个 8 位无符号数,请比较这两个数的大小,若(20H)>=(30H),则 P1.0 清 0,否则 P1.1 清 0。(8 分)

### 四、应用题(共计 22 分)

（1）根据下图,写出系统中 6264 的地址范围;8155 命令控制寄存器的地址、A 口、B 口、C 口的地址;8155 的 RAM 单元的地址范围。(12 分)

（与寻址无关的地址引脚均为 0 电平）

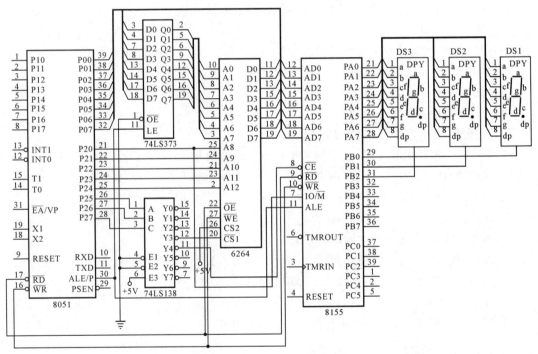

（2）采用动态扫描的方法在 LED 显示器上显示"56H",LED 为共阴极八段 LED 显示器。(10 分)

## 课程试卷 C 参考答案

**一、填空题（每空格 2 分，共计 40 分）**

（1）PC 是一个 16 位计数器，其内容为单片机将要执行的指令机器码所在存储单元的地址。

（2）CY 位是进、借位标志位，也是位处理器的位累加器 C。

（3）MOV PSW，♯10H 是将 MCS-51 的工作寄存器置为第　2　区。

（4）八位二进制数所能表示的无符号数的范围为　0～255　，而补码数所能表示的范围为　−128～+127　。

（5）8051 单片机片内具有　256　字节的 RAM 和　4K　字节的 ROM。

（6）堆栈是 RAM 中划出的一个特殊的存储区，用来暂存数据和地址。它是根据后进先出的原则存取数据。

（7）8051 单片机有 7 种寻址方式，其中：MOV A，direct 属于　直接　寻址；MOVC A，@A+DPTR 属于　变址　寻址。

（8）8051 共有　2　个外部中断源，它们的中断请求信号分别由引脚　$\overline{INT0}$　和引脚　$\overline{INT1}$　引入。

（9）定时器 0 和定时器 1 的中断标志分别为　TF0　和　TF1　。

（10）用串口扩展并口时，串行接口工作方式应选为方式　0　。

（11）波特率的含义为串行通信中用每秒传送二进制数据位的数量表示传送速率，其单位为　位/秒　。

（12）A/D 转换器的作用是将　模拟　量转为　数字　量。

**二、选择题（每小题 2 分，共计 20 分）**

（1）MCS-51 单片机复位后，从下列哪个单元开始读取指令。　C　
  A. 0003H　　　　　B. 000BH　　　　　C. 0000H　　　　　D. 0030H

（2）在 CPU 内部，反映程序运行状态或反映运算结果一些特征的寄存器是　B　。
  A. PC　　　　　B. PSW　　　　　C. A　　　　　D. SP

（3）内部 RAM10H 位所在的单元地址是　C　。
  A. 20H　　　　　B. 21H　　　　　C. 22H　　　　　D. 23H

（4）定时器 T0 的溢出标志为 TF0，采用查询方式，若查询到有溢出时，该标志　A　。
  A. 由软件清 0　　　B. 由硬件自动清 0　　C. 随机状态　　　D. AB 都可以

（5）当单片机启动 ADC0809 进行模/数转换时，应采用　D　指令。
  A. MOV A，20H　　　　　　　　　B. MOVX A，@DPTR
  C. MOVC A，@A+DPTR　　　　　　D. MOVX @DPTR，A

（6）下列指令中，不影响堆栈指针的指令是　C　。
  A. RET　　　　　　　　　　B. LCALL addr16
  C. JNB bit，rel　　　　　　　D. RETI

（7）8051 扩展程序存储器 2764 时，至少需要　D　条 P2 口线。
  A. 13　　　　　B. 4　　　　　C. 8　　　　　D. 5

（8）单片机复位后，若执行 SETB RS1 指令，此时使用　C　的工作寄存器。

　A. 0 区 　　　　　　B. 1 区 　　　　　　C. 2 区 　　　　　　D. 3 区

(9)在进行串行通信时,若两机的发送与接收可以分时进行,则称为___C___。

　A. 半双工传送 　　　　B. 单工传送 　　　　C. 双工传送 　　　　D. 全双工传送

(10)当单片机从 8051 内部 RAM 的 20H 单元中读取数据时,应使用___A___类指令。

　A. MOV A,direct 　　　　　　　　　　B. MOVX A,@Ri

　C. MOVC A,@A+DPTR 　　　　　　　　D. MOVX A,@DPTR

### 三、编程题(共 18 分)

(1)编写程序,使外部 RAM 中 2000H 和 3000H 单元内容互换(5 分)。

解

```
MOV      DPTR,    ♯2000H
MOVX     A,       @DPTR
MOV      50H,     A
MOV      DPTR,    ♯3000H
MOVX     A,       @DPTR
MOV      DPTR,    ♯2000H
MOVX     @DPTR,   A
MOV      DPTR,    ♯3000H
MOV      A,       50H
MOVX     @DPTR,   A
```

(2)已知单片机晶振频率为 6MHz,用定时器 0 方式 1 产生 20ms 定时,请编程实现其初始化(5 分)。

解

```
MOV      TMOD,    ♯01H
MOV      TH0,     ♯0D8H
MOV      TL0,     ♯0F0H
```

(3)已知 8051 内部 RAM 的 20H 单元和 30H 单元各存放了一个 8 位无符号数,请比较这两个数的大小,若(20H)>=(30H),则 P1.0 清 0,否则 P1.1 清 0。(8 分)

解

```
SPD：MOV    A,        20H
     CJNE   A,        30H,   LOOP
LOOP：JC     LOOP1
     CLR    P1.0
     LJMP   FH
LOOP1：CLR    P1.1
FH：   RET
```

### 四、应用题(共计 22 分)

(1)根据下图,写出系统中 6264 的地址范围;8155 命令控制寄存器的地址、A 口、B 口、C 口的地址;8155 的 RAM 单元的地址范围。(12 分)

(与寻址无关的地址引脚均为 0 电平)

(2)采用动态扫描的方法在 LED 显示器上显示"56H",LED 为共阴极八段 LED 显示器。(10 分)

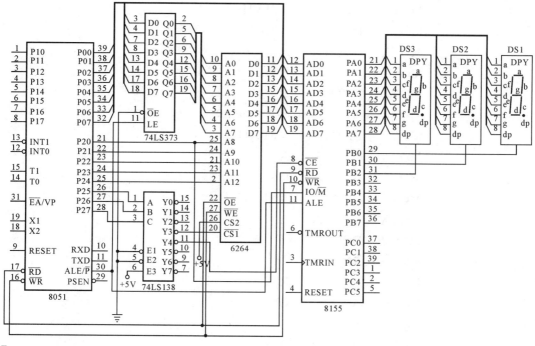

**解**

①6264 的地址范围为：6000H ～ 7FFFH

8155 命令控制寄存器的地址为：8100H

A 口地址为：8101H

B 口地址为：8102H

C 口地址为：8103H

8155 的 RAM 单元的地址范围为：8000H ～ 80FFH

②

```
            ORG    0000H
            LJMP   MAIN
            ORG    0030H
MAIN：      MOV    SP，    #30H
            MOV    PSW，   #00H
            MOV    79H，   #07H
            MOV    78H，   #06H
            MOV    77H，   #05H
            MOV    DPTR，  #8100H
            MOV    A，     #07H
            MOVX   @DPTR， A
DISP：
            MOV    R1，    #79H
            MOV    R2，    #0FEH
LD0：
```

```
              MOV      A,        ＃0FFH
              MOV      DPTR,     ＃8102H
              MOVX     @DPTR,    A
              MOV      A,        @R1
              MOV      DPTR,     ＃TAB
              MOVC     A,        @A＋DPTR
              MOV      DPTR,     ＃8101H
              MOVX     @DPTR,    A
              MOV      A,        R2
              MOV      DPTR,     ＃8102H
              MOVX     @DPTR,    A
              LCALL    DEL
              INC      R1
              MOV      A,        R2
              JNB      ACC.2,    DISP
              RL       A
              MOV      R2,       A
              LJMP     LD0
              TAB：
              DB       3FH，06H，5BH，4FH，66H，6DH，7DH，76H
  DEL：        MOV      R7,       ＃64H
  LOOP：       NOP
              NOP
              DJNZ     R7,       LOOP
              RET
              END
```

# ●课程试卷 D 及参考答案

**一、填空题(每空格 2 分,共计 40 分)**

(1)8051 单片机的内部硬件结构包括了:＿＿＿＿＿、＿＿＿＿＿、＿＿＿＿＿ 和 ＿＿＿＿＿及并行 I/O 口、串行口、中断控制系统、时钟电路、位处理器等部件,这些部件通过＿＿＿＿＿相连接。

(2)8051 的堆栈只可设置在＿＿＿＿＿,堆栈指针寄存器 SP 是＿＿＿＿＿位寄存器。

(3)8051 单片机的 P0～P4 口均是＿＿＿＿＿ I/O 口,其中的 P0 口和 P2 口除了可以进行数据的输入、输出外,通常还用来构建系统的＿＿＿＿＿和＿＿＿＿＿。

(4)8051 单片机堆栈操作的特点是:＿＿＿＿＿和＿＿＿＿＿。

(5)假定 SP＝62H,(61H)＝30H,(62H)＝70H,执行下列指令:

　　　POP　　DPH
　　　POP　　DPL

后,DPTR 的内容为＿＿＿＿＿,SP 的内容为＿＿＿＿＿。

(6)定时器/计数器的工作方式 3 是指将＿＿＿＿＿拆成两个独立的 8 位计数器。而另一个定时器/计数器此时通常只可作为＿＿＿＿＿使用。

(7)外部中断 0 和外部中断 1 的中断标志分别为＿＿＿＿＿和＿＿＿＿＿。

(8)8051 单片机的串行通信方式 2 是以＿＿＿＿＿位为一帧进行通信,其波特率设置有＿＿＿＿＿种。

**二、选择题(每小题 2 分,共计 20 分)**

(1)－3 的补码是＿＿＿＿＿。
　　A. 10000011　　　　B. 11111100　　　　C. 11111110　　　　D. 11111101

(2)对于 8031 来说,EA 脚总是＿＿＿＿＿。
　　A. 接地　　　　　　B. 接电源　　　　　C. 悬空　　　　　　D. 不用

(3)8051 单片机上电后或复位后,工作寄存器 R0 是在＿＿＿＿＿。
　　A. 0 区 00H 单元　　B. 0 区 01H 单元　　C. 1 区 09H 单元　　D. SFR

(4)8051 单片机的堆栈指针 SP 始终是＿＿＿＿＿。
　　A. 指示堆栈栈底　　B. 指示堆栈栈顶　　C. 指示堆栈地址　　D. 指示堆栈长度

(5)8031 单片机中既可位寻址又可字节寻址的单元是＿＿＿＿＿。
　　A. 20H　　　　　　B. 30H　　　　　　C. 00H　　　　　　D. 70H

(6)下列指令中错误的是＿＿＿＿＿。
　　A. MOV A,R4　　　　　　　　　　B. MOV 20H,R4
　　C. MOV @R1,A　　　　　　　　　 D. MOV @R4,R3

(7)下列指令中不影响志位 CY 的指令有＿＿＿＿＿。
　　A. ADD A,20H　　　　　　　　　　B. MOV PSW,♯00H
　　C. RRC A　　　　　　　　　　　　 D. INC A

(8)8051 单片机共有＿＿＿＿＿个中断优先级。
　　A. 2　　　　　　　　B. 3　　　　　　　　C. 4　　　　　　　　D. 5

(9)当串行口向单片机的 CPU 发出中断请求且 CPU 允许并接受中断请求时,程序计数器 PC 的内容将被自动修改为_____。

    A. 0003H　　　　　　B. 000BH　　　　　　C. 0023H　　　　　　D. 001BH

(10) ADC0809 是_____的 A/D 转换器。

    A. 4 通道 8 位　　　　B. 8 通道 8 位　　　　C. 8 通道 10 位　　　　D. 8 通道 16 位

## 三、编程题(共 18 分)

(1) 试编程将 R7 中数据求反后送外部 RAM 1020 单元。(5 分)

(2) 试将累加器 A 中数据的低四位送到内部 RAM50H 单元的高四位,而内部 RAM50H 单元的低四位内容保持不变。(5 分)

(3) 设在内部 RAM 从 40H~50H 中存放一组无符号数,试编程找出其中最小数并将该数 送 R0。(8 分)

## 四、应用题(共计 22 分)

如图所示,已知系统中 6264 的地址范围:4000H~5FFFH;8155 命令控制寄存器的地址 6100H,A 口、B 口、C 口的地址:6101H、6102H、6103H(与寻址无关的地址引脚均为 0 电平)。

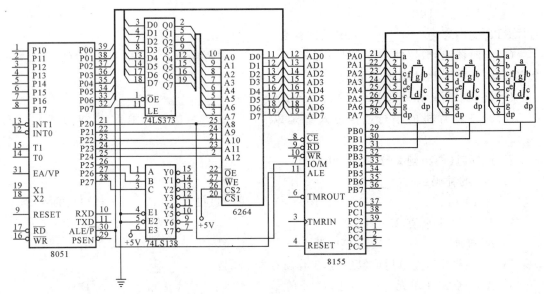

(1) 写出 74LS138 的真值表。(6 分)

(2) 请在上图中正确地画出 74LS138 的输出同 6264、8155 片选端口的连线关系(8 分)

(3) 采用动态扫描的方法在 LED 显示器上显示"56H",LED 为共阳极八段 LED 显示器, 请编程实现(8 分)

## 课程试卷D参考答案

**一、填空题(每空格2分,共计40分)**

(1)8051单片机的内部硬件结构包括了：__CPU__、__内部RAM__、__内部ROM__和__定时器/计数器__以及并行I/O口、串行口、中断控制系统、时钟电路、位处理器等部件,这些部件通过__内部总线__相连接。

(2)8051的堆栈只可设置在__内部RAM的低128字节区__,堆栈指针寄存器SP是__8__位寄存器。

(3)8051单片机的P0～P3口均是__并行__I/O口,其中的P0口和P2口除了可以进行数据的输入、输出外,通常还用来构建系统的__低八位地址口__和__高八位地址口__。

(4)8051单片机堆栈操作的特点是：__后进先出__和__向上生长__。

(5)假定SP=62H,(61H)=30H,(62H)=70H,执行下列指令：

    POP      DPH

    POP      DPL

后,DPTR的内容为__7030H__,SP的内容为__60H__。

(6)定时器/计数器的工作方式3是指将__定时器0__拆成两个独立的8位计数器。而另一个定时器/计数器此时通常只可作为__定时器__使用。

(7)外部中断0和外部中断1的中断标志分别为__TF0__和__TF1__。

(8)8051单片机的串行通信方式2是以__11__位为一帧进行通信,其波特率设置有__两__种。

**二、选择题(每小题2分,共计20分)**

(1)−3的补码是__D__。

    A. 10000011         B. 11111100         C. 11111110         D. 11111101

(2)对于8031来说,EA脚总是__A__。

    A. 接地         B. 接电源         C. 悬空         D. 不用

(3)8051单片机上电后或复位后,工作寄存器R0是在__A__。

    A. 0区00H单元    B. 0区01H单元    C. 1区09H单元    D. SFR

(4)8051单片机的堆栈指针SP始终是__B__。

    A. 指示堆栈栈底    B. 指示堆栈栈顶    C. 指示堆栈地址    D. 指示堆栈长度

(5)8031单片机中既可位寻址又可字节寻址的单元是__A__。

    A. 20H         B. 30H         C. 00H         D. 70H

(6)下列指令中错误的是__D__。

    A. MOV A,R4         B. MOV 20H,R4

    C. MOV @R1,A         D. MOV @R4,R3

(7)下列指令中不影响标志位CY的指令有__D__。

    A. ADD A,20H    B. MOV PSW,#00H    C. RRC A    D. INC A

(8)8051单片机共有__A__个中断优先级。

    A. 2         B. 3         C. 4         D. 5

(9)当串行口向单片机的CPU发出中断请求且CPU允许并接受中断请求时,程序计数器 PC 的内容将被自动修改为＿C＿。

　　A.0003H　　　　　　B.000BH　　　　　　C.0023H　　　　　　D.001BH

(10)ADC0809 是＿B＿的 A/D 转换器。

　　A.4 通道 8 位　　　　B.8 通道 8 位　　　　C.8 通道 10 位　　　　D.8 通道 16 位

### 三、编程题(共 18 分)

(1)编程将 R7 中数据求反后送外部 RAM 1020 单元。(5 分)

**解**　MOV　　　　A，R7

　　　　CPL　　　　A

　　　　MOV　　　　DPTR，♯1020H

　　　　MOVX　　　@DPTR，A

(2)试将累加器 A 中数据的低四位送到内部 RAM50H 单元的高四位,而内部 RAM50H 单元的低四位内容保持不变。(5 分)

**解**　SWAP　　　A

　　　　XCH　　　　A，50H

　　　　MOV　　　　R0，♯50H

　　　　XCHD　　　A，@R0

(3)设在内部 RAM 从 40H～50H 中存放一组无符号数,试编程找出其中最小数并将该数送 R0。(8 分)

**解**　FINDMIN：

　　　　MOV　　　R1，　　　♯40H

　　　　MOV　　　R7，　　　♯10H

　　　　MOV　　　A，　　　　@R1

　　　　LOOP：

　　　　INC　　　　R1

　　　　MOV　　　35H，　　　@R1

　　　　CJNEA，35H，　　　CHK

　　　　CHK：

　　　　JC　　　　LOOP1

　　　　MOV　　　A，　　　　35H

　　　　LOOP1：

　　　　DJNZ　　　R7，　　　LOOP

　　　　MOV　　　R0，　　　　A

　　　　RET

### 四、应用题(共计 22 分)

如图所示,已知系统中 6264 的地址范围:4000H～5FFFH;8155 命令控制寄存器的地址 6100H,A 口、B 口、C 口的地址:6101H、6102H、6103H(与寻址无关的地址引脚均为 0 电平)。

(1)写出 74LS138 的真值表。(6 分)

(2)请在上图中正确地画出 74LS138 的输出与 6264、8155 片选端口的连线关系(8 分)

(3)采用动态扫描的方法在 LED 显示器上显示"56H",LED 为共阳极八段 LED 显示器, 请编程实现(8 分)

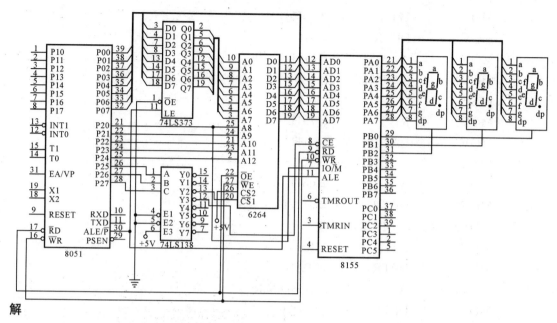

**解**

(1)74LS138 的真值表如下：

74LS138 的真值表

| 输 | | 入 | | | | 输 | | 出 | | | | | |
|---|---|---|---|---|---|---|---|---|---|---|---|---|---|
| $E_3$ | $E_2$ | $\overline{E_1}$ | C | B | A | $Y_0$ | $Y_1$ | $Y_2$ | $Y_3$ | $Y_4$ | $Y_5$ | $Y_6$ | $Y_7$ |
| 0 | × | × | × | × | × | 1 | 1 | 1 | 1 | 1 | 1 | 1 | 1 |
| × | 1 | × | × | × | × | 1 | 1 | 1 | 1 | 1 | 1 | 1 | 1 |
| × | × | 1 | × | × | × | 1 | 1 | 1 | 1 | 1 | 1 | 1 | 1 |
| 1 | 0 | 0 | 0 | 0 | 0 | 0 | 1 | 1 | 1 | 1 | 1 | 1 | 1 |
| 1 | 0 | 0 | 0 | 0 | 1 | 1 | 0 | 1 | 1 | 1 | 1 | 1 | 1 |
| 1 | 0 | 0 | 0 | 1 | 0 | 1 | 1 | 0 | 1 | 1 | 1 | 1 | 1 |
| 1 | 0 | 0 | 0 | 1 | 1 | 1 | 1 | 1 | 0 | 1 | 1 | 1 | 1 |
| 1 | 0 | 0 | 1 | 0 | 0 | 1 | 1 | 1 | 1 | 0 | 1 | 1 | 1 |
| 1 | 0 | 0 | 1 | 0 | 1 | 1 | 1 | 1 | 1 | 1 | 0 | 1 | 1 |
| 1 | 0 | 0 | 1 | 1 | 0 | 1 | 1 | 1 | 1 | 1 | 1 | 0 | 1 |
| 1 | 0 | 0 | 1 | 1 | 1 | 1 | 1 | 1 | 1 | 1 | 1 | 1 | 0 |

(2)如图所示，74LS138 的 Y2 与 6264 的 $\overline{CS1}$ 相连；Y3 与 8155 的 $\overline{CE}$ 相连。

(3)编程

```
ORG       0000H
LJMP      MAIN
ORG       0030H
MAIN：
MOV       SP,       #30H
MOV       PSW,      #00H
MOV       79H,      #07H
MOV       78H,      #06H
```

```
        MOV        77H,        #05H
        MOV        DPTR,       #6100H
        MOV        A,          #07H
        MOVX       @DPTR,      A
DISP：
        MOV        R1,         #79H
        MOV        R2,         #01H
LD0：
        MOV        A,          #00H
        MOV        DPTR,       #6102H
        MOVX       @DPTR,      A
        MOV        A,          @R1
        MOV        DPTR,       #TAB
        MOVC       A,          @A+DPTR
        MOV        DPTR,       #6101H
        MOVX       @DPTR,      A
        MOV        A,          R2
        MOV        DPTR,       #6102H
        MOVX       @DPTR,      A
        LCALL      DEL
        INC        R1
        MOV        A,          R2
        JB         ACC.2,      DISP
        RL         A
        MOV        R2,         A
        LJMP       LD0
TAB：
        DB         0C0H，0F9H，0A4H，0B0H，99H，92H，82H，89H
DEL：
        MOV        R7,         #64H
LOOP：
        NOP
        NOP
        DJNZ       R7,         LOOP
        RET
        END
```

# 附录Ⅲ C51 使用简介

与汇编语言相比,C 语言在功能、结构性、可读性、可维护性上有明显的优势,因而得到了广泛的应用。另外,使用 C 语言可以缩短开发周期,降低开发成本,可靠性高,可移植性好。目前,C 语言已成为相当流行的单片机开发软件工具。应用在 MCS-51 系列单片机的 C 语言简称 C51,它是与标准 ANSI C 兼容的。本附录内容主要是介绍 C51 相对 ANSI C 扩展的部分以及集成开发系统软件 Keil uVision3 的基本使用方法。

## 一、C51 数据类型

C51 和 ANSI C 的数据类型基本类似,大体可以分为基本数据类型、构造数据类型、指针类型和空类型等。为了充分利用 MCS-51 单片机的资源特点,C51 在 ANSI C 的数据类型基础上增设了位类型变量、特殊功能寄存器、16 位特殊功能寄存器。C51 的数据类型如附表 3.1 所示。

附表 3.1  C51 的数据类型

| 数据类型 | | 长度 | 值域范围 |
|---|---|---|---|
| 位类型变量 | bit | 1bit | 0,1 |
| 可位寻址变量 | sbit | 1bit | 0,1(利用它可以定义 MCS-51 单片机内部 RAM 中或者特殊功能寄存器中的可寻址位) |
| 无符号字符型 | unsigned char | 1B | 0~255 |
| 有符号字符型 | signed char | 1B | −128~+127 |
| 无符号整型 | unsigned int | 2B | 0~65535 |
| 有符号整型 | signed int | 2B | −32768~+32767 |
| 无符号长整型 | unsigned long | 4B | 0~4294967295 |
| 有符号长整型 | signed long | 4B | −2147483648~+2147483647 |
| 浮点型 | float | 4B | ±1.176E−38~±3.40E+38(相当于 6 位有效数字) |
| 特殊功能寄存器 | sfr | 1B | 0~255(用于定义特殊功能寄存器) |
| 16 位特殊功能寄存器 | sfr16 | 2B | 0~65535(用于定义 16 位的特殊功能寄存器) |

## 二、C51 数据存储类型

C51 允许将变量或常量定义成不同的存储类型,C51 编译器允许的存储类型主要包括 data、bdata、idata、pdata、xdata 和 code 等,它们和单片机的不同存储区相对应。C51 存储类型与 MCS-51 单片机实际存储空间的对应关系如附表 3.2 所示。

**附表 3.2　C51 的数据存储类型**

| 存储器类型 | 说　　明 |
|---|---|
| data | 直接访问内部数据存储器(128 字节)，访问速度最快 |
| bdata | 可位寻址内部数据存储器(16 字节)，允许位与字节混合访问 |
| idata | 间接访问内部数据存储器(256 字节)，允许访问全部内部地址 |
| pdata | 分页访问外部数据存储器(256 字节)，用 MOVX @Ri 指令访问 |
| xdata | 外部数据存储器(64KB)，用 MOVX @DPTR 指令访问 |
| code | 程序存储器(64KB)，用 MOVC @A+DPTR 指令访问 |

　　单片机访问片内 RAM 比访问片外 RAM 相对快一些。鉴于此，应当将使用频繁的变量置于片内数据存储器，即采用 data、bdata 或 idata 存储类型；而将容量较大的或使用不怎么频繁的那些变量置于片外 RAM，即采用 pdata 或 xdata 存储类型；常量只能采用 code 存储类型。

　　如果在变量定义时略去存储类型标志符，编译器会自动默认存储类型。默认的存储类型进一步由 SMALL、COMPACT 和 LARGE 存储模式指令限制。存储模式的有关说明如附表3.3 所示。

**附表 3.3　存储模式及说明**

| 存储模式 | 说　　明 |
|---|---|
| SMALL | 参数及局部变量放入可直接寻址的片内存储器(最大 128 字节，默认存储类型是 data)，因此访问十分方便。另外，所有对象，包括栈，都必须嵌入片内 RAM。栈长很关键，因为实际栈长依赖于不同函数的嵌套层数。 |
| COMPACT | 参数及局部变量放入分页片外存储区(最大 256 字节，默认的存储类型是 pdata)，通过寄存器 R0 和 R1 间接寻址，栈空间位于内部数据存储区中。 |
| LARGE | 参数及局部变量直接放入片外数据存储区(最大 64KB，默认存储类型为 xdata)，使用数据指针 DPTR 来进行寻址。用此数据指针访问的效率较低，尤其是对两个或多个字节的变量，这种数据类型的访问机制直接影响代码的长度，另一个不便之处在于这种数据指针不能对称操作。 |

## 三、MCS-51 特殊功能寄存器(SFR)及其 C51 定义方法

　　8051 单片机有 21 个 SFR，有的单片机还有更多的 SFR，它们分布在片内 RAM 的高 128字节中。对 SFR 只能用直接寻址方式访问。C51 允许通过使用关键字 sfr、sfr16 或直接引用编译器提供的头文件来实现对 SFR 的访问。

### (一)使用关键字定义 SFR

　　SFR 及其可位寻址的位是通过关键字 sfr、sfr16 和 sbit 来定义的，这种方法与标准 C 不兼容，只适用于 C51。

　　sfr 或 sbit 应用实例：

　　sfr PSW=0xD0；　　//定义程序状态字 PSW 的地址为 D0H
　　sfr TMOD=0x89；　　//定义定时器/计数器方式控制寄存器 TMOD 的地址为 89H
　　sfr P1=0x90；　　　//定义 P1 口的地址为 90H

sfr16 T2＝0xCC；　　　//定义 TIMER2,其地址为 T2L＝0xCCH,T2H＝0xCDH

注意:用 sfr 和 sfr16 定义的 SFR 必须位于函数外,一般放在程序的开头。

### (二)通过头文件访问 SFR

编译器给出的头文件已经给出了常用 MCS-51 单片机中的 SFR 及其可位寻址位的定义。比如 Keil C 将这些头文件按单片机的不同生产公司、不同型号分别存在 Keil C 的 INC 子目录下,在程序中只需直接引用这些头文件即可实现对 SFR 的访问和控制。

头文件引用实例:

```
＃include "at89x52. h" //使用的单片机为 Atmel 公司的 AT89C51
main()
{
TL0＝0xb0；//访问定时器 0,设置时间常数
TH0＝0x3c；
TR0＝1；//启动定时器 0
……
}
```

## 四、位变量的定义和使用

### (一)普通位变量

C51 使用关键字"bit"来定义位变量,这类变量的值是一个二进制位,其定义和使用方法如下:

```
bit lock；　　　　　　　//将 lock 定义为位变量
bit direction；　　　　　//将 direction 定义为位变量
```

函数也可以有 bit 类型的参数,也可以有 bit 类型的返回值。

例如:

```
bit func(bit b0,bit b1)
{
bit a；
……
return a；
}
```

使用禁止中断宏命令＃progma disable 或指定明确的寄存器切换(using n)的函数不能返回位变量值。

定义和使用位变量有以下限制:

不能定义位变量的指针,如:bit ＊ bitno；

不能定义位数组,如:bit bitarray[10]。

### (二)可位寻址区的位变量

在程序设计时,对于可位寻址的对象(即单片机内部 RAM20H～2FH 单元,可以字节寻址又可以位寻址),则其存储类型只能是 bdata。使用时,先说明字节变量的数据类型和存储类型。

例如：

int bdata a;　　　　　//整型变量 a 定位在片内数据存储区中的可位寻址区

char bdata b[4];　　　//字符数组 b 定位在片内数据存储区中的可位寻址区

然后，再使用 sbit 关键字定义其中可独立寻址的位变量。

例如：

sbit a0＝a^0;　　　　//定义 a0 为 a 的第 0 位

sbit a12＝a^12;　　　//定义 a12 为 a 的第 12 位

sbit b03＝b[0]^3;　　//定义 b03 为 b[0]的第 3 位

sbit b36＝b[3]^6;　　//定义 b36 为 b[3]的第 6 位

sbit 定义要求基址对象的存储类型为 bdata，使用 sbit 类型位变量时，基址变量和其对应的位变量的说明必须在函数外部进行。

### (三)特殊功能寄存器(SFR)中的位变量

特殊功能寄存器中的可位寻址的位定义方法主要有：

(1)sbit 位变量名＝位地址

这种方法将位的绝对地址赋给位变量，位地址必须位于 0x80～0xFF。例如：

sbit　　OV＝0xD2;

sbit　　CY＝0xD7。

(2)sbit 位变量名＝特殊功能寄存器名^位位置

"位位置"是一个 0～7 之间的常数。例如：

sfr　　　PSW＝0xD0;

sbit　　OV＝PSW^2;

sbit　　CY＝PSW^7;

(3)sbit 位变量名＝字节地址^位位置

这种方法以一个常数(字节地址)作为基地址，该常数必须在 0x80～0xFF 之间。例如：

sbit　　OV＝0xD0^2;

sbit　　CY＝0xD0^7;

(4) 通过头文件定义和访问

跟 SFR 的访问类似。

## 五、扩展 I/O 端口或片外 RAM 的直接访问

扩展的片外 RAM 或 I/O 端口需要用户自己先定义后才能在语句或函数中使用，其主要方法有：

### (一)采用预定义宏指定变量的绝对地址

＃include ＜absacc. h＞ //引用宏定义头文件

＃define PA XBYTE[0xffec] //将 PA 定义为外部 I/O 口，地址为 0xffec

main()

{

PA＝0x3A; //将数据 3AH 写入地址为 0xffec 的存储单元或 I/O 端口

}

## （二）采用扩展关键字"**at**"或指针定义变量的绝对地址

一般格式如下：

xdata 数据类型 变量标识符 at 端口地址

采用关键字"at"所定义的变量必须是全局变量。

例如：

xdata char PA at 0xffec //定义端口地址

void main(void)

{

PA=0x3A；//将数据 3AH 写入地址为 0xffec 的存储单元或 I/O 端口

}

# 六、C51 中断服务函数的定义与使用

C51 编译器及其对 C 语言的扩充允许编程者对中断的所有方面进行控制。这种支持能使系统编程者创建高效的中断服务程序，用户只需在普通和高级方式下关心中断及必要的寄存器组切换操作，C51 编译器将产生最合适的代码。

### （一）中断服务函数的定义

使用中断服务函数的完整语法如下：

返回值 函数名（[参数]）interrupt n[using n]

"interrupt"后面的 n 是中断号，n 的取值范围为 0～31。编译器从 8n＋3 处产生中断向量，具体的中断号 n 和中断向量取决于不同的 MCS-51 系列单片机芯。8051 单片机的常用中断源和中断向量如附表 3.4 所示。

附表 3.4　常用中断号与中断向量

| 中断号 | 中断源 | 中断向量 8n＋3 |
|---|---|---|
| 0 | 外部中断 0 | 0003H |
| 1 | 定时器 0 | 000BH |
| 2 | 外部中断 1 | 0013H |
| 3 | 定时器 1 | 001BH |
| 4 | 串行口 | 0023H |

8051 系列单片机可以在内部 RAM 中使用 4 个不同的工作寄存器组，每个寄存器组中包含 8 个工作寄存器（R0～R7）。C51 扩展了一个关键字 using 专门用来选择 8051 单片机中不同的工作寄存器组。using 后面的 n 是一个 0～3 的常整数，分别选中 4 个不同的工作寄存器组；在定义一个中断服务函数时，using 是一个选项，如果不用该选项，则由编译器选择一个寄存器组作绝对寄存器组访问。需要注意的是，关键字 using 和 interrupt 的后面都不允许跟一个带运算符的表达式。

中断不允许用于外部函数，它对函数目标代码的影响如下：

①当使用函数时，SFR 中的 ACC、B、DPH、DPL 和 PSW（当需要时）入栈；

②如不使用寄存器组切换，甚至中断函数所需的所有工作寄存器（Rn）均入栈；

③函数退出前，所有的寄存器内容出栈；

④函数由 8051 控制命令"RETI"终止。

## (二)中断服务函数的使用

使用外部中断 INT0 进行中断。

例如：

```
#include <reg51.h>
sbit P10=P1^0;
void main(void)
{ P10=0;                        //初始化
  EX0=1;                        //允许中断 0 中断
  EA=1;
  while(1) ;
}
void rut(void) interrupt 0 //中断处理函数
{
P10=! P10;
}
```

# 七、C51 编程实例

在附图 3.1 中,74LS273 的 Q 端口接 LED 发光二极管显示,74LS244 的 A 端口接按键开关,开关 S1～S8 分别对应发光二极管 L1～L8。试编写程序,要求实现当开关 S1～S8 按下时,其对应的发光二极管点亮;开关 S1～S8 断开时,其对应的发光二极管熄灭。

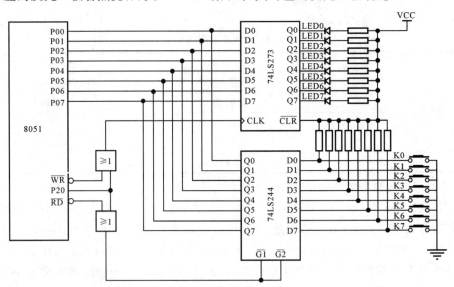

附图 3.1　C51 编程实例电路

74LS273 地址是 xxxx xxx0 xxxx xxxxB,典型值是 0xFEFF

74LS244 地址是 xxxx xxx0 xxxx xxxxB,典型值是 0xFEFF

参考程序如下：

```
#include "at89x52.h"
```

```
#include "adsacc. h"
#define   ls273   XBYTE[0xfeff]   //定义 ls273 端口地址
#define   ls244   XBYTE[0xfeff]   //定义 ls244 端口地址
main()
{unsigned char x;
  while(1)
{
x=ls244;//读取 ls244 端口数据
  ls273=x;//往 ls273 端口写数据
  }
}
```

# 八、集成开发环境 Keil uVision3 的基本操作

## (一)系统概述

　　Keil uVision3 是众多单片机应用开发软件中优秀的软件之一。它支持众多不同公司的 MCS-51 架构的芯片,它集编辑、编译、仿真等于一体,同时还支持 PLM、汇编和 C 语言的程序设计,它的界面友好,易学易用,在调试程序、软件仿真方面也有很强大的功能。因此成了很多 MCS-51 单片机应用工程师及普通的单片机爱好者的首选。

　　KEIL51 是一个商业软件,读者可以 KEIL 中国代理周立功公司的网站上下载一份能编译 2K 的 DEMO 版软件,基本可以满足一般的个人学习和小型应用的开发。

## (二)基本操作

　　双击软件图标进入集成开发系统,如附图 3.2 所示。界面由工程管理窗口、源程序编辑调试窗口和输出窗口等组成。

　　下面以一个实例描述 Keil uVision3 的使用步骤。

　　①点击"Project"菜单,选择弹出的下拉式菜单中的"New Project",如附图 3.3。接着弹出一个标准 Windows 文件对话窗口,如附图 3.4 所示。在" 文件名"中输入 C 程序项目名称,保存后的文件扩展名为"uv2",这是 KEIL uVision3 项目文件扩展名。以后我们可以直接点击此文件以打开先前做的项目。

　　②选择所要的单片机。这里我们选择常用的 Atmel 公司的 AT89S51,此时屏幕如附图 3.5 所示。图中右边有 AT89S51 功能、特点的简单介绍。完成上面步骤后,就可以进行程序的编写了。

　　③在项目中创建新程序文件或加入旧程序文件。如果没有现成的程序,就要新建一个程序文件。点击附图 3.6 中的新建文件的快捷按钮(也可以通过菜单"File－New"或快捷键"Ctrl＋N"来实现),将出现一个新的文字编辑窗口。在文字编辑窗口就可以编写程序了。

　　④点击附图 3.6 中的"保存"快捷按钮(也可以用菜单"File-Save"或快捷键"Ctrl＋S"实现)来保存新建的程序。在保存时会弹出类似附图 3.4 的文件操作窗口,我们把第一个程序命名为"Hellow. c",保存在项目所在的目录中,这时会发现程序单词有了不同的颜色,说明 Keil 的 C 语法检查生效了。如附图 3.7 中,鼠标在屏幕左边的"Source Group1"文件夹图标上右击弹出菜单,在这里可以进行在项目中增加减少文件等操作。我们选"Add File to Group

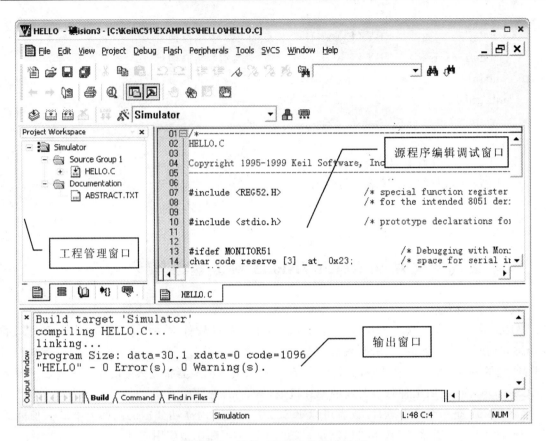

附图 3.2　Keil uVision3 软件主界面

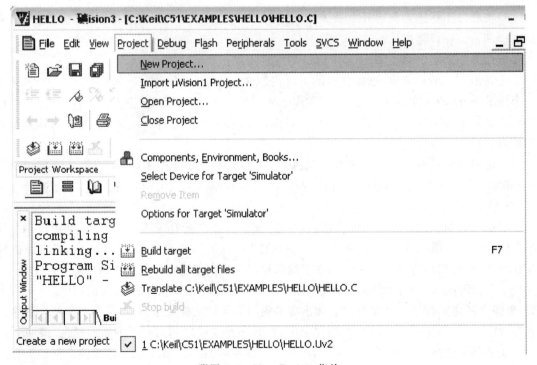

附图 3.3　New Project 菜单

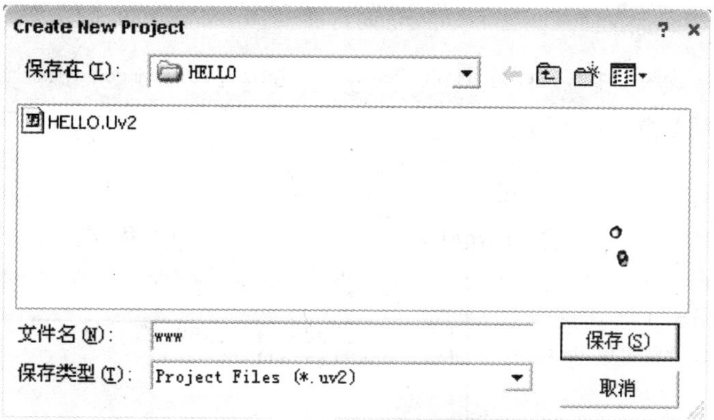

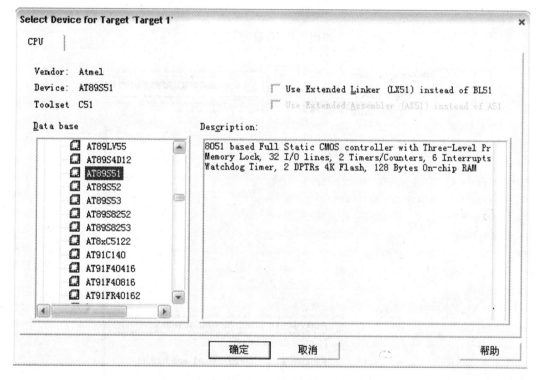

附图 3.4　新建项目文件窗口

附图 3.5　芯片选取窗口

Group 1'"弹出文件窗口,选择刚刚保存的文件,按"ADD"按钮,关闭文件窗,程序文件已加到项目中了。这时在"Source Group1"文件夹图标左边出现了一个小＋号说明,文件组中有了文件,点击它可以展开查看。

　　⑤编译运行。首先要进行编译设置,因为软件默认的编译设置,它不会生成用于芯片烧写的 HEX 文件。然后右击附图 3.7 中的项目文件夹"Target 1",弹出项目功能菜单,选"Options for Target 'Target1'(也可以通过菜单 Project-Options for Target 'Target1'实现)",弹出项目选项设置窗口,打开项目选项窗口,转到 Output 选项页。如附图 3.8 所示。

　　编译设置完成后,回到主窗口点击附图 3.9 所示选中的菜单或者图中的编译快捷按钮,很快在编译信息窗口中就显示 HEX 文件创建到指定的路径中了。

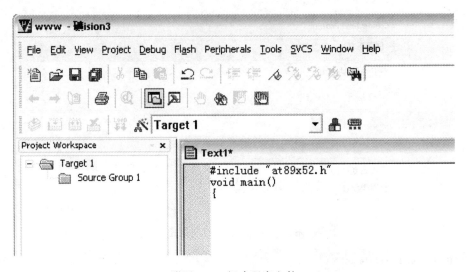

附图 3.6　新建程序文件

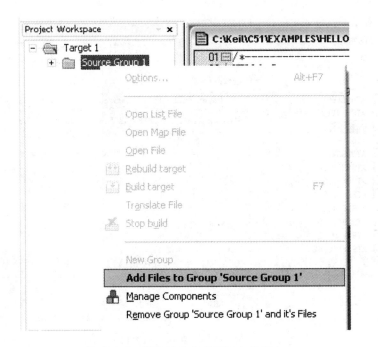

附图 3.7　把文件加入到项目文件组中

这样，就可用编程器所附带的软件去读取项目生成的 HEX 文件并烧到芯片了。
由于篇幅的限制，Keil uVision3 的仿真、调试功能就不详细叙述了。

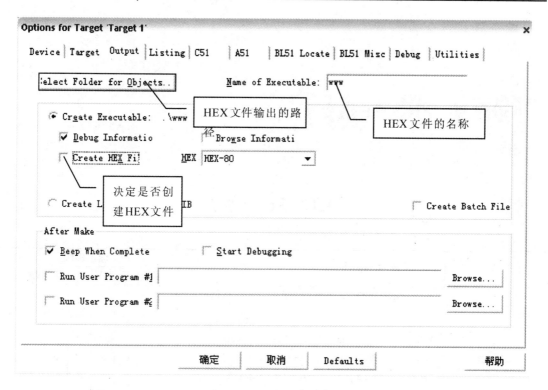

附图 3.8　项目选项窗口

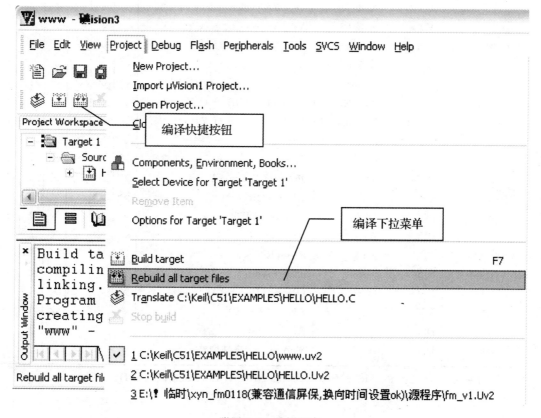

附图 3.9　编译程序

# MCS-51 指令表

| 十六进制代码 | 助记符 | | 功　能 | 对标志影响 | | | | 字节数 | 周期数 |
|---|---|---|---|---|---|---|---|---|---|
| | | | | P | OV | AC | Cy | | |
| 算　术　运　算　指　令 | | | | | | | | | |
| 28～2F | ADD | A,Rn | A←(A)+(Rn) | ✓ | ✓ | ✓ | ✓ | 1 | 1 |
| 25 | ADD | A,direct | A←(A)+(direct) | ✓ | ✓ | ✓ | ✓ | 2 | 1 |
| 26,27 | ADD | A,@Ri | A←(A)+((Ri)) | ✓ | ✓ | ✓ | ✓ | 1 | 1 |
| 24 | ADD | A,♯data | A←(A)+data | ✓ | ✓ | ✓ | ✓ | 2 | 1 |
| 38～3F | ADDC | A,Rn | A←(A)+(Rn)+(Cy) | ✓ | ✓ | ✓ | ✓ | 1 | 1 |
| 35 | ADDC | A,direct | A←(A)+(direct)+(Cy) | ✓ | ✓ | ✓ | ✓ | 2 | 1 |
| 36,37 | ADDC | A,@Ri | A←(A)+((Ri))−(CY) | ✓ | ✓ | ✓ | ✓ | 1 | 1 |
| 34 | ADDC | A,♯data | A←(A)+data+(CY) | ✓ | ✓ | ✓ | ✓ | 2 | 1 |
| 98～9F | SUBB | A,Rn | A←(A)−(Rn)−(CY) | ✓ | ✓ | ✓ | ✓ | 1 | 1 |
| 95 | SUBB | A,direct | A←(A)−(direct)−(CY) | ✓ | ✓ | ✓ | ✓ | 2 | 1 |
| 96,97 | SUBB | A,@Ri | A←(A)−((Ri))−(CY) | ✓ | ✓ | ✓ | ✓ | 1 | 1 |
| 94 | SUBB | A,♯data | A←(A)−data−(CY) | ✓ | ✓ | ✓ | ✓ | 2 | 1 |
| 04 | INC | A | A←(A)+1 | ✓ | ✕ | ✕ | ✕ | 1 | 1 |
| 08～0F | INC | Rn | Rn←(Rn)+1 | ✕ | ✕ | ✕ | ✕ | 1 | 1 |
| 05 | INC | direct | direct←(direct)+1 | ✕ | ✕ | ✕ | ✕ | 2 | 1 |
| 06,07 | INC | @Ri | (Ri)←((Ri))+1 | ✕ | ✕ | ✕ | ✕ | 1 | 1 |
| A3 | INC | DPTR | DPTR←(DPTR)+1 | ✕ | ✕ | ✕ | ✕ | 1 | 1 |
| 14 | DEC | A | A←(A)−1 | ✓ | ✕ | ✕ | ✕ | 1 | 1 |
| 18～1F | DEC | Rn | Rn←(Rn)−1 | ✕ | ✕ | ✕ | ✕ | 1 | 1 |
| 15 | DEC | direct | direct←(direct)−1 | ✕ | ✕ | ✕ | ✕ | 2 | 1 |
| 16,17 | DEC | @Ri | (Ri)←((Ri))−1 | ✕ | ✕ | ✕ | ✕ | 1 | 1 |
| A4 | MUL | AB | AB←(A)·(B) | ✓ | ✓ | ✕ | ✓ | 1 | 4 |
| 84 | DIV | AB | AB←(A)/(B) | ✓ | ✓ | ✕ | ✓ | 1 | 4 |
| D4 | DA | A | 对 A 进行十进制调整 | ✓ | ✓ | ✓ | ✓ | 1 | 1 |

\* 28～2F 分别表示 Rn 选择 R0～R7 时的机器码。如 ADD A,R0,则机器码为 28H。

**续表**

| 十六进制代码 | 助记符 | 功　能 | P | OV | AC | Cy | 字节数 | 周期数 |
|---|---|---|---|---|---|---|---|---|
| | | 逻　辑　运　算　指　令 | | | | | | |
| 58～5F | ANL　A，Rn | A←(A)∧(Rn) | √ | × | × | × | 1 | 1 |
| 55 | ANL　A，direct | A←(A)∧(direct) | √ | × | × | × | 2 | 1 |
| 56，57 | ANL　A，@Ri | A←(A)∧((Ri)) | √ | × | × | × | 1 | 1 |
| 54 | ANL　A，#data | A←(A)∧data | √ | × | × | × | 2 | 1 |
| 52 | ANL　direct，A | direct←(direct)∧(A) | × | × | × | × | 2 | 1 |
| 53 | ANL　direct，#data | direct←(direct)∧data | × | × | × | × | 3 | 2 |
| 48～4F | ORL　A，Rn | A←(A)∨(Rn) | √ | × | × | × | 1 | 1 |
| 45 | ORL　A，direct | A←(A)∨(direct) | √ | × | × | × | 2 | 1 |
| 46，47 | ORL　A，@Ri | A←(A)∨((Ri)) | √ | × | × | × | 1 | 1 |
| 44 | ORL　A，#data | A←(A)∨data | √ | × | × | × | 2 | 1 |
| 42 | ORL　direct，A | direct←(direct)∨(A) | × | × | × | × | 2 | 1 |
| 43 | ORL　direct，#data | direct←(direct)∨data | × | × | × | × | 3 | 2 |
| 68～6F | XRL　A，Rn | A←(A)⊕(Rn) | √ | × | × | × | 1 | 1 |
| 65 | XRL　A，direct | A←(A)⊕(direct) | √ | × | × | × | 2 | 1 |
| 66，67 | XRL　A，@Ri | A←(A)⊕((Ri)) | √ | × | × | × | 1 | 1 |
| 64 | XRL　A，#data | A←(A)⊕data | √ | × | × | × | 2 | 1 |
| 62 | XRL　direct，A | direct←(direct)⊕(A) | × | × | × | × | 2 | 1 |
| 63 | XRL　direct，#data | direct←(direct)⊕data | × | × | × | × | 3 | 2 |
| E4 | CLR　A | A←0 | √ | × | × | × | 1 | 1 |
| F4 | CPL　A | A←($\overline{A}$) | × | × | × | × | 1 | 1 |
| 23 | RL　A | A 循环左移一位 | × | × | × | × | 1 | 1 |
| 33 | RLC　A | A 带进位循环左移一位 | √ | × | × | √ | 1 | 1 |
| 03 | RR　A | A 循环右移一位 | × | × | × | × | 1 | 1 |
| 13 | RRC　A | A 带进位循环右移一位 | √ | × | × | √ | 1 | 1 |
| | | 数　据　传　送　指　令 | | | | | | |
| E8～EF | MOV　A，Rn | A←(Rn) | √ | × | × | × | 1 | 1 |
| E5 | MOV　A，direct | A←(direct) | √ | × | × | × | 2 | 1 |
| E6，E7 | MOV　A，@Ri | A←((Ri)) | √ | × | × | × | 1 | 1 |
| 74 | MOV　A，#data | A←data | √ | × | × | × | 2 | 1 |
| F8～FF | MOV　Rn，A | Rn←(A) | × | × | × | × | 1 | 1 |
| A8～AF | MOV　Rn，direct | Rn←(direct) | × | × | × | × | 2 | 2 |
| 78～7F | MOV　Rn，#data | Rn←data | × | × | × | × | 2 | 1 |
| F5 | MOV　direct，A | direct←(A) | × | × | × | × | 2 | 1 |
| 88～8F | MOV　direct，Rn | direct←(Rn) | × | × | × | × | 2 | 2 |
| 85 | MOV direct1，direct2 | direct1←(direct2) | × | × | × | × | 3 | 2 |
| 86，87 | MOV　direct，@Ri | direct←((Ri)) | × | × | × | × | 2 | 2 |
| 75 | MOV　direct，#data | direct←data | × | × | × | × | 3 | 2 |

续表

| 十六进制代码 | 助记符 | 功能 | 对标志影响 | | | | 字节数 | 周期数 |
|---|---|---|---|---|---|---|---|---|
| | | | P | OV | AC | Cy | | |
| 数 据 传 送 指 令 | | | | | | | | |
| F6,F7 | MOV @Ri,A | (Ri)←(A) | × | × | × | × | 1 | 1 |
| A6,A7 | MOV @Ri,direct | (Ri)←(direct) | × | × | × | × | 2 | 2 |
| 76,77 | MOV @Ri,#data | (Ri)←data | × | × | × | × | 2 | 1 |
| 90 | MOV DPTR,#dada16 | DPTR←data16 | × | × | × | × | 3 | 2 |
| 93 | MOVC A,@A+DPTR | A←((A)+(DPTR)) | √ | × | × | × | 1 | 2 |
| 83 | MOVC A,@A+PC | A←((A)+(PC)) | √ | × | × | × | 1 | 2 |
| E2,E3 | MOVX A,@Ri | A←((Ri)) | √ | × | × | × | 1 | 2 |
| E0 | MOVX A,@DPTR | A←((DPTR)) | √ | × | × | × | 1 | 2 |
| F2,F3 | MOVX @Ri,A | (Ri)←(A) | × | × | × | × | 1 | 2 |
| F0 | MOVX @DPTR,A | (DPTR)←(A) | × | × | × | × | 1 | 2 |
| C0 | PUSH direct | SP←(SP)+1,(SP)←(direct) | × | × | × | × | 2 | 2 |
| D0 | POP direct | direct←((SP)),SP←(SP)−1 | × | × | × | × | 2 | 2 |
| C8~CF | XCH A,Rn | (A)↔(Rn) | √ | × | × | × | 1 | 1 |
| C5 | XCH A,direct | (A)↔(direct) | √ | × | × | × | 2 | 1 |
| C6,C7 | XCH A,@Ri | (A)↔((Ri)) | √ | × | × | × | 1 | 1 |
| D6,D7 | XCHD A,@Ri | (A)0~3↔((Ri))0~3 | √ | × | × | × | 1 | 1 |
| C4 | SWAP A | $(A)_{0\sim3}\leftrightarrow(A)_{4\sim7}$ | × | × | × | × | 1 | 1 |
| 位 操 作 指 令 | | | | | | | | |
| C3 | CLR C | CY←0 | × | × | × | √ | 1 | 1 |
| C2 | CLR bit | bit←0 | × | × | × | | 2 | 1 |
| D3 | SETB C | CY←1 | × | × | × | √ | 1 | 1 |
| D2 | SETB bit | bit←1 | × | × | × | | 2 | 1 |
| B3 | CPL C | CY←($\overline{CY}$) | × | × | × | √ | 1 | 1 |
| B2 | CPL bit | bit←($\overline{bit}$) | × | × | × | | 2 | 1 |
| 82 | ANL C,bit | CY←(CY)∧(bit) | × | × | × | √ | 2 | 2 |
| B0 | ANL C,/bit | CY←(CY)∧($\overline{bit}$) | × | × | × | √ | 2 | 2 |
| 72 | ORL C,bit | CY←(CY)∨(bit) | × | × | × | √ | 2 | 2 |
| A0 | ORL C,/bit | CY←(CY)∨($\overline{bit}$) | × | × | × | √ | 2 | 2 |
| A2 | MOV C,bit | CY←(bit) | × | × | × | √ | 2 | 1 |
| 92 | MOV bit,C | bit←(CY) | × | × | × | × | 2 | 2 |
| 控 制 转 移 指 令 | | | | | | | | |
| 1 | ACALL addr11 | PC←(PC)+2,SP←(SP)+1<br>(SP)←(PC)L,SP←(SP)+1<br>(SP)←(PC)H,PC10~0←addrll | × | × | × | × | 2 | 2 |
| 12 | LCALL addr16 | PC←(PC)+3,SP←(SP)+1<br>(SP)←(PC)L,SP←(SP)<br>+1,(SP)←(PC)H,PC←addr16 | × | × | × | × | 3 | 2 |
| 22 | RET | PCH←((SP)),SP←(SP)−1 | × | × | × | × | 1 | 2 |

续表

| 十六进制代码 | 助 记 符 | 功　　能 | 对标志影响 | | | | 字节数 | 周期数 |
|---|---|---|---|---|---|---|---|---|
| | | | P | OV | AC | Cy | | |
| 控　制　转　移　指　令 | | | | | | | | |
| 32 | RETI | $PC_L \leftarrow ((SP)), SP \leftarrow (SP)-1$ <br> $PC_H \leftarrow ((SP)), SP \leftarrow (SP)-1$ <br> $PC_L \leftarrow ((SP)), SP \leftarrow (SP)-1$ <br> 从中断返回 | × | × | × | × | 1 | 2 |
| 11 | AJMP　addr$_{11}$ | $PC \leftarrow (PC)+2, PC10 \sim 0 \leftarrow$ addr11 | × | × | × | × | 2 | 2 |
| 02 | LJMP　addr$_{16}$ | $PC \leftarrow (PC)+3, PC \leftarrow$ addr$_{16}$ | × | × | × | × | 3 | 2 |
| 80 | SJMP　rel | $PC \leftarrow (PC)+2, PC \leftarrow (PC)+$ rel | × | × | × | × | 2 | 2 |
| 73 | JMP　@A+DPTR | $PC \leftarrow (A)+(DPTR)$ | × | × | × | × | 1 | 2 |
| 60 | JZ　rel | $PC \leftarrow (PC)+2$ <br> 若$(A)=0, PC \leftarrow (PC)+$ rel | × | × | × | × | 2 | 2 |
| 70 | JNZ　rel | $PC \leftarrow (PC)+2$, 若$(A)$不等于0,则 $PC \leftarrow (PC)+$ rel | × | × | × | × | 2 | 2 |
| 40 | JC　rel | $PC \leftarrow (PC)+2$, 若 Cy=1, 则 $PC \leftarrow (PC)+$ rel | × | × | × | × | 2 | 2 |
| 50 | JNC　rel | $PC \leftarrow (PC)+2$, 若 Cy=0, 则 $PC \leftarrow (PC)+$ rel | × | × | × | × | 2 | 2 |
| 20 | JB　bit,rel | $PC \leftarrow (PC)+3$, 若(bit)=1, 则 $PC \leftarrow (PC)+$ rel | × | × | × | × | 3 | 2 |
| 30 | JNB　bit,rel | $PC \leftarrow (PC)+3$, 若(bit)=0, 则 $PC \leftarrow (PC)+$ rel | × | × | × | × | 3 | 2 |
| 10 | JBC　bit,rel | $PC \leftarrow (PC)+3$, 若(bit)=1, 则 bit←0, $PC \leftarrow (PC)+$ rel | × | × | × | × | 3 | 2 |
| B5 | CJNE A,direct,rel | $PC \leftarrow (PC)+3$ <br> 若$(A) \neq (direct)$, <br> 则 $PC \leftarrow (PC)+$ rel; <br> 若$(A) < (direct)$, 则 Cy←1 | × | × | × | × | 3 | 2 |
| B4 | CJNE A,#data,rel | $PC \leftarrow (PC)+3$, <br> 若$(A) \neq data$, <br> 则 $PC \leftarrow (PC)+$ rel; <br> 若$(A) < data$, 则 Cy←1 | × | × | × | × | 3 | 2 |
| B8～BF | CJNE Rn,#data,rel | $PC \leftarrow (PC)+3$, <br> 若$(Rn) \neq data$, <br> 则 $PC \leftarrow (PC)+$ rel; <br> 若$(Rn) < data$, 则 Cy←1 | × | × | × | × | 3 | 2 |
| B6,B7 | CJNE @Ri,#data,rel | $PC \leftarrow (PC)+3$, <br> 若$((Ri)) \neq data$, <br> 则 $PC \leftarrow (PC)+$ rel; <br> 若$((Ri)) < data$, 则 Cy←1 | × | × | × | × | 3 | 2 |
| D8～DF | DJNZ Rn,rel | $PC \leftarrow (PC)+2, Rn \leftarrow (Rn)-1$ <br> 若$(Rn) \neq 0$, <br> 则 $PC \leftarrow (PC)+$ rel | × | × | × | × | 2 | 2 |
| D5 | DJNZ direct,rel | $PC \leftarrow (PC)+3$ <br> direct←(direct)-1 <br> 若$(direct) \neq 0$, <br> 则 $PC \leftarrow (PC)+$ rel | × | × | × | × | 3 | 2 |
| 00 | NOP | 空操作,$PC \leftarrow PC+1$ | × | × | × | × | 1 | 1 |

# 参 考 文 献

[1] 张培仁.基于 C 语言 C8051F 系列微控制器原理与应用.清华大学出版社,2009
[2] 何立民.单片机高级教程(第一版).北京:北京航空航天大学出版社,2001
[3] 李广第.单片机基础(第一版).北京:北京航空航天大学出版社,1996
[4] 徐淑华.单片微型机原理及应用(第一版).哈尔滨:哈尔滨工业大学出版社,1991
[5] 杨文龙.单片机原理及应用(第一版).西安:西安电子出版社,1998
[6] 赵保经.中国集成电路大全(第一版).CMOS 集成电路.北京:国防工业出版社,1985